工业和信息化普通高等教育"十二五"规划教材立项项目

21世纪高等学校计算机规划教材

21st Century University Planned Textbooks of Computer Science

大学计算机应用技术

Fundamentals of Computers

李敬兆 主编

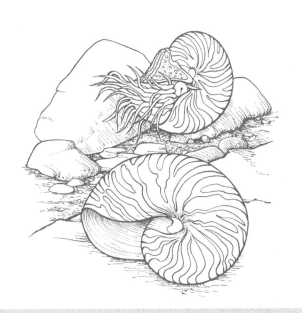

U0312256

高校系列

人民邮电出版社

北　京

图书在版编目（CIP）数据

大学计算机应用技术 / 李敬兆主编. -- 北京 : 人民邮电出版社，2013.9（2017.2重印）
21世纪高等学校计算机规划教材
ISBN 978-7-115-32487-0

Ⅰ. ①大… Ⅱ. ①李… Ⅲ. ①电子计算机－高等学校－教材 Ⅳ. ①TP3

中国版本图书馆CIP数据核字(2013)第178168号

内 容 提 要

大学非计算机专业的学生需要掌握计算机基础知识以便更好地为本专业服务，为此编写了这套教材。

该教材组织结构合理、内容新颖，既有计算机软、硬件基础知识，操作系统基础及应用，办公软件及其他应用软件介绍，也有计算机信息管理、计算机网络、多媒体、信息安全和网页制作等应用技术。

该教材内容深入浅出、循序渐进，文字通俗易懂，图文并茂，可供大学理、工、文、医、管、经等学科非计算机专业学生作为教材使用，也可供具有一定计算机基础知识的人员自学使用。

◆ 主　　编　李敬兆
　　责任编辑　李海涛
　　责任印制　彭志环　杨林杰
◆ 人民邮电出版社出版发行　　北京市丰台区成寿寺路11号
　　邮编　100164　电子邮件　315@ptpress.com.cn
　　网址　http://www.ptpress.com.cn
　　固安县铭成印刷有限公司印刷
◆ 开本：787×1092　　1/16
　　印张：20.5　　　　　　　　2013年9月第1版
　　字数：536千字　　　　　　2017年2月河北第6次印刷

定价：43.00 元
读者服务热线：(010)81055256　印装质量热线：(010)81055316
反盗版热线：(010)81055315

前　言

　　目前，我国高等学校不少学生在中学阶段已对计算机有所了解，需要在大学开始阶段了解和掌握更多的计算机知识，以便为后续专业课程打下良好的计算机基础。因此，编写了这套教材，希望学生通过本套教材的学习，对进一步的专业学习有所帮助。

　　该书组织结构合理、内容新颖，既有计算机软、硬件基础知识，操作系统基础及应用，办公软件及其他应用软件介绍，也有计算机信息管理、计算机网络、多媒体、信息安全和网页制作等应用技术。教材内容的组织方式深入浅出、循序渐进，文字通俗易懂，图文并茂，注意选用了各种类型且内容丰富的应用实例；在每章开始有本章重点、本章难点和学习目标，指导学生如何学习本章内容，在每章最后均有本章小结，详细总结了本章所要掌握的知识点；每章均附有各类题型的习题以测试学生对本章内容的掌握程度。

　　全书共分 10 章，分别为：第 1 章 计算机硬件技术基础，让学生对计算机系统的硬件有一个全面的认识；第 2 章 计算机软件基础，主要让学生了解并掌握计算机系统的层次结构、计算机各部分软件的功能和作用等；第 3 章 Windows 7 操作系统及应用，详细介绍了目前最为流行的 Windows 7 操作系统的基础知识，并对目前应用广泛的 Windows XP 操作系统进行了介绍；第 4 章 Office 2010 应用技术，介绍了不可或缺的办公自动化软件 Office 2010 的组成及各软件的功能及 Word 2010、Excel 2010 和 PowerPoint 2010 的应用；第 5 章 Internet 网络应用技术，对计算机网络基本知识、Internet 应用和 IE 的使用与设置等进行了分析，并介绍了物联网的相关技术；第 6 章 多媒体技术，对多媒体技术的基础知识、多媒体技术的组成以及数字音频技术、图像和图形技术、视频和动画技术、多媒体技术的压缩与编码等进行了介绍；第 7 章 数据库应用技术，介绍了数据库的基本知识，选择较为实用的 Access 进行应用系统的开发分析；第 8 章 网页制作技术，介绍了如何应用 Dreamweaver CS6 进行网页制作；第 9 章 常用工具软件及应用，对一些在日常操作计算机时常用的软件下载、安装和使用方法进行了介绍；第 10 章 信息安全技术，对信息安全的基本概念和计算机网络安全与病毒防范相关知识进行了分析。全书安排 30 学时为宜。

　　该书可供大学理、工、文、医、管、经等学科非计算机专业学生作为教材使用，也可供具有一定计算机基础知识的人员自学使用。

　　全书由安徽理工大学李敬兆、潘地林、管建军、石文兵、蒋社想、方贤进、周华平等老师共同编写。安徽理工大学计算机学院的研究生为本书部分内容进行了录入并对全书书稿进行了校对。在此对他们表示诚挚的感谢！

编　者

2013 年 5 月

目 录

第1章
计算机硬件技术基础

【**本章重点**】掌握计算机的系统结构、中央处理器的组成和作用、主板的构成以及存储器的分类与特点。

【**本章难点**】微型计算机的指令格式、分类和寻址操作。

【**学习目标**】通过本章学习，主要使同学们了解并掌握计算机系统的硬件是由哪些部件组成的，与计算机硬件密切相关的指令是如何工作的。

1.1　计算机硬件系统组成

个人计算机（Personal Computer），通常又称为 PC 或微机，是目前计算机中用得最多的一种，它的硬件系统主要由中央处理机、存储器、输入/输出接口电路与输入/输出设备等组成，各部分之间采用总线结构实现连接，并与外界实现数据传送。其基本结构如图 1.1 所示。

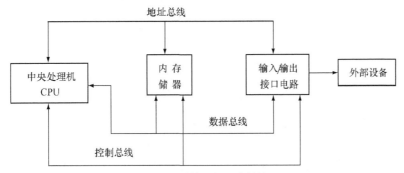

图 1.1　计算机的基本结构

在 PC 中总线（BUS）是 CPU、主存储器、输入/输出（Inter/Outer，I/O）接口之间相互交换信息的通道，它包括 3 种类型的总线：数据总线（Data Bus，DB）、地址总线（Address Bus，AB）、控制总线（Control Bus，CB）。DB 是 CPU 与内存储器、I/O 接口之间相互传送数据的通道；AB 是 CPU 向内存储器和 I/O 接口传递地址信息的通道，它的宽度决定了 PC 的直接寻址能力；CB 是 CPU 与内存储器和 I/O 接口之间相互传递控制信号的通道。

从 PC 的组装角度来看，PC 通常分为主机和外部设备两部分。主机是指 CPU、主机板、内存储器；外部设备是指外存储设备（包括软盘存储系统、硬盘存储系统、光盘存储系统）、输入设备（包括键盘、鼠标、扫描仪等）、输出设备（包括显示器、打印机等）。

通常主机与外部设备是分开的，虽然外存储设备大都装在主机箱内，但它们不是主机的一部分，而是属于外部设备。此外，外存储设备大部分既是输入设备，又是输出设备，因为它们可以将磁盘（软盘、硬盘等）上的数据以文件的形式读入到计算机的内存中，也可以把内存中的数据以文件的形式写到磁盘上保存起来，以备后用。

1.1.1 中央处理器

中央处理器（Central Processing Unit，CPU）是 PC 硬件系统的核心部件，由运算器和控制器组成。运算器是对信息进行加工、处理的部件，主要用来进行各种算术、逻辑运算。控制器是计算机的"大脑"，是神经中枢和指挥中心，它根据程序指令的要求，向其他各部件发出控制信息，控制其他各部件协调一致地工作。

把运算器和控制器集成在一块芯片上称为中央处理器（CPU）。一台计算机功能的强弱、运算能力的大小主要由 CPU 决定，所以通常用 CPU 的型号去区分不同种类的计算机。如 Pentium（奔腾），Pentium Ⅱ，Pentium Ⅲ等。

微机有 8 位、16 位、32 位或 64 位 CPU 等，其含义是可直接操作 8 位、16 位、32 位或 64 位二进制数。目前 CPU 已发展到 64 位，即一次可传送 64 位二进制数。

下面，我们再来介绍一下双核 CPU。

随着 CPU 主频的不断增长、工艺线宽的不断缩小，CPU 散热、电流泄漏、热噪等问题变得越来越棘手，单纯的主频提升已经遭遇瓶颈，因此，CPU 厂商开始寻求新的发展方向，双核 CPU 电脑应运而生。在对待双核处理器的态度上，芯片厂商都表现出了异乎寻常的热情，预示了 CPU 市场的未来发展方向——双核甚至多核 CPU 的发展将引导整个产业链的方向。

双核 CPU 究竟有何过人之处，吸引芯片巨头不遗余力地推动双核技术呢？在过去，处理性能的飞跃依赖于处理器主频的提升，但是随着散热等问题日益严重，主频升级的思路逐渐显得捉襟见肘。而双核心技术的引入是提高处理器性能另一个行之有效的方法。处理器实际性能是处理器在每个时钟周期内所能处理的指令数总量，因此，增加一个内核，处理器每个时钟周期内可执行的单元数将增加一倍，这将大大提升处理器的工作效率。而且，双核 CPU 所具备的两个物理核心是相对独立的，每个核心都可以拥有独立的一二级缓存、寄存器、运算单元，可以使两个独立进程互不干扰。

双核 CPU 超越了传统的单核 CPU 的技术局限，借助两颗"心脏"所具有的高性能和多任务优势，我们可以更加轻松地创建数字内容，进行多任务处理。另外，双核电脑可以做到在前台创建专业数字内容和撰写电子邮件，同时在后台运行防火墙软件或者从网上下载音频文件。

原本计算机一直以单核心的工作频率作为性能的衡量，之所以放弃单核是因为目前的技术水平令单核性能继续提升遇到了瓶颈，4G P4 的夭折让依靠频率提升性能的路子走进死胡同，不得已改走多核心路线，以核心数量来弥补处理能力的不足。不过慢慢地这些多核心的频率又开始奔3G 去了，随着 45nm 的出现，双核上 4G 应该可以想象，所以一方面每个核心的性能还在发展，另一方面多核心集成的手段双管齐下，这样 CPU 的性能可以迅速提升，继续保持摩尔定律。

多核 CPU 就是基板上集成有多个单核 CPU，早期 PD 双核需要北桥来控制分配任务，核心之间存在抢二级缓存的情况，后期酷睿自己集成了任务分配系统，再搭配操作系统就能真正同时开工，两个核心同时处理两"份"任务，速度快了，万一一个核心死机，起码另一个还可以继续处理关机、关闭软件等任务。4 核或者将来的 8 核说白了还是多个核心独自处理各自的"份"，不过人多力量大，速度快，响应时间短，不易死机。

Intel 酷睿 i5 760CPU 的参数如表 1.1～表 1.3 所示，其外观如图 1.2 所示。

表 1.1　　　　　　　　　　　　　　　　Intel 酷睿 i5 760CPU 的频率

CPU 主频	2 800MHz
最大睿频	3 330MHz
外频	133MHz
倍频	21 倍
总线类型	DMI 总线
总线频率	2.5GT/s

表 1.2　　　　　　　　　　　　　　　　Intel 酷睿 i5 760CPU 的插槽参数

CPU 插槽	
插槽类型	LGA 1156
针脚数目	1156pin

表 1.3　　　　　　　　　　　　　　　　Intel 酷睿 i5 760CPU 的内核参数

CPU 内核	
核心代号	Lynnfield
CPU 架构	Nehalem
核心数量	四核心
线程数	四线程
制作工艺	45nm
热设计功耗（TDP）	95W
内核电压	0.65～1.4V
晶体管数量	774 百万
核心面积	$296mm^2$

图 1.2　　Intel 酷睿 i5 760CPU 外观

ARM 微处理器具有强大的处理能力和极低的功耗，现在越来越多的公司在产品选型的时候考虑使用 ARM 微处理器。另外，随着 ARM 功能的增强和完善，在嵌入式领域得到广泛应用。现在绝大多数智能手机都采用多核 ARM 微处理器。ARM 微处理器如图 1.3 所示。

1.1.2　主机板

主机板是主机箱中的重要组成部分，它将 PC 的各部件有机地　　　图 1.3　　ARM 内核的微处理器
连接起来，构成一个完整的硬件系统。换句话说，就是把 CPU、内存储器及相关的功能部件等都

安装或连接到一个电路板上。主机板上有一些插口，可以插入其他扩展卡，用以扩大计算机的能力，提高计算机的性能和效率。

主板，又叫主机板（mainboard）、系统板（systemboard）或母板（motherboard）；它安装在机箱内，是微机最基本的也是最重要的部件之一。主板一般为矩形电路板，上面安装了组成计算机的主要电路系统，一般有 BIOS 芯片、I/O 控制芯片、键盘和面板控制开关接口、指示灯插接件、扩充插槽、主板及插卡的直流电源供电接插件等元件。由于计算机的质量与主板的设计和工艺有极大的关系，所以从计算机诞生开始，各厂家和用户都十分重视主板的体系结构和加工水平。了解主板的特性及使用情况，对购机、装机、用机都是极有价值的。

在主机板下面，是错落有致的电路布线；在上面，则为棱角分明的各个部件：插槽、芯片、电阻、电容等。当主机加电时，电流会在瞬间通过 CPU、南北桥芯片、内存插槽、AGP 插槽、PCI 插槽、IDE 接口以及主板边缘的串口、并口、PS/2 接口等。随后，主板会根据 BIOS（基本输入输出系统）来识别硬件，并进入操作系统发挥出支撑系统平台工作的功能。

计算机行业的技术更新无疑是最频繁和最迅速的，一种主板从投入市场到淘汰一般只有 1～2 年的时间。目前市场中销售的主板普遍使用了一些常见的新技术，并具有一些共同的特点。主要是：采用 Flash BIOS，用户只需软件即可升级；采用同步突发式（PB Cache）二级高速缓存，与以前的异步缓存相比，可提高速度和效率；主板集成两个串口、一个并口和一个软驱接口；主板集成两个通道的增强型（EIDE）硬盘接口，用于连接硬盘、IDE 光驱、磁带机等设备。有些主板还设有 PS/2 鼠标口、通用串行总线（USB）、DMI 资源管理等。

主板采用了开放式结构。主板上大都有 6～15 个扩展插槽，供 PC 外围设备的控制卡（适配器）插接。通过更换这些插卡，可以对微机的相应子系统进行局部升级，使厂家和用户在配置机型方面有更大的灵活性。总之，主板在整个微机系统中扮演着举足轻重的角色。可以说，主板的类型和档次决定着整个微机系统的类型和档次，主板的性能影响着整个微机系统的性能。

华硕 P8H61 采用了 ATX 大板设计，搭载了 Intel® H61（B3）芯片组，修复了 SATA 缺陷，能够很好地支持 Intel® Socket 1155 接口的二代酷睿 i7 /i5/i3 等 32nm 处理器，同时还能很好地支持 Intel Turbo Boost 2.0 技术，另外主板还支持 EPU 智能节能处理器、Anti Surge 电涌全保护、AI Suite II 智能管家技术、EMI 电磁辐射防护和 EFI 图形 BIOS 等。华硕 P8H61 主板如图 1.4 所示。

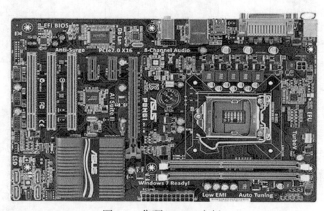

图 1.4　华硕 P8H61 主板

1.1.3　内存储器（内存）

存储器（Memory）是计算机系统中的记忆设备，用来存放程序和数据。计算机中的全部信息，包括输入的原始数据、计算机程序、中间运行结果和最终运行结果都保存在存储器中。它根据控制器指定的位置存入和取出信息。构成存储器的存储介质，目前主要采用半导体器件和磁性材料。存储器中最小的存储单位就是一个双稳态半导体电路或一个 CMOS 晶体管或磁性材料。

存储器的种类很多，按其用途可分为主存储器和辅助存储器。主存储器又称内存储器（简称内存），是 CPU 能直接寻址的存储空间，由半导体器件制成。内存的特点是存取速率快。内存是电脑中的主要部件，它是相对于外存而言的。我们平常使用的程序，如 Windows 操作系统、打字软件、游戏软件等，一般都是安装在硬盘等外存上的，但仅此是不能使用其功能的，必须把它们调入内存中运行，才能真正使用其功能，我们平时输入一段文字，或玩一个游戏，其实都是在内存中进行的。就好比在一个书房里，存放书籍的书架和书柜相当于电脑的外存，而我们工作的办公桌就是内存。通常我们把要永久保存的、大量的数据存储在外存上，而把一些临时的或少量的数据和程序放在内存上，当然内存的好坏会直接影响电脑的运行速度。

内存直接安装在主机板上，存取数据速率快。按照存取信息的方式不同，内存又可分为随机存储器（RAM）和只读存储器（ROM）。

随机存储器（RAM）内的存储信息是可以改变的，它允许随机地按任意指定的地址存取信息，一旦系统断电，则 RAM 中的所有信息全部丢失。我们通常所说的内存一般是指动态随机存储器，也称 DRAM，它是计算机执行程序和处理信息时存放指令和数据的地方。内存存取速率很快，但制造成本较高，因此，容量不是很大，一般用 MB 作为存储容量单位。

只读存储器（ROM）是只能够读出信息而不允许随意写入信息的存储器，通常 ROM 中的内容是生产厂商在制造芯片时就写入的，它不会因系统断电而丢失信息，计算机的基本输入/输出系统（BIOS）、初始化引导程序、开机自检程序等均在出厂前被固化在 ROM 中，无论有无电源，信息都不会丢失。

高速缓冲存储器 Cache 是位于 CPU 与内存之间的临时存储器，它的容量比内存小但交换速度快。

在 Cache 中的数据是内存中的一小部分，但这一小部分是短时间内 CPU 即将访问的，当 CPU 调用大量数据时，就可避开内存直接从 Cache 中调用，从而加快读取速度。由此可见，在 CPU 中加入 Cache 是一种高效的解决方案，这样整个内存储器（Cache+内存）就变成了既有 Cache 的高速度，又有内存的大容量的存储空间了。

Cache 对 CPU 的性能影响很大，主要是因为 CPU 的数据交换顺序和 CPU 与 Cache 间的带宽引起的。

在传输速度有较大差异的设备间都可以利用 Cache 作为匹配来调节差距，或者说是这些设备的传输通道。在显示系统、硬盘和光驱，以及网络通信中，都需要使用 Cache 技术。但 Cache 均由静态 RAM 组成，结构复杂，成本不菲，使用现有工艺在有限的面积内不可能做得很大。

在 PC 中，为了便于灵活地扩充内存容量，RAM 通常是由几个芯片组成一个内存条，可以很方便地插入主板的内存插槽内，内存条插脚有 30、72、168 线等 3 个标准，30 线已被淘汰，现在用的较多的是 168 线。有些程序（如图像处理程序、三维动画程序、制图程序）要求的内存容量比较大，因此，可以用多个内存条组合，以达到用户所需的内存容量，使程序能够顺利执行。

内存主要有以下技术指标。

1. 容量

容量这一指标直接制约系统的整体性能。一般内存条容量有 512MB、1GB、2GB、4GB 等，其中 2GB 内存已成为当前家庭 PC 的主流配置。

2. 存取时间

内存条芯片的存储时间决定了内存的速度，其单位是纳秒（ns）。

3. 奇偶校验位

内存条的奇偶校验位可以用于保证数据的正确读写，对于常见的机型，有无奇偶校验位一般均可正常工作。

4. 接口类型

内存的接口类型一般包括 SIMM 类型接口和 DIMM 类型接口。

根据内存条所应用的主机不同，内存产品也各自不同的特点。台式机内存是 DIY 市场内最普遍的内存，价格也相对便宜。笔记本内存则对尺寸、稳定性、散热性方面有一定的要求，价格要高于台式机内存。而应用于服务器的内存则对稳定性以及内存纠错功能要求严格，同样稳定性也是着重强调的。

笔记本内存就是应用于笔记本电脑的内存产品，笔记本内存只是使用的环境与台式机内存不同，在工作原理方面并没有什么区别。只是因为笔记本电脑对内存的稳定性、体积、散热性方面的需求，笔记本内存在这几方面要优于台式机内存，价格方面也要高于台式机内存。

笔记本诞生于台式机的 486 年代，在那个时代的笔记本电脑，所采用的内存各不相同，各种品牌的机型使用的内存千奇百怪，甚至同一机型的不同批次也有不同的内存，规格极其复杂，有的机器甚至使用 PCMICA 闪存卡来做内存。进入到台式机的 586 时代，笔记本厂商开始推广 72 针的 SO DIMM 标准笔记本内存，而市场上还同时存在着多种规格的笔记本内存，诸如：72 针 5V 的 FPM；72 针 5V 的 EDO；72 针 3.3V 的 FPM；72 针 3.3V 的 EDO。此几种类型的笔记本内存都已成为"古董"级的宝贝，早已在市场内消失了。在进入到"奔腾"时代，144 针的 3.3V 的 EDO 标准笔记本内存。在往后随着台式机内存中 SDRAM 的普及，笔记本内存也出现了 144 针的 SDRAM。现在 DDR 的笔记本内存也在市面中较为普遍了，而在一些轻薄笔记本内，还有些机型使用与普通机型不同的 Micro DIMM 接口内存。

对于多数的笔记本电脑并没有配备单独的显存，而是采用内存共享的形式，内存要同时负担内存和显存的存储作用，因此，内存对于笔记本电脑性能的影响很大。

1.1.4　I/O 接口

I/O 接口是一个电子电路（以 IC 芯片或接口板形式出现），其内由若干专用寄存器和相应的控制逻辑电路构成。它是 CPU 和 I/O 设备之间交换信息的媒介和桥梁。CPU 与外部设备、存储器的连接和数据交换都需要通过接口设备来实现，前者被称为 I/O 接口，而后者则被称为存储器接口。存储器通常在 CPU 的同步控制下工作，接口电路比较简单；而 I/O 设备品种繁多，其相应的接口电路也各不相同，因此，习惯上说到接口只是指 I/O 接口。PC 与外部设备之间的数据交换需要通过 I/O 接口，因为外部设备处理的信息既有用数字形式（由"0"、"1"组成的信息）表示的，也有用模拟量（如电压、电流等物理量）表示的，而在 PC 的内部只能处理数字量；此外计算机内部处理数据的速度很快，而外部设备处理数据的速度相对要慢些，通过 I/O 接口能协调主机与外部设备之间的数据传送。现在的 PC 通常把常用的一些接口电路都集成在主机板上，主要有以下几种。

1. 串行通信适配器接口（COM1，COM2）

它将信息一位一位地按次序传送，常用来连接鼠标、绘图仪、调制解调器等。

2. 并行打印机适配器接口（LPT1，LPT2）

它传送信息时一次同时传送若干位，常用于连接打印机。

3. 光盘控制器接口

它用于连接光盘驱动器。

4. 硬盘控制器接口

它用于连接硬盘驱动器。

5. 通用串行总线接口（USB）

USB 是 PC 与外围设备连接的接口新标准，它能够将多个外部设备相互串联，树状结构最多可接 127 个外设。它即插即用，可接不同的外部设备，如键盘、鼠标、扫描仪等，具有热插拔功能。

通用串行总线 USB（Universal Serial Bus）是 Intel 和其他一些公司共同倡导的一种新型接口标准。随着计算机应用的发展，外设越来越多，调制解调器、扫描仪、磁带机等各种各样的外设使计算机本身所带的有限接口显得异常紧张。通用串行总线 USB 可以简单地解决这一问题。按目前的工业标准，它是一种四芯的串行通信设备接口，可以连接多达 127 个外围设备，并支持即插即用。主要用作计算机与外设之间的连接。通信速率可达 12Mbit/s，比传统的 RS–233C 串行通信接口要快得多。今后 USB 总线的可用速率还会提高。采用 USB 总线可以把键盘、鼠标器、打印机、扫描仪、调制解调器、网络（HUB）等设备按统一的接口方式连接起来，使用户安装这些设备变得更简单。

采用 USB 总线后，计算机后面的许多接口都可以免去，而剩下一两个统一的 USB 接口。使用 USB 总线要求有 USB 驱动程序来配合各种 USB 设备，而 USB 驱动程序的基础部分一般是放在 BIOS 中的。目前，许多外设已经都具有 USB 标准接口。

此外，PC 的主机板上还有接口卡的插槽，用来接插其他常用的接口卡，如显示卡、网络卡、A/D 及 D/A 卡等。

华硕 P8H61 主板的 I/O 接口如图 1.5 所示。

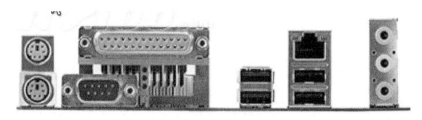

图 1.5　华硕 P8H61 主板的 I/O 接口

1.2　外部存储器

外部存储器即外存，也称辅存，是内存的延伸，其主要是可以记录各种信息、保存系统软件和用户程序及数据，外存是可以重复使用的。外存储器有磁带、磁盘和光盘等几种，目前一般计算机使用磁盘作为外存储器。磁盘又有硬盘和软盘两种，不管哪种，都是外部存储器即外存，也称辅存，需将所保存的程序、数据调入内存中才能由 CPU 处理。

1.2.1　软盘

软盘（Floppy Disk）具有价格便宜、携带方便、容量小、读写速度较慢等特点，它是由起保护作用的硬塑料封套和盘片组成。PC 上使用的软盘大小一般是 9cm（3.5 英寸），当软盘插入软驱后，软盘的活动窗就滑到一边，露出里面的磁盘表面，磁头就可以从这里读写数据。

所有的软盘在第一次使用之前，必须进行格式化。所谓的磁盘格式化就是在磁盘上建立一系列同心圆，这些同心圆称为磁道，常用的 9cm 软盘上下两面各被划分为 80 个磁道，最外层为 0 号磁道，由外往里磁道编号为 0，1，…，78，79。每个磁道又划分成若干个小区称为扇区，每个磁道有 18 个扇区，每个扇区固定地有 512 个字节，因此 9cm（3.5 英寸）软盘的容量为：

盘面数 × 每面磁道数 × 每磁道扇区数 × 每扇区字节数 = 2 × 80 × 18 × 512B = 1474560B = 1.44MB

软盘只有插入软盘驱动器中才能读写数据，软盘驱动器是通过专用数据线与主机板连接的。目前，软盘使用越来越少。

1.2.2　硬盘

软盘虽然有携带方便等优点，但其容量小，读写速度慢，对于数据量较大的数据或程序无法存储，而硬盘能够解决这些问题。硬盘一般是在铝合金圆盘上铺有磁性材料，从结构上分为固定式和移动式，它的尺寸主要为 9cm（3.5 英寸），其特点是把磁头、盘片和驱动器密封在一起。硬

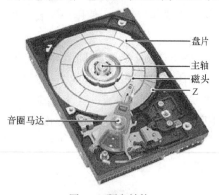

盘上每个存储面也划分为若干个磁道，每个磁道划分为若干个扇区。硬盘通常由多张盘片组成，也有多个磁头，每个存储面的同一道形成一个柱面。硬盘的读写速度是软盘的 20 倍，在相同尺寸上的存储容量是软盘的 20～400 倍。硬盘容量的计算方法为：磁头数 × 柱面数 × 扇区数 × 每个扇区的字节数。

硬盘的性能参数除了存储容量外，还有电机的转速和内置的 Cache 的大小。目前硬盘的容量以 GB 或 TB 为单位，已达到 1 000 多 GB 即 1TB，转速有 5 400 转/分和 7 200 转/分。硬盘结构如图 1.6 所示。

图 1.6　硬盘结构

1.2.3　固态硬盘

固态硬盘（Solid State Disk），简称固盘，简单地说就是用固态电子存储芯片阵列而制成的硬盘，其芯片的工作温度范围很宽，商规产品（0～70℃）工规产品（-40～85℃）。虽然成本较高，但也正在逐渐普及到 DIY 市场。由于固态硬盘技术与传统硬盘技术不同，所以产生了不少新兴的存储器厂商。厂商只需购买 NAND 存储器，再配合适当的控制芯片，就可以制造固态硬盘了。新一代的固态硬盘普遍采用 SATA-2 接口及 SATA-3 接口。

固态硬盘的存储介质分为两种，一种是采用闪存（FLASH 芯片）作为存储介质，另外一种是采用 DRAM 作为存储介质。

1. 基于闪存的固态硬盘

基于闪存的固态硬盘（IDEFLASH DISK、Serial ATA Flash Disk）：采用 FLASH 芯片作为存储介质，这也是我们通常所说的 SSD。它的外观可以被制作成多种模样，例如，笔记本硬盘、微硬盘、存储卡、U 盘等样式。这种 SSD 固态硬盘最大的优点就是可以移动，而且数据保护不受电源控制，能适应各种环境，但是使用年限不高，适合个人用户使用。固态硬盘如图 1.7 所示。

图 1.7　固态硬盘

2. 基于 DRAM 的固态硬盘

基于 DRAM 的固态硬盘：采用 DRAM 作为存储介质，应用范围较窄。

它仿效传统硬盘的设计，可被绝大部分操作系统的文件系统工具进行卷设置和管理，并提供工业标准的 PCI 和 FC 接口用于连接主机或者服务器。应用方式可分为 SSD 硬盘和 SSD 硬盘阵列两种。它是一种高性能的存储器，而且使用寿命很长，美中不足的是需要独立电源来保护数据安全。DRAM 固态硬盘属于比较非主流的设备。

现在不少笔记本电脑都有一个固态硬盘来装操作系统以实现快速启动，同时又有一个普通硬盘来存放数据。

1.2.4　CD–ROM

CD-ROM 是只读光盘，用户只能读取已存在光盘上的内容，不能更改和写入信息。它具有容量大、速度快、不易受干扰等特点，是多媒体计算机的关键部件之一。常用的 CD-ROM 光盘的大小为 13cm（5.25 英寸），单面标准容量为 650MB。光盘只有在光盘驱动器里才能读取信息。光盘驱动器重要的性能指标为数据传输速率（即单位时间内 CD-ROM 驱动器可以从光盘中读取的信息量）。

1.2.5　DVD

DVD 光盘是一种新的 CD 产品，现在已用得比较广泛。DVD 光盘的大小与 CD 光盘相同，且 DVD 光盘驱动器兼容 CD 光盘，它的容量有 4.7GB、7.5GB 和 17GB 等多种，比 CD-ROM 容量大 8～25 倍，速度也快，具有良好的应用前景。

选购 DVD 刻录盘片时，首先要考虑到自己的刻录机所支持的 DVD 盘片的格式与标准。由于发起者不同，目前市场上的 DVD 盘片的制定标准也不相同。主要分为以下 3 种格式，DVD-RAM、DVD-R/RW 及 DVD+R/RW。

DVD-RAM 是由松下主推的 DVD 刻录碟片，采用与传统 DVD 不同的物理格式，使用最为方便，而且盘片可以反复擦写 10 万次以上，大大高于其他产品。不过，DVD-RAM 价格昂贵且兼容性较差。DVD-R/RW 是由先锋等公司主推的 DVD-R/RW，在物理格式上，与 DVD-RAM 相同，采用恒定线速度（CLV）读取方式，与 DVD-RAM 兼容，但其刻录速度却受到较大限制。目前最热门的是 SONY、BenQ 主推的 DVD+R/RW 规格 DVD 盘片，其兼容性和刻录速度都很好。

1.2.6　U 盘

U 盘（有的称为闪盘、优盘、魔盘）是一种可以直接插在通用串行总线 USB 端口上进行读写的新一代外存储器。它具有容量大（通常数十兆到几百兆）、体积小、携带方便、保存信息可靠等优点，目前已被人们普遍接受。

对计算机硬件略有常识的人都知道，U 盘产品造型小巧，是通过整合闪存芯片、USB I/O 控制芯片而组成的产品，其产品特性大都比较相似，只是外壳设计和捆绑软件有所差别，其实 U 盘的技术含量并不高。任意品牌的一款 U 盘产品的核心部件主要为：用于存储数据的 Flash 芯片和负责驱动 USB 接口的端口控制芯片两个部分。相对软盘而言，U 盘的容量更大、读写更快、寿命更长、体积更小、使用和携带都很方便，因而在问世之时就被人称为"软盘软驱的终结者"。U 盘如图 1.8 所示。

图 1.8 U 盘

1.3 输入、输出设备

输入设备中键盘和鼠标是必须具备的部件，输出设备中显示器是必须具备的部件，大多数产品都能够满足一般需要。

1.3.1 输入设备

1. 键盘

键盘是计算机的基本输入设备，只有熟练掌握了计算机键盘的使用方法，才能得心应手地操作计算机。键盘的按键数随键盘型号不同而有所不同。图 1.9 是 104 标准键盘。其布局按照不同的功能分为 3 个区：字符键区、功能键区、光标控制键区和小键盘区。键盘的左上边是功能区，左边是字符键区，右边为小键盘区，中间为光标控制键区。

（1）字符键区

字符键区最上面一排是 10 个数字键，中间是 26 个字母键，下面最长的键是空格键，此外还有一些符号键，如>、<、?、/、;等，使用时按一个键，就输入一个字符（字母、数字或符号）。其中 Shift 键与数字键或符号键同时按下时，表示输入的是该键的上面一个字符，若 Shift 键与字母键同时按下时，表示输入的是大写字母。Caps lock 键是英文字母大小写转换键。此外，还有一些键的功能如下。

Enter：	回车键或换行键。
Ctrl：	控制键，常与其他键或鼠标组合使用。
Alt：	变换键，常与其他键组合使用。
Backspace：	退回键，按一次，删除光标左边一个字符。
Tab：	制表键，按一次，光标跳 8 格。

（2）功能键区

键盘上最上面一行 F1～F12 这 12 个键叫功能键，其作用可以用于输入某一串字符、某一条命令或调用某种功能。在不同的软件中，功能键具体的功能有所不同。

（3）光标控制键区

光标控制键是在整个屏幕范围内进行光标移动或其他相关操作。该键区的主要控制如下：

↑、↓、←、→：光标上移一行、光标下移一行、光标左移一列、光标右移一列。

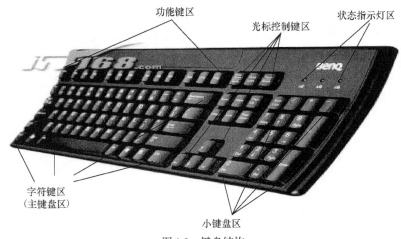

图 1.9   键盘结构

Home、End、PgUp、PgDn：光标移动键，它们的操作与具体软件定义有关。

Del：删除光标所在位置的字符。

Insert：设置改写或插入状态。

（4）小键盘区

小键盘区又叫做数字键区，这些键有两种功能：编辑或输入数字，但在任何瞬间只有一种功能有效。当数字功能有效时，按这部分键可以输入数字。由于这部分键比较集中，所以输入大量数据时，使用这些数字键会更方便、快捷。当编辑功能有效时，按这部分键可以移动光标或插入、删除字符。←、↓、→、↑这 4 个键可以按箭头指示的方向移动光标；Home，End，PgUp，PgDn这 4 个键也可以移动光标，但在不同的编辑器中它们的用法不一样；Del 键可以删除字符，Ins 键可以插入/改写字符。用户可以用 Num Lock 键进行编辑或输入数字这两种功能之间的转换。

2. 鼠标

自从 Windows 问世以来，鼠标（Mouse）已经成为电脑必备的输入设备，用户通过鼠标，可以方便、直观地操作计算机。鼠标的主要用途是用来定位光标或用来完成某种特定的操作。按照鼠标按键数目的不同，鼠标可分为两键鼠标、三键鼠标和四键鼠标。在 Windows 下，鼠标的左键用于选择菜单、工具等，右键通常用于打开快捷菜单，中间滚轮用于快速翻页、定位等。

按照鼠标与计算机连接方式来分，鼠标又可分为有线和无线两类。无线鼠标是以红外线遥控，其遥控距离不能太长，通常在 2m 以内。目前用户大都使用有线鼠标，它通过一根细电缆线与计算机相连。

3. 扫描仪

扫描仪是电脑的一个输入设备，现在在家庭日常应用、桌面出版、广告、办公和多媒体制作等方面得到了广泛的应用。

扫描仪内部结构和工作原理如下。

扫描仪一般由光源、光学透镜、扫描模组、模/数转换电路和外壳组成。光源发光照在原稿上，原稿的反射光通过光电元件后，光信号被转换成电信号，然后将电信号通过模/数转换器转换为数字信号，再传输到计算机中进行处理，这样一幅原稿就被扫描成可以被计算机处理的数字信号，完成了扫描工作。

（1）扫描仪的感光元件

扫描仪的核心元件就是感光元件，目前市场上扫描仪所使用的感光器件主要有 3 种：光电倍增管、CCD 和 CIS（接触式感光器件）。其中光电倍增管主要用在高档的滚筒式扫描仪上，CIS用在很早以前的低端扫描仪上，现在的平板扫描仪基本上是采用 CCD 作为感光元件的。下面详细介绍一下 CCD 和 CIS。

CCD（Charge Coupled Device 电荷耦合器件）是扫描仪的感光元件，光通过 CCD 被转换成电信号，跟数码相机里面使用的 CCD 原理基本相同。

CCD 的芯片上集成了成千上万个光电三极管，光电管之间又分为硅氧化物隔离和半导体隔离两种，把光电管用红色、绿色和蓝色的滤色镜罩住，就可以实现彩色扫描。使用 CCD 的扫描仪通常有扫描质量比较高、扫描的原稿范围广（可扫实物）、使用寿命长和分辨率高等特点，是现在最流行的扫描仪。

除了 CCD 以外，扫描仪还采用一种感光元件 CIS。CIS 采用接触式图像感光元件（光敏传感器）来进行感光，需要一次扫描，三次曝光，扫描速度慢，并且没有景深效果，原稿必须与感光元件贴得很近才有好的扫描效果，因此，无法进行立体实物扫描。分辨率只能达到 300 点/英寸或600 点/英寸，CIS 光源的均匀性不好，使得 CIS 扫描仪的扫描图像清晰度和色彩还原度不好，现在用得非常少了。

（2）扫描仪分类

1）平板扫描仪

平板式扫描仪采用 CCD 作为感光元件，桌面出版和印前处理一般都用它作为图像捕获设备，如图 1.10 所示。

图 1.10　平板扫描仪

平板扫描仪中，有价格低廉的黑白扫描仪，有具专业水准的彩色扫描仪。可以扫描普通的反射原稿，也能扫描透射原稿（普通扫描仪需要另配一个扫描设备才能扫描透射稿），还能扫描实物。平板扫描仪的光学分辨率通常在 300～8000 点/英寸，色彩位数通常在 24～48 位，扫描幅面一般为 A4，也有 A3 幅面的。

平板扫描仪扫描是把要扫描的原稿（照片、书本、报纸、杂志、照片底片或实物）放在扫描仪的透明玻璃板上，再盖上盖子就可以扫描，相当方便，而且扫描出的效果也是非常好的。

平板扫描仪扫描原稿的光源一般是荧光灯和卤素灯，扫描反射原稿的光源来自扫描仪的玻璃板下方，而透射原稿的照射光源在玻璃板的上面。无论是扫描反射稿还是透射稿，当这些特定颜色和强度的光照射到 CCD 上的感光元件后，在 CCD 上产生相应的电荷，这些电荷到达一个模/

数转换器,模/数转换器将这些模拟信号转成数字信号,再传输到电脑中的图像处理软件进行处理。

平板式扫描仪通常操作简单,可以通过图像编辑软件(如 Photoshop)直接操作,性能可靠,是最常见的一种扫描仪,目前在市面上大部分的扫描仪都属于平板式扫描仪,是现在的主流。

2)底片扫描仪

专用的底片扫描仪通常采用 CCD 作为感光元件(CIS 达不到要求),主要用于对透射稿(如反转片和负片等)进行高分辨率的扫描。

底片扫描仪扫描精度高,一般在 2 400~4 800 点/英寸,色彩深度一般为 36 位或 48 位;动态范围大(最低亮度与最高亮度的比值比较大),这样就使得高光部分和暗部都能够表现正常,尽量还原出接近原稿的效果,底片扫描仪的动态范围在 3.6D ~ 4.2D(普通平板扫描仪动态范围一般在 3.6D 以下)。

底片扫描仪的色彩校正功能强大,因为透射稿的色相非常复杂,要求能够对不同的透射稿进行正确的色彩校正。大多数平板扫描仪在装了透扫适配器以后也可以扫描透射稿,但是没有色彩校正功能,导致扫描效果比不上底片扫描仪。再就是底片扫描仪的扫描面积比较小,通常扫描的透射稿面积在 4×5 英寸以下。

3)滚筒扫描仪

滚筒扫描仪是专门为专业扫描设计的高档彩色扫描仪,造价相当高。它通常使用光电倍增管来分辨 RGB 信号,在各种感光元件中,光电倍增管是性能最好的一种,无论在灵敏度(感光元件对最暗光线的感受能力,单位为勒克司),噪声系数(感光元件本底噪声的大小决定了扫描仪的色彩位数,噪声系数越小,扫描仪的色彩位数越高),还是动态范围上都遥遥领先于其他感光元件,更难能可贵的是它的输出信号在相当大范围上保持着高度的线性输出,使输出信号几乎不用作任何修正就可以获得准确的色彩还原。

尽管扫描速度比较慢(一次只能扫描一个像素),价格非常高,但是因为扫描精度高(可以达到 10 000 点/英寸以上),动态范围大,可以扫描出非常逼真的色彩及高精度的图片,滚筒扫描仪通常是专业用户必备的扫描仪,它能扫描负片、反转片、透射稿和反射稿,扫描时要求原稿比较柔软,这样才可以放置在滚筒扫描仪上进行扫描。

4)手持式扫描仪

早期的手持式扫描仪绝大多数采用 CIS 技术,光学分辨率为 200 点/英寸,后来又扩展到 600 点/英寸。有黑白、灰度和彩色多种类型,其中彩色类型一般为 16 位彩色。也有个别高档产品采用 CCD 作为感光元件,可实现真彩色,扫描效果较好。

1.3.2　输出设备

1. 显示器

显示器是 PC 最基本的输出设备,是人机对话的主要工具之一,其作用是显示内容、输出字符、数据或图形、表格等各种形式的结果。显示系统由显示适配器(又称显示卡)和监视器两部分组成,显示卡插在主机板上的插槽内,通过专用信号线与监视器相连,如图 1-11 所示。

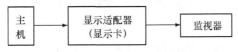

图 1-11　显示适配器的连接

显示器主要有阴极射线管(CRT)显示器和液晶(LCD)显示器,常用的 CRT 显示器有 38cm

（15 英寸）和 43cm（17 英寸）彩色显示器。显示器主要参数有显像管的尺寸、支持的最大分辨率和颜色数、显示器的点距、显示屏是否纯平面等。

近年来，显示器市场上最大的变化就是液晶（LCD）显示器市场分额的迅速提升，相对于传统 CRT 显示器来说，LCD 的优点相当多。其中普通消费者最关注的，也是 LCD 最大的优点就是无辐射、无闪烁，不会影响用户的健康。而传统 CRT 显示器的辐射会对人体产生一些不良影响，闪烁则会损害用户的视力。因此，不少消费者为了保证自身的健康，放弃传统 CRT 显示器而选择 LCD 显示器。

其次，液晶显示器体积小巧也是消费者选择它的原因之一。传统 CRT 显示器必须通过电子枪发射电子束到屏幕，而显像管的管颈不可能做得很短，当屏幕增加时也必然增大整个显示器的体积，但 LCD 显示器则是通过显示屏上的电极控制液晶分子状态来实现不同的显示效果，屏幕面积增大并不会导致显示器体积增加。

再次，由于工作原理上的本质差异，LCD 显示器的功率要远小于传统 CRT 显示器，因此，不少消费者选择 LCD 也是出于节能的目的。

最后，LCD 显示器是真正的物理纯平，图像不存在变形，而传统 CRT 显示器无论如何设计，都无法达到真正的纯平，边角的图象都会有些许变形。

当然，LCD 显示器并不是在所有方面都胜过 CRT 显示器。传统 CRT 显示器在响应速度、可视角度、色彩等方面要胜过 LCD 显示器，不过随着 LCD 技术的不断发展，这些不足之处的差距正在逐步缩小。

显示器的显示效果与所选用的显示卡有关，显示卡的性能与所用的显示芯片和显示存储器容量（简称显存）的大小有关。通常选用 16～32MB 的显存。

显示分辨率是指显示器水平方向和垂直方向显示的像素（光点）数的乘积（即横向点×纵向点），数目越大，分辨率就越高。颜色数是显示器所能显示颜色的数量。不同的显示器，有不同的显示模式要求，对应的也就有不同的显示适配器（显示卡）。

2. 打印机

打印机是重要的输出设备之一，是通过电缆线连接在主机箱上的并行接口或 USB 口上，实现与主机之间的通信。它分为针式打印机、喷墨打印机和激光打印机 3 类，每类又有单色（黑色）和彩色两种。针式打印机以机械撞击方式输出，打印效果较差，尤其是在输出图形图像方面，且打印速度慢、噪声大，其优点是耗材便宜（包括打印色带和打印纸）。喷墨打印机是将墨水通过精细的喷头喷到纸上，从而完成打印。与针式打印机相比，它具有分辨率高、噪声小、打印质量高等优点，但由于使用一次性喷头，因而成本较高，耗材较贵。激光打印机是 20 世纪 60 年代末发明的，采用的是激光扫描和电子照相（Electro-photo-graphy）技术，即利用激光束扫描光鼓，通过控制激光束的开与关使传感光鼓吸与不吸墨粉，然后光鼓再把吸附的墨粉转印到纸上，完成打印，目前它是各种打印机中打印效果最好的，具有打印速度快、质量好、噪声低、分辨率高等优点，缺点是价格较高、耗材贵。

1.4　微型计算机的指令

计算机的工作就是顺序地执行存放在存储器中的一系列指令。为解决某一实际问题而设计的一系列指令称为程序。指令是一组二进制代码，规定由计算机执行程序的每一步操作。

一种计算机所能识别并执行的全部指令的集合，称为该种计算机的指令系统。指令和指令系统与计算机的硬件密切相关，每一种计算机都有各自的指令系统。

1.4.1　指令的格式

在计算机内部，指令和数据的形式是相同的，二者均以二进制代码的形式存于存储器中。它们的区别在于计算机工作时，把指令送往控制器的指令寄存器和指令译码器中，而把数据送往运算器的寄存器和算术逻辑单元中。

一条指令应明确地指出是什么操作，并能用来编程序，因此，它必须含有足够的信息。这些信息包括：

操作码	操作数1地址	操作数2地址	目的地址	下一条指令的地址

1.　操作的种类

如加、减、传送、转移等。指令中规定操作种类的部分称为操作码。

2.　操作数

指令执行过程中所需要的操作数，该字段除可以是操作数本身外，也可以是操作数地址或地址的一部分，还可以是指向操作数地址的指针或其他有关操作数信息。

3.　目的地址

指令执行结果的存放地址，简称目的地址。

4.　下一条指令的地址

要把上述全部信息都表示出来，需要完整的指令，这样一条完整指令就会太长了，不便于计算机处理，也浪费存储空间。因此，必须缩短指令的长度。有下列几种缩短指令长度的方法。

（1）用程序计数器（PC）保存指令的地址。CPU 每使用一次程序计数器后，都使该计数器自动加 1。这样，下一条指令的地址可以从 PC 中得到，从而可以从指令格式中去掉"下一条指令的地址"这一代码段。这就形成了所谓的三地址指令，其格式如下：

操作码	操作数1地址	操作数2地址	目的地址

（2）使目的地址与操作数之一的地址相同，即让指令的操作结果取代操作数之一，从而可以从三地址指令中去掉"目的地址"这一代码段，这就形成了所谓的二地址指令。其格式如下：

操作码	目的操作数地址	源操作数地址

这种二地址指令的功能是：在目的操作数和源操作数完成操作码规定的运算后，把运算结果存入目的操作数地址单元。

（3）使目的操作数地址隐含在指令操作码中。这种隐含地址可以是累加器或其他寄存器，这就形成了所谓一地址指令。其格式如下：

操作码	操作数地址

这种一地址指令的功能是：在累加器中的数与操作数完成操作码规定的运算后，将运算结果存入累加器中。

在计算机指令系统中，还有一些指令是不带操作数的，如停机、关中断、开中断等，这种不需要地址的指令，称为无地址指令或无操作数指令。其格式如下：

操作码

1.4.2　指令的分类

一种计算机的指令系统能比较充分地说明该种机器的运算和处理能力。一般微型计算机有几十条到几百条不同的指令，这些指令可按其操作功能的不同分为以下 4 类。

1．数据处理指令

数据处理指令能以某种方式对数据进行算术运算、逻辑运算、移位和比较。这些指令的操作功能一般由运算器的算术逻辑单元（ALU）来完成。它们还可进一步分为以下几种。

（1）算术运算指令（如加、减、加 1、减 1 等指令）。

（2）逻辑运算指令（如"与"、"或"、"异或"、"取反"等指令）。

（3）移位指令（如各种左、右移位等指令）。

（4）比较指令（如根据两数差的特征对标志寄存器置位）。

（5）其他专用指令（如十进制调整指令、浮点转换指令、奇偶校验指令等）。

2．数据传送指令

数据传送指令的功能是将数据从一个地方传送到另一个地方，而不改变数据的内容。这类指令还可以进一步分为以下几种。

（1）存储器传送指令（如将一数据存入某存储单元，或将某存储单元的内容取出）。

（2）内部传送指令（如把一个寄存器的内容送到另一个寄存器）。

（3）输入输出指令（如将数据从输入端口输入到 CPU 寄存器，或把一数据从 CPU 寄存器输出到输出端口）。

（4）堆栈指令（如把寄存器的内容压入堆栈或将堆栈顶的内容弹出送到寄存器）。

3．程序控制指令

程序控制指令能改变程序计数器 PC 的内容，使程序改变正常的执行顺序。这类指令可进一步分为以下几种。

（1）无条件转移指令（如跳过几条指令继续执行程序）。

（2）条件转移指令（如结果为零转移、有进位转移等）。

（3）子程序调用指令（如子程序调用、子程序返回等）。

（4）停机和空操作指令。

4．状态管理指令

这类指令一般数量较少，其功能只改变 CPU 的工作状态，而不影响其他指令和数据。如：开中断指令、关中断指令等。并非所有的计算机都具有上述全部种类的指令。指令系统完备可以使程序较短，且运行速度较快。但较大的指令系统必然会使指令变长，使机器结构复杂。

本章小结

本章介绍了计算机硬件系统，其主要由中央处理机、存储器、输入/输出接口电路与输入/输出设备等组成，各部分之间采用总线结构实现连接，并与外界实现数据传送，3 种类型的总线分别为数据总线、地址总线和控制总线。

中央处理器是 PC 硬件系统的核心部件，由运算器和控制器组成。把运算器和控制器集成在一块芯片上称为中央处理器（CPU）。双核 CPU 超越了传统的单核 CPU 的技术局限，借助两颗"心脏"所具有的高性能和多任务优势，可以更加轻松地进行多任务处理。

主机板又名主板、母板、系统板等。在一台微型计算机里，主板上安装了计算机的主要电路系统，并具有扩展槽和各种插件。计算机的质量与主板的设计和工艺有极大的关系。

在计算机中直接与 CPU 交换信息的存储器称为内存储器，简称内存。内存主要用于存放程序和数据（包括原始数据、中间数据、最后结果）。内存直接安装在主机板上，存取数据速度快。按照存取信息的方式不同，内存又可分为随机存储器和只读存储器。

外部存储器即外存，也称辅存。U 盘（有的称为闪盘、优盘、魔盘）是一种可以直接插在通用串行总线 USB 端口上进行读写的新一代外存储器。它具有容量大（通常数十兆到几百兆）、体积小、携带方便、保存信息可靠等优点，目前已被人们普遍接受。

PC 与外部设备之间的数据交换需要通过 I/O 接口，通过 I/O 接口能协调主机与外部设备之间的数据传送。现在的 PC 通常把常用的一些接口电路都集成在主机板上。

计算机的工作就是顺序地执行存放在存储器中的一系列指令。为解决某一实际问题而设计的一系列指令称为程序。指令是一组二进制代码，规定由计算机执行程序的每一步操作。

本章最后对机器指令的格式和指令的分类进行了介绍。

习　题

1. 完整的计算机系统包括_____。
   A. 硬件系统和软件系统　　　　B. 主机及外部设备
   C. 系统硬件和系统软件　　　　D. 主机板和 CPU
2. 计算机的硬件主要包括：中央处理器、存储器和____（1）____，其中，中央处理器也称____（2）____，它由____（3）____组成，其主要功能是____（4）____。
   （1）A. 输入/输出设备　　　　　B. 显示器和打印机
   　　　C. 键盘和打印机　　　　　D. 鼠标和触摸屏
   （2）A. CPU　　　B. RAM　　　C. ALU　　　D. CRT
   （3）A. 运算器和主存储器　　　B. 控制器和运算器
   　　　C. 控制器和寄存器　　　　D. 控制器和主存储器
   （4）A. 算术运算　　　　　　　B. 逻辑运算
   　　　C. 算术逻辑运算　　　　　D. 算术逻辑运算及控制
3. 计算机的存储系统一般指_____。
   A. RAM 和 ROM　　　　　　　B. 硬盘和软盘
   C. 内存和外存　　　　　　　　D. 硬盘和光盘
4. 微机的运算器、控制器及内存的总称是_____。
   A. CPU　　　　B. ALU　　　　C. 主机　　　　D. MPU
5. 微机的发展是以_____的发展为表征的。
   A. 主机　　　　B. 软件　　　　C. 微处理器　　　D. 控制器

第2章
计算机软件基础

【本章重点】主要介绍与计算机软件相关的基础知识，这包括计算机系统常用的数制、计算机中的数据与编码以及计算机软件的基本分类。

【本章难点】数制的相互转化；数据存储单位以及基本的信息编码方法。

【学习目标】掌握不同数制间的相互转换；了解计算机中数据存储原理和编码方法；了解软件的基本分类。

2.1　计算机中常用的数制

2.1.1　进位计数制

1. 数制

数制也称为计数制，是指用一组固定的符号和统一的规则来表示数值的方法。

2. 进位计数制

按进位的方法进行计数，称为进位计数制。在日常生活和计算机中采用的都是进位计数制。

3. 数位、基数和位权

在进位计数制中有数位、基数和位权 3 个要素。

（1）数位：是指数码在一个数中所处的位置。

（2）基数：是指在某种进位计数制中，每个数位上所能使用的数码的个数，例如，十进位计数制中，每个数位上可以使用的数码为 0～9 十个数码，即其基数为十。

（3）位权：是指在某种进位计数制中，每个数位上的数码所代表的数值的大小，等于在这个数位上的数码乘上一个固定的数值，这个固定的数值就是此种进位计数制中该数位上的位权。数码所处的位置不同，代表数的大小也不同。

2.1.2　常用的进位计数制

进位计数制很多，这里主要介绍与计算机技术有关的几种常用进位计数制。

1. 十进制

十进位计数制简称十进制。十进制数具有下列特点。

① 有十个不同的数码符号 0，1，2，3，4，5，6，7，8，9。

② 每一个数码符号根据它在这个数中所处的位置（数位），按"逢十进一"来决定其实际数

值，即各数位的位权是以 10 为底的幂次方。

例如 $(123.456)_{10}$，以小数点为界，从小数点往左依次为个位、十位、百位，从小数点往右依次为十分位、百分位、千分位。因此，小数点左边第一位 3 代表数值 3，即 3×10^0，第二位 2 代表数值 20，即 2×10^1；第三位 1 代表数值 100，即 1×10^2；小数点右边第一位 4 代表数值 0.4，即 4×10^{-1}；第二位 5 代表数值 0.05，即 5×10^{-2}；第三位 6 代表数值 0.006，即 6×10^{-3}。因此，该数可表示为如下形式：

$(123.456)_{10}=1\times10^2+2\times10^1+3\times10^0+4\times10^{-1}+5\times10^{-2}+6\times10^{-3}$

由上述分析可归纳出，任意一个十进制数 S，可表示成如下形式：

$(S)_{10}=S_{n-1}\times10^{n-1}+S_{n-2}\times10^{n-2}+\cdots+S_1\times10^1+S_0\times10^0+S_{-1}\times10^{-1}+S_{-2}\times10^{-2}+\cdots S_{-m+1}\times10^{-m+1}+\cdots+S_{-m}\times10_{-m}$

式中，S_n 为数位上的数码，其取值范围为 0～9；n 为整数位个数，m 为小数位个数，10 为基数 10^{n-1}，10^{n-2}，10^1，10^0，10^{-1}，$\cdots$，10^{-m} 是十进制数的位权。在计算机中，一般用十进制数作为数据的输入和输出。

2. 二进制

二进位计数制简称二进制。二进制数具有下列特点：有两个不同的数码符号 0，1。每个数码符号根据它在这个数中的数位，按"逢二进一"来决定其实际数值。

例如 $(11011.101)_2=1\times2^4+1\times2^3+0\times2^2+1\times2^1+1\times2^0+1\times2^{-1}+0\times2^{-2}+1\times2^{-3}=(27.625)_{10}$。任意一个二进制数 S，可以表示成如下形式：$(S)_2=S_{n-1}\times2^{n-1}+S_{n-2}\times2^{n-2}+S_1\times2^1+S_0\times2^0+S_{-1}\times2^{-1}+S_{-2}\times2^{-2}+\cdots+S_{-m}\times2^{-m}$，式中 S_n 为数位上的数码，其取值范围为 0～1；n 为整数位个数，m 为小数位个数；2 为基数。2^{n-1}，2^{n-2}，$\cdots$，2^1，2^0，2^{-1}，$\cdots$，2^{-m} 是二进制数的位权。

3. 八进制

八进位计数制简称八进制。八进制数具有下列特点。

① 有 8 个不同的数码符号 0，1，2，3，4，5，6，7。

② 每个数码符号根据它在这个数中的数位，按"逢八进一"来决定其实际的数值。

例如 $(123.24)_8=1\times8^2+2\times8^1+3\times8^0+2\times8^{-1}+4\times8^{-2}=(83.3125)_{10}$。任意一个八进制数 S，可以表示成如下形式：$(S)_8=S_{n-1}\times8^{n-1}+S_{n-2}\times8^{n-2}+\cdots+S_1\times8^1+S_0\times8^0+S_{-1}\times8^{-1}+S_{-2}\times8^{-2}+\cdots+S^{-m}\times8^{-m}$，式中 S_n 为数位上的数码，其取值范围为 0～7；n 为整数位个数，m 为小数位个数；8 为基数。8^{n-1}，8^{n-2}，$\cdots$，8^1，8^0，8^{-1}，8^2，$\cdots$，8^{-m} 是八进制数的位权。八进制数是计算机中常用的一种计数方法，它可以弥补二进制数书写位数过长的不足。

4. 十六进制

十六进位计数制简称为十六进制。十六进制数具有下列两个特点。

① 它有 16 个不同的数码符号 0，1，2，3，4，5，6，7，8，9，A，B，C，D，E，F。由于数字只有 0～9 十个，而十六进制要使用 16 个数字，所以用 A～F 六个英文字母分别表示数字 10～15。

② 每个数码符号根据它在这个数中的数位，按"逢十六进一"来决定其实际的数值。

例如 $(3AB.48)_{16}=3\times16^2+A\times16^1+B\times16^0+4\times16^{-1}+8\times16^{-2}=(939.28125)_{10}$。任意一个十六进制数 S，可表示成如下形式：

$(S)_{16}=S_{n-1}\times16^{n-1}+S_{n-2}\times16^{n-2}+\cdots+S_1\times16^1+S_0\times16^0+S_{-1}\times16^{-1}+\cdots+S_{-m}\times16^{-m}$，

其中 S_n 为数位上的数码，其取值范围为 0～F；n 为整数位个数，m 为小数位个数；16 为基数。16^{n-1}，16^{n-2}，$\cdots$，16^1，16^0，16^{-1}，16^{-2}，$\cdots$，16^{-m} 为十六进制数的位权。十六进制数是计算机常用的一种计数方法，它可以弥补二进制数书写位数过长的不足。

总结以上 4 种计数制，可将它们的特点概括如下。

① 每一种计数制都有一个固定的基数 R（R 为大于 1 的整数），它的每一数位可取 $0 \sim R$ 个不同的数值。

② 每一种计数制都有自己的位权，并且遵循"逢 R 进一"的原则。对于任一种 R 进位计数制数 S，可表示为：

$(S)_P = \pm (S_{n-1}R^{n-1} + S_{n-2}R^{n-2} + \cdots + S_1R^1 + S_0R^0 + S_{-1}R^{-1} + \cdots + S_{-m}R^{-m})$

表 2.1 给出了十进制、二进制、八进制和十六进制 4 种数制对照表。

表 2.1　　　　　　　　　十进制、二进制、八进制、十六进制数的常用表示方法

十进制	二进制	八进制	十六进制	十进制	二进制	八进制	十六进制
0	0000	0	0	9	1001	11	9
1	0001	1	1	10	1010	12	A
2	0010	2	2	11	1011	13	B
3	0011	3	3	12	1100	14	C
4	0100	4	4	13	1101	15	D
5	0101	5	5	14	1110	16	E
6	0110	6	6	15	1111	17	F
7	0111	7	7	16	10000	20	10
8	1000	10	8				

2.1.3　数制的相互转化

1. 十进制数转化为二进制数、八进制数、十六进制数

将十进制整数转化为其他进制整数，可以采用"短除法"，即用基值去除十进制数，所得到的余数从下往上读，便得到其他进制的数。如十进制数 29 转化为二进制数为：

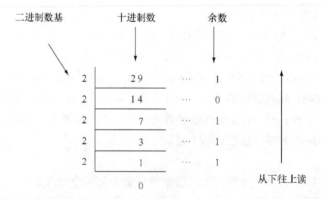

所以十进制数 29 转化成二进制数为 11101，通常写为：$(29)_{10} = (11101)_2$。

类似地，十进制数 165 转化为八进制数：

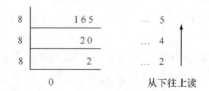

所以，$(165)_{10} = (245)_8$。

十进制数 586 转化为十六进制数：

所以，$(586)_{10}=(24A)_{16}$。

将十进制小数转化为其他进制对应的小数，可采用"乘基数取整数"法，即将十进制小数乘以 2（或 8，或 16），然后取整数部分。如十进制数 0.25，转化为二进制小数：

$$
\begin{array}{r}
0.25 \\
\times\ 2 \\
\hline
0)\,.50 \\
\times\ 2 \\
\hline
1)\,.0
\end{array}
$$

所以，$(0.25)_{10}=(0.01)_2$。

并不是每一个十进制小数均能准确或完全用二进制小数表示。如 0.245

$$
\begin{array}{r}
0.245 \\
\times\ 2 \\
\hline
0)\,.490 \\
\times\ 2 \\
\hline
0)\,.980 \\
\times\ 2 \\
\hline
1)\,.960
\end{array}
$$

所以，$(0.245)_{10}=(0.001)_2$，有余数。

类似地，十进制数 0.245 转化为八进制小数：

$$
\begin{array}{r}
0.245 \\
\times\ 8 \\
\hline
1)\,.960 \\
\times\ 8 \\
\hline
7)\,.680 \\
\times\ 8 \\
\hline
5)\,.440
\end{array}
$$

所以，$(0.245)_{10}=(0.001)_8$。

2. 二进制、八进制、十六进制转化为十进制数

将其他进制的数转化为十进制数，采用"按权展开，相加求和"的方法，即用多项式展开，然后逐项累加。如二进制数 110101 转化为十进制数：

$(110101)_2=1\times2^5+1\times2^4+0\times2^3+1\times2^2+0\times2^1+1\times2^0=32+16+0+4+0+1=(53)_{10}$

同样，八进制数 62 转化为十进制数：

$(62)_8=6\times8^1+2\times8^0=48+2=(50)_{10}$

十六进制数 2EA 转化为十进制数：

$(2EA)_{16}=2\times16^2+14\times16^1+10\times16^0=512+224+160=(896)_{10}$

3．二进制与八进制之间的相互转化

由于 $2^3=8$，因此，二进制与八进制之间的相互转化采用"三位一组"的原则，即从右往左每三位二进制数转化成一位八进制数，同样，每一位八进制数转化为三位二进制数。如二进制数11101011 转化为八进制数为：

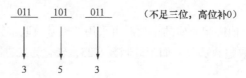

所以，$(11101011)_2=(353)_8$。

而八进制数 472 转化为二进制数为：

所以，$(472)_8=(100111010)_2$。

4．二进制与十六进制之间的相互转化

由于 $2^4=16$，因此，二进制与十六进制之间的相互转化采用"四位一组"的原则，即从右往左每四位二进制数转化成一位十六进制数，同样，每一位十六进制数转化为四位二进制数。如二进制数 1001101110 转化为十六进制数：

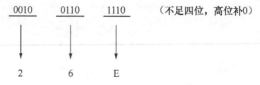

所以，$(1001101110)_2=(26E)_{16}$。

而十六进制数 27C 转化为二进制数为：

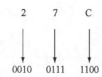

所以，$(27C)_{16}=(1001111100)_2$。

2.2　计算机中的数据与编码

2.2.1　计算机中的数据

1．什么是数据

数据是可由人工或自动化手段加以处理的那些事实、概念、场景和指示的表示形式，包括字

符、符号、表格、声音、图形和图像等。数据可在物理介质上记录或传输，并通过外围设备被计算机接收，经过处理而得到结果。数据能被送入计算机加以处理，包括存储、传送、排序、归并、计算、转换、检索、制表和模拟等操作，以得到人们需要的结果。数据经过加工并赋予一定的意义后，便成为信息。

计算机系统中的每一个操作，都是对数据进行某种处理，所以数据和程序一样，是软件工作的基本对象。

2. 数据的单位

在计算机中常用到的基本数据单位有位、字节、字 3 种。

（1）位（bit）

位又称比特，是计算机中表示信息的最小信息单位，1bit 表示一位二进制数，它可能是 1，也可能是 0。

（2）字节（Byte）

字节是计算机存储信息的最基本信息单位，也是信息数据的基本单位，1Byte（通常简记 1B）用 8 位二进制数表示，共能表示 2^8=256 种不同的状态。下面是常用的一些字节单位：

1kB（千字节）=2^{10}B=1 024B

1MB（兆字节）=2^{10}kB=2^{20}B

1GB（吉字节）=2^{10}MB=2^{20}kB=2^{30}B

我们常说的 1kB，通常指 1 024B，而不是 1 000B。

（3）字（Word）

一个字由若干个字节组成，用于表示数据或信息的长度。字的位数一般与计算机的数据宽度有关，有的计算机上规定一个字为 8 位，有的规定为 16 位，有的规定为 32 位，一般来说字的长度越长，计算机的性能也就越好。

3. 数据的表示

计算机中处理的数据都是以二进制形式表示的，以字节的形式存放的。以一个字节（8 位）为例，规定最高（最左边）位为符号位（通常 0 表示是正数，1 表示是负数），其余为数值位，这种存储在计算机里且符号被数值化的数，称为机器数。

机器数的编码（即机器数的表示）有 3 种形式：原码、反码和补码。

正数的 3 种编码与该数的二进制形式一致，而负数的 3 种编码的最高位都是 1，数值位若是原码则与该数（无符号）的二进制形式一致，若是反码则将该数的二进制形式按位取反（即 0 变1，1 变 0），若是补码则将该数的二进制形式按位取反后加 1。

如-2 的 3 种编码表示形式是：原码为 10000010，反码为 11111101，补码为 11111110。

当计算机处理减法运算时，把减号连同其后的数一起作为负数，用补码"做加法"运算。例如：十进制运算 6-2=6+（-2）=4，使用补码运算时，由于 6 的补码为 00000110，-2 的补码为 11111110，所以运算式为：

$$
\begin{array}{r}
00000110 \\
+\quad 11111110 \\
\hline
1\ 00000100
\end{array}
$$

运算结果超过 8 位，产生溢出，忽略不计，字节中有效数码为 00000100，即十进制数 4，因此，运算结果为+4。

2.2.2　信息的编码

在计算机中，把一些常用的字母、符号、数字和文字等非数值信息用规定的代码表示，这一过程称为计算机信息编码，使用二进制数表示的文字和符号称为二进制编码。当我们输入字符"B"时，计算机接收到的是字符"B"的二进制编码"01000010"，并对其进行存储，在显示时，又将"01000010"转化为字符"B"。计算机只有采用统一的编码方案，才能便于进行信息的存储、处理和传送。

计算机常用的文字编码有字符编码（ASCII）和汉字编码两种。

1. BCD 码（二—十进制编码）

人们习惯于使用十进制数，而计算机内部多采用二进制数表示和处理数值数据，因此，在计算机输入和输出数据时，就要进行由十进制到二进制和由二进制到十进制的转换处理，这是多数应用环境的实际情况。

BCD 编码方法很多，通常采用的是 8421 编码。这种编码较为自然、简单。其方法是用四位二进制数表示一位十进制数，自左至右每一位对应的位权分别是 8，4，2，1。值得注意的是，四位二进制数有 0000～1111 十六种状态，这里我们只取了 0000～1001 十种状态。而 1010～1111 六种状态在这种编码中没有意义（见表 2.2）。

这种编码的另一特点是书写方便、直观、易于识别。例如十进制数 864，其二—十进制编码为：

$$8 \qquad 6 \qquad 4$$
$$(1000) \quad (0110) \quad (0100)$$

表 2.2　　　　　　　　　　　十进制与 8421 码的对照表

十进制数	8421码	十进制数	8421码
0	0000	6	0110
1	0001	7	0111
2	0010	8	1000
3	0011	9	1001
4	0100	10	0001 0000
5	0101		

2. 字符编码（ASCII 码）

现代计算机不仅处理数值领域的问题，而且处理大量非数值领域的问题。这样一来，必然要引入文字、字母以及某些专用符号，以便表示文字语言、逻辑语言等信息。

目前国际上普遍采用的字符系统是七单位的 ASCII 码（美国国家信息交换标准字符码），它包括 10 个十进制数码，26 个英文字母和一定数量的专用符号，如$、%、+、= 等，共 128 个元素，因此，二进制编码需 7 位，加一位偶校验位，共 8 位一个字节。表 2.3 列出了七单位的 ASCII 码字符编码表。

ASCII 码规定 8 个二进制位的最高一位为 0，余下的 7 位可以给出 128 个编码，表示 128 个不同的字符。其中 95 个编码，对应着计算机终端能敲入并且可以显示的 95 个字符，打印机设备也能打印这 95 个字符，如大小写各 26 个英文字母，0～9 这 10 个数字符，通用的运算符和标点符号 +、−、*、/、>、= 、< 等。另外的 33 个字符，其编码值为 0～31 和 127，则不对应任何一个可以显示或打印的实际字符，它们被用作控制码，控制计算机某些外围设备的工作特性和某些计算机软件的运行情况。

表 2.3　　　　　　　　　　　　　　　　ASCII 字符编码表

	000	001	010	011	100	101	110	111
0000	NUL	DEL	SP	0	@	P		p
0001	SOH	DC1	!	1	A	Q	a	q
0010	STX	DC2	"	2	B	R	b	r
0011	ETX	DC3	#	3	C	S	c	s
0100	EOT	DC4	$	4	D	T	d	t
0101	ENQ	NAK	%	5	E	U	e	u
0110	ACK	SYN	&	6	F	V	f	v
0111	DEL	ETB		7	G	W	g	w
1000	BS	CAN	(	8	H	X	h	x
1001	HT	EM	)	9	I	Y	i	y
1010	LF	SUB	*	:	J	Z	j	z
1011	VT	ESC	+	;	K	[	k	{
1100	FF	FS	,	<	L	\	l	|
1101	CR	GS	-	=	M	]	m	}
1110	SO	RS	.	>	N		n	~
1111	SI	US	/	?	O	_	o	DEL

3．汉字编码

（1）汉字的输入编码

为了能直接使用西文标准键盘把汉字输入到计算机，就必须为汉字设计相应的输入编码方法。汉字的输入编码又称为外码。当前采用的方法主要有以下 3 类。

① 数字编码。常用的是国标区位码，用数字串代表一个汉字输入。区位码是将国家标准局公布的 6 763 个两级汉字分为 94 个区，每个区分 94 位，实际上把汉字表示成二维数组，每个汉字在数组中的下标就是区位码。区码和位码各两位十进制数字，因此，输入一个汉字需按键 4 次。

数字编码输入的优点是无重码，且输入码与内部编码的转换比较方便，缺点是代码难以记忆。

② 拼音码。拼音码是以汉字拼音为基础的输入方法。使用简单方便，但汉字同音字太多，输入重码率很高，同音字选择影响了输入速度。现在普遍使用的搜狗输入法就是一种拼音码。

③ 字形编码。字形编码是用汉字的形状来进行的编码。把汉字的笔划部件用字母或数字进行编码，按笔划的顺序依次输入，就能表示一个汉字。最典型的字形编码是五笔输入法。

为了加快输入速度，在上述方法基础上，发展了词组输入\联想输入等多种快速输入方法。但是都利用了键盘进行"手动"输入。理想的输入方式是利用话音或图像识别技术"自动"将拼音或文本输入到计算机内，使计算机能认识汉字，听懂汉语，并将其自动转换为机内代码表示。目前这种理想已经成为现实。

（2）汉字内码

汉字内码是用于汉字信息的存储、交换、检索等操作的机内代码，一般采用两个字节表示。英文字符的机内代码是七位的 ASCII 码，当用一个字节表示时，最高位为"0"。为了与英文字符能相互区别，汉字机内代码中两个字节的最高位均规定为"1"。

有些系统中字节的最高位用于奇偶校验位，这种情况下用 3 个字节表示汉字内码。

（3）汉字字模码

汉字的内码代表的是汉字唯一性的交换码，即一个内码对应于一个汉字，但这个汉字的外形如何却不在内码之内。字模码是用点阵表示的汉字字形代码，它是汉字的输出形式（图2.1）。

图2.1所示的是"英"字的点阵外形。图2.1中有16×16个方格，称为16×16点阵，每个方格用一位二进制代码表示，用1表示黑点，用0表示白点。存储在计算机中的汉字和符号的外形集合称为汉字库。常用的汉字库除了16×16点阵汉字库外，还有24×24点阵汉字库、32×32点阵汉字库等。显然，点阵越大，显示的汉字越清晰，所需的存储空间也就越大。

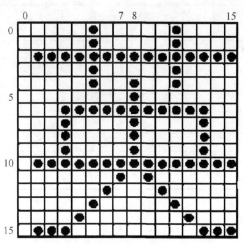

图2.1 汉字的字模点阵及编码

汉字的输入编码、汉字内码、字模码是计算机中用于输入、内部处理、输出3种不同用途的编码，不要混为一谈。各种汉字编码的关系如图2.2所示。

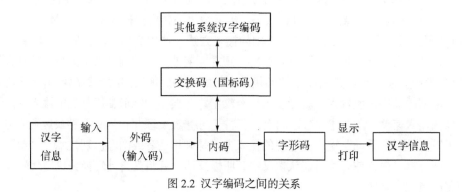

图2.2 汉字编码之间的关系

2.2.3 计算机中数据的表示

1. 真值与机器数

在计算机中只能用数字化信息来表示数的正、负，人们规定用"0"表示正号，用"1"表示负号。例如，在机器中用8位二进制表示一个数+90，其格式为：

0	1	0	1	1	0	1	0

2. 定点数和浮点数

（1）数据字、指令字

设备限制机器数所表示数的范围在计算机中，一般用若干个二进制位表示一个数或一条指令，把它们作为一个整体来处理、存储和传送。这种作为一个整体来处理的二进制位串，称为计算机字。表示数据的字称为数据字，表示指令的字称为指令字。

（2）定点数

定点数计算机中运算的数有整数也有小数，如何确定小数点的位置呢？通常有两种约定：一种是规定小数点的位置固定不变，这时的机器数称为定点数；另一种是小数点的位置可以浮动，这时的机器数称为浮点数。微型机多使用定点数。

（3）浮点数

浮点表示法就是小数点在数中的位置是浮动的。在以数值计算为主要任务的计算机中，由于定点表示法所能表示的数的范围太窄，不能满足计算问题的需要，因此，就要采用浮点表示法。在同样字长的情况下，浮点表示法能表示的数的范围扩大了。

3. 原码和补码

机器数中，数值和符号全部数字化。计算机在进行数值运算时，采用把各种符号位和数值位一起编码的方法。常见的有原码、补码和反码表示法。

（1）原码表示法

原码表示法是机器数的一种简单的表示法。其符号位用 0 表示正号，用 1 表示负号，数值一般用二进制形式表示。设有一数为 X，则原码表示可记作$[X]_原$。

例 $X_1=+1010110$　　　　　　$X_2=-1001010$

其原码记作：$[X_1]_原=[+1010110]_原=01010110$；$[X_2]_原=[-1001010]_原=11001010$

原码表示数的范围与二进制位数有关。当用 8 位二进制数来表示小数原码时，其表示范围：

最大值为 0.1111111，其真值约为$(0.99)_{10}$。

最小值为 1.1111111，其真值约为$(-0.99)_{10}$。

当用 8 位二进制数来表示整数原码时，其表示范围：

最大值为 01111111，其真值为$(127)_{10}$。

最小值为 11111111，其真值为$(-127)_{10}$。

在原码表示法中，对 0 有两种表示形式：$[+0]_原=00000000$; $[-0]_原=10000000$

（2）补码表示法

机器数的补码可由原码得到。如果机器数是正数，则该机器数的补码与原码一样；如果机器数是负数，则该机器数的补码是对它的原码（除符号位外）各位取反，并在末位加 1 而得到的。设有一数 X，则 X 的补码表示记作$[X]_补$。

例 已知$[X]_原=10011010$，求$[X]_补$。

分析如下：由$[X]_原$求$[X]_补$的原则是，若机器数为正数，则$[X]_补=[X]_原$；若机器数为负数，则该机器数的补码可对它的原码（除符号位外）所有位求反，再在末位加 1 而得到。现给定的机器数为负数，故有$[X]_补=[X]_反+1$，即

$[X]_原=10011010$　　$[X]_反=11100101+1$　　$[X]_补=11100110$

例 已知$[X]_补=11100110$，求$[X]_原$。

分析如下：对于机器数为正数，则有$[X]_原=[X]_补$；对于机器数为负数，则有$[X]_原=[[X]_补]_补$；现给定的为负数，故有：

$[X]_补=11100110$

$[[X]_补]_反=10011001+1$ $[[X]_补]_补=10011010=[X]_原$

2.3 计算机软件系统

2.3.1 软件分类

所谓软件是指能指挥计算机工作的程序和程序运行时所需要的数据，以及与这些程序与数据有关的文字说明和图表资料。一个完整的计算机系统包括硬件系统和软件系统两大部分，硬件和软件的协同工作来完成某一给定任务。

没有配置任何软件的计算机成为"裸机"，裸机不可能完成有任何实际意义的工作，就像没有电影胶片的放映机或没有磁带的录音机一样。软件是计算机系统必不可少的组成部分。通常将软件分为系统软件和应用软件两大类。

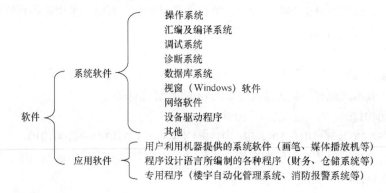

2.3.2 系统软件

系统软件是指管理、监控和维护计算机资源（包括硬件和软件）的软件。主要包括操作系统、各种程序设计语言及其解释和编译系统、数据库管理系统等。

1. 操作系统

为使计算机系统的所有资源协调一致、有条不紊地工作，必须有软件来进行统一管理和统一调度，这种软件称为操作系统。它的功能就是管理计算机系统的全部硬件、软件资源，使计算机系统所有资源最大限度地发挥作用，并为用户提供方便的、友好的服务界面。

操作系统是直接控制和管理计算机系统的硬件和软件资源，以便用户充分、有效利用计算机资源的程序集合。其基本目的有两个：一是要方便用户使用计算机，为用户提供一个清晰、整洁、易于使用的友好界面；二是尽可能地使计算机系统中的各种资源得到合理而充分的利用。操作系统是最基本、最重要的系统软件。

操作系统的主要部分在主存储器中，通常把这部分称为系统的内核或核心。从资源管理的角度来看，操作系统的功能分为处理机管理、存储管理、设备管理、文件管理和作业管理五大部分。

根据操作系统的功能和使用环境，大致可以分为以下几类。

（1）单用户操作系统

以前使用的单用户单任务操作系统，如 DOS 操作系统，由于其只能串行执行用户程序，个人独占计算机的全部资源，CPU 运行效率低，现在已经基本被淘汰。

现在绝大多数的个人计算机操作系统都是单用户多任务操作系统，允许多个计算机程序同时存在和运行。目前最常见的单用户操作系统是微软公司的 Windows XP 和 Windows 7。

（2）分时操作系统

分时操作系统是利用分时技术的一种联机的多用户交互式操作系统，每个用户可以通过自己的终端向系统发出各种操作控制命令，完成作业的运行。分时是指把处理机的运行时间分成很短的时间片，按时间片轮流把处理机分配给各联机作业使用。常用的分时操作系统有 UNIX 和 VMS 等。

（3）实时操作系统

实时操作系统是对随机发生的外部事件在限定时间范围内作出响应并对其进行处理的操作系统。实时操作系统广泛应用于工业生产过程控制和事物数据处理中，常用的系统有 RDOS。

（4）网络操作系统

网络操作系统（NOS）是网络的心脏和灵魂，是向网络计算机提供服务的特殊的操作系统。它在计算机操作系统下工作，使计算机操作系统增加了网络操作所需要的能力。常用的网络操作系统有 Netware、Linux、Windows Server 等。

（5）分布式操作系统

分布式软件系统（Distributed Software Systems），是支持分布式处理的软件系统，是在由通信网络互联的多处理机体系结构上执行任务的系统。它包括分布式操作系统、分布式程序设计语言及其编译（解释）系统、分布式文件系统和分布式数据库系统等。

2．程序设计语言和语言处理程序

程序设计语言就是用户用来编写程序的语言。程序设计语言是软件系统重要的组成部分。一般分为机器语言、汇编语言和高级语言。

（1）机器语言

机器语言是由二进制代码组成的语言，也是可由计算机直接识别和执行的语言，执行速度最快，但程序可读性差。机器语言中的每一条语句（机器指令）是二进制形式的指令代码，它由操作码和操作数组成。由于不同的机器有不同的机器语言，因此，通用性差。

（2）汇编语言

汇编语言是采用一定的助记符号表示的语言，即用助记符代替了二进制形式的机器指令。例如用 ADD（Addition）表示做加法，每条汇编语言的指令通常对应一条机器语言的代码。

计算机硬件只能识别机器指令，用助记符表示的汇编指令是不能直接执行的。CPU 要执行汇编语言编写的程序，必须先用一个程序将汇编语言源程序翻译成等价的机器语言程序，用于翻译的程序称为汇编程序（或称为语言处理程序）。汇编程序可把用符号表示的汇编指令码翻译成与之对应的机器语言指令码。用汇编语言编写的程序称为源程序，变换后得到的机器语言程序称为目标程序。汇编语言具有以下特点。

- 汇编语言不能被计算机直接识别和执行，必须经汇编系统将其翻译成机器语言。
- 汇编语言的指令与机器语言的指令一一对应，都是面向机器编程的语言，因此又称为低级语言。
- 不同的机器具有不同的汇编语言，彼此不能通用。
- 助记符较二进制代码简单实用，但编程仍然很繁琐。

（3）高级语言

从 20 世纪 50 年代中期开始，逐步发展了面向问题（面向过程）和面向对象的程序设计语言，称为高级语言（High Level Language）。高级语言表达方式接近被描述的问题，接近于自然语言和数学表达式，易于人们接受和掌握。当前，计算机高级语言已有百余种，得到广泛应用的有十几种，每种高级语言都有其适合的应用领域。如：BASIC 语言简单易学，适合于初学者学习；Pascal 语言适用于教学；C/C++语言适用于系统软件的开发；Java 语言是为 Internet 开发的面向对象的程序设计语言。

必须指出，用任何高级语言编写的程序（源程序）都要通过编译程序翻译成机器语言程序（目标程序）后才能被计算机执行，如图 2.3 所示；或者通过解释程序边解释边执行。

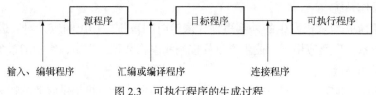

图 2.3　可执行程序的生成过程

3. 数据库系统

数据库系统（Database Systems），是由数据库及其管理软件组成的系统。它是为适应数据处理的需要而发展起来的一种较为理想的数据处理的核心机构。它是一个实际可运行的存储、维护和应用系统提供数据的软件系统，是存储介质、处理对象和管理系统的集合体。

数据库系统是 20 世纪 60 年代后期才产生并发展起来的，它是计算机科学中发展最快的领域之一，主要面向解决数据处理中的非数值计算问题，目前主要用于档案管理、财务管理、图书资料管理及仓库管理等方面的数据处理。这类数据的特点是数据量大，数据处理的主要内容为数据的存储、查询、修改、排序、分类、统计等。

2.3.3　应用软件

应用软件（Application Software）是指利用计算机及其提供的系统软件，为解决某一专门的应用问题而编制的程序集合。由于计算机的应用已经渗透到各个领域，所以应用软件也是多种多样的。应用软件可以拓宽计算机系统的应用领域，放大硬件的功能。

应用软件主要是为用户提供在各个具体领域中的辅助功能，它也是绝大多数用户学习、使用计算机时最感兴趣的内容。例如科学计算、工程设计、文字处理、辅助教学、游戏等方面的程序。如 Windows 环境下，微软公司的集成软件包 Microsoft Office 中的 Word、Excel、PowerPoint 等都属于应用软件。

本章小结

计算机系统中的每一个操作都是对数据进行的某种处理。所以数据和程序一样，是软件工作的基本对象。计算机中处理的数据都是以二进制形式表示，以字节的形式存放的。机器数的编码有 3 种形式：原码、反码和补码。计算机中，把字母、符号、数字、文字等非数值信息用规定的代码表示，这一过程称为计算机信息编码。计算机常用的文字编码有字符编码（ASCII）和汉字编码。汉字编码分为输入编码、汉字内码和字模码，分别用于计算机的汉字输入、汉字存储和汉字输出。

计算机中数据的表示有定点数和浮点数。浮点表示法就是小数点在数中的位置是浮动的。在以数值计算为主要任务的计算机中，由于定点表示法所能表示的数的范围太窄，不能满足计算问题的需要，因此就要采用浮点表示法。在同样字长的情况下，浮点表示法能表示的数的范围扩大了。

一个完整的计算机系统包括硬件和软件系统两大部分，硬件和软件的协同工作来完成某一给定任务。软件又分为系统软件和应用软件两大类。系统软件是指管理、监控和维护计算机资源（包括硬件和软件）的软件。主要包括操作系统、各种程序设计语言及其解释和编译系统、数据库管理系统等。而应用软件是指利用计算机及其提供的系统软件，为解决某一专门的应用问题而编制的程序集合。由于计算机的应用已经渗透到各个领域，所以应用软件也是多种多样的。应用软件可以拓宽计算机系统的应用领域，放大硬件的功能。

习　　题

1. 将下面的十进制数转化为对应的二进制数、八进制数、十六进制数：

12，32，105，34.12，213.45

2. 将下面的二进制数转化为对应的八进制数、十六进制数：

10110，11001，10101，1110010100，101000101

3. 将下面的二进制数转化为对应的十进制数。

11010，11，111，10101，101

4. 在计算机指令系统中，一条指令通常由_____组成。

A. 数据和字符　　　　　　　　　B. 操作码和操作数

C. 运算符和数据　　　　　　　　D. 被运算数和结果

5. 计算机系统软件应包括_____。

A. 操作系统和编程软件　　　　　B. 程序和数据

C. 系统软件和应用软件　　　　　D. 数据库软件和管理软件

6. 计算机唯一能够直接识别和处理的语言是_____（1）_____，能将高级语言源程序变成可执行模块的方法是_____（2）_____。

（1）A. 机器语言　　　B. 汇编语言　　　C. 高级语言　　　D. 形式语言

（2）A. 汇编和链接　　B. 编译和链接　　C. 解释和汇编　　D. 解释和编译

7. 下面各种进制的数据中，最大的数是_____。

A. $(1000010)_2$　　　B. $(67)_{10}$　　　C. $(77)_8$　　　D. $(3A)_{16}$

8. 计算机系统中存储信息的基本单位是_____。

A. 位　　　　　B. 字节　　　　　C. 字　　　　　D. 字符

9. 计算机系统中的 1 个字节由___3___位二进制数组成。

A. 2　　　　　B. 4　　　　　C. 8　　　　　D. 16

10. 若 X 是二进制数 1011，Y 是十进制数 13，Z 是十六进制数 1D，则 X、Y、Z 从大到小的顺序是___4___。（X,Y,Z 都是无符号数）

A. Z Y X　　　　　B. X Y Z　　　　　C. Y Z X　　　　　D. Z X Y

第 3 章
Windows 7 操作系统及应用

【本章重点】本章主要讲解 Windows 7 操作系统及应用，首先介绍了操作系统的基础知识，然后重点介绍了 Windows 7 的基本操作与基本使用，包括鼠标操作、窗口操作、菜单操作、文件与文件夹操作、Windows 磁盘管理、Windows 7 的系统设置等，最后简单地介绍了 Windows XP 和 Windows CE、Linux、iOS、Android 等其他操作系统。

【本章难点】文件与文件夹操作；控制面板的使用；Windows 磁盘管理；输入法设置、鼠标设置、用户与密码设置；开始菜单与任务栏设置。

【学习目标】通过本章学习熟悉操作系统的功能与分类；掌握 Windows 7 的基本操作和基本使用方法；掌握 Windows 7 的文件与文件夹操作；掌握资源管理器的使用；掌握 Windows 磁盘管理的方法；掌握 Windows 7 的系统设置方法；了解 Windows CE、Linux、iOS、Android 等其他操作系统。

3.1 操作系统基础

3.1.1 什么是操作系统

纯硬件的、无任何软件支持的计算机称为"裸机"。这种计算机只能识别二进制数，人们必须通过以二进制表示的该机器的机器语言指令来使用此种计算机，必须和内存的物理地址直接打交道，显然使用这样的计算机是非常困难的，非专业人员根本无法掌握。为了更有效地管理和使用计算机，在硬件上加了一层专门管理计算机资源的软件——操作系统（Operating System）。操作系统负责管理计算机的硬件和软件资源，并为用户提供使用计算机的接口，从而方便了用户的使用。

操作系统掩盖了计算机硬件的特征，这时的计算机已不是二进制接口的计算机，而是操作系统管理下的虚拟机。

操作系统是用来控制和管理计算机的硬、软件资源，合理地组织计算机流程，并方便用户有效地使用计算机的程序的集合，是计算机必备的系统软件，是人与计算机的交互接口，是人与硬件的桥梁。

操作系统本身是软件，它是一组程序的集合，它直接管理和控制计算机的硬件、软件资源，是计算机系统中的最基本的软件，其他的所有软件都是应用于操作系统之上的。操作系统的主要任务如下。

- 管理计算机的全部软件和硬件资源。
- 提供友好的用户接口。
- 最大限度地发挥计算机系统的效率。

如图 3.1 所示，一个计算机系统含有 5 个层次，它们分别为硬件层、操作系统层、语言处理程序、应用软件层和用户层。

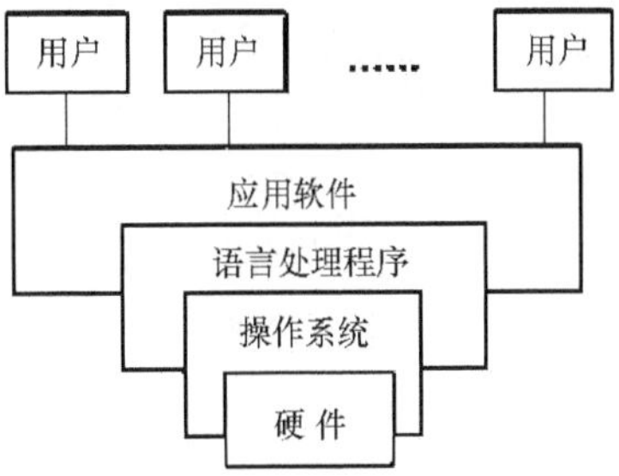

图 3.1 计算机系统的层次结构

3.1.2 操作系统的功能

从管理的角度看，操作系统有以下五大管理功能。

1. 中央处理器管理

中央处理器管理系统负责管理计算机的处理器。为用户合理分配处理器的时间，尽量使处理器处于忙碌状态，以提高处理器的使用效率，从而提高整个计算机系统的效率。

2. 内存管理

内存管理系统负责管理内存储器，实现内存的分配与回收、内存的共享与扩充，以及信息的保护等。使用户在编程时可以不考虑内存的物理地址，从而方便了用户，并提高了内存空间的利用率。

3. 文件管理

文件管理系统负责管理文件、实现用户信息的存储、共享和保护，为文件的"按名存取"提供技术支持，合理地分配和使用外存空间。

4. 外设管理

外设管理系统负责管理各种外部设备，实现外部设备的分配和回收，并控制外部设备的启动与运行。

5. 作业管理

作业（Job）是用户要求计算机解决的一个问题，它包括程序、数据集和作业步。一个作业从进入计算机系统到执行结束经过了几个不同的状态，在某个时间段，计算机可能有多个作业，此时作业管理系统负责实现作业的调度并控制作业的执行。

3.1.3 操作系统的分类

在不同的场合不同的目的下，使用的操作系统也不同。根据系统运行环境和使用方式的不同，操作系统可分为以下几种。

1. 单用户操作系统

一次只有一个用户独占系统资源。它又可分为单用户单任务和单用户多任务。

2. 多道批处理操作系统

多个作业同时存在，中央处理器轮流地执行各个作业。

3. 分时操作系统

中央处理器将其时间分为若干个时间片（分时的时间单位），一台主机可挂多个终端，每个终端用户每次只可使用其中的一个时间片，中央处理器轮流为终端用户服务，某个任务在一个时间片内没有完成，则等到下一个时间片，从而实现了多个用户分时使用一台计算机。

4. 实时操作系统

主要用于实时控制，一般是为专用机设计的。这种操作系统能对随时出现的外部事件进行及时地响应和处理。

5. 网络操作系统

管理网络资源，将计算机网络中的各台计算机有机地联合起来，以实现网上各计算机之间的数据通信和资源共享，解决网络传输，仲裁冲突等。

6. 分布式操作系统

将一个任务分解为若干个可以并行执行的子任务，分布到网络中不同的计算机上并行执行，使系统中的各台计算机相互协作共同完成一个任务，以充分发挥网上计算机的资源优势。

操作系统是管理计算机硬件与软件资源的软件系统，同时也是计算机系统的内核与基石，表3.1 为常见的操作系统。

表 3.1 　　　　　　　　　　　常见操作系统

操作系统名称	基本功能	使用接口
MS-DOS	单用户单任务	AUI（字符界面）
Windows	单用户多任务	GUI（图形界面）
UNIX	多用户多任务	AUI、GUI
OS/2	单用户多任务	GUI

3.2　Windows 7 简介

Windows 7 是微软公司于 2009 年推出的一款操作系统，是具有革命性变化的操作系统，该系统旨在让人们的日常电脑操作更加简单和快捷，为人们提供高效易行的工作环境。Windows 7 比早期版本的 Windows 操作系统界面更友好，功能更强，也更稳定。Windows 7 的设计主要围绕 5个重点——针对笔记本电脑的特有设计；基于应用服务的设计；用户的个性化；视听娱乐的优化；用户易用性的新引擎。

3.2.1　Windows 7 系统的特点

（1）图形化的用户界面具有玻璃特效功能，较早期的 Windows 版本具有更好的视觉效果，更为人性化，操作更为直观、简便。

（2）不同应用程序在操作和界面方面的一致性，为用户带来很大的方便，许多软件还提供了用户自定义工作环境的功能，可根据用户的要求安排更具个性化的窗口布局。

（3）进一步提高了用户计算机的使用效率，增强了易用性。

（4）进一步提高了计算机系统的运行可靠性和易维护性，增强了数据保护功能。

（5）提供了更高级的网络功能和多媒体功能。

（6）解决了操作系统存在的兼容性，通过启用"Windows XP"模式，用户可以在 Windows 7的虚拟机中顺畅地运行 Windows XP 应用程序。

3.2.2　Windows 7 系统的版本

Microsoft 推出了 5 个 Windows 7 版本，以满足不同用户的需要。

（1）Windows 7 Home Basic（家庭普通版）：满足最基本的计算机应用，适用于上网等低端计算机。

（2）Windows 7 Home Premium（家庭高级版）：拥有针对数字媒体的最佳平台，适宜于家庭用户和游戏玩家。

（3）Windows 7 Professional（专业版）：为企业用户设计，提供高级别的扩展性和可靠性。

（4）Windows 7 Ultimate（旗舰版）：拥有 Windows 7 所有功能，适用于高端用户。

以下在叙述中如果没有特别说明，均以 Windows 7 旗舰版为例。

3.2.3　Windows 7 的运行环境

安装 Windows 7 的计算机，主频至少为 1GHz 的 32 位或 64 位处理器；内存至少为 1GB 大小（32 位处理器）或 2GB 大小（64 位处理器）；硬盘至少 16GB 可用空间（32 位处理器）或 20GB 可用空间（64 位处理器）；带有 WDDM1.0 或更高版本的驱动程序的 DirectX 9 图形设备；光盘驱动器、彩色显示器、键盘以及 Windows 支持的鼠标或兼容的定点设备等。

3.3　Windows 7 的安装、启动与退出

3.3.1　Windows 7 的安装

在计算机上安装 Windows 7 系统前，需要确定计算机可安装 32 位还是 64 位 Windows 7 操作系统，安装时有以下 3 种安装类型。

1. 全新安装

完全删除原有系统，全新安装 Windows 7 系统，此时原系统所在的分区的所有数据将被全部删除，如果想保留原有系统可以选择"多系统安装"类型。

2. 多系统安装

此方式是指保留原有系统前提下，将 Windows 7 系统安装在另一个独立分区中。在安装过程中该分区的所有数据将会被全部删除，因此，建议安装之前一定将该分区所有数据进行备份，此时新的系统与原有系统同时存在，互不干扰，启动时可以选择不同的操作系统。

3. 升级安装

将原有操作系统（Windows Vista 或更高版本）的文件、设置和程序保留的安装类型。这里需要说明的是，特定版本的 Windows Vista 只能升级到特定版本的 Windows 7。如只有商务版 Windows Vista 才能升级到专业版 Windows 7，但任何版本原系统都可以升级到旗舰版 Windows 7。

下面我们将采用"多系统安装"方式进行 Windows 7 旗舰版的安装，并假设原系统为 Windows XP，其操作步骤如下。

（1）启动 Windows XP，将 Windows 7 旗舰版的 DVD 安装盘放入光驱。

（2）光盘自动运行，出现"安装 Windows"的对话框，如图 3.2 所示，选择"现在安装"选项，在随后将会出现安装向导，跟着安装程序的引导完成一个一个的"下一步"操作：

① 确认接受 Windows 7 的许可协议条款。

② 选择安装的类型为"自定义安装"。

③ 选择安装 Windows 7 所在分区，如图 3.3 所示。

之后便开始整个安装过程，在此过程中，安装程序会重启两次计算机。

图 3.2　Windows 7 安装界面之一

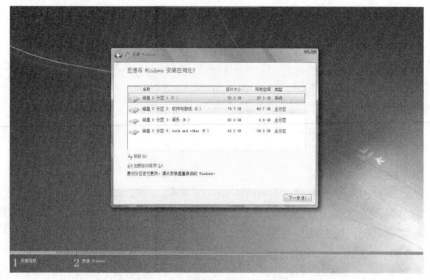

图 3.3　Windows 7 安装界面之二

（3）安装完毕后，重启计算机将会出现一个一个的"下一步"操作，进行 Windows 系统的配置。

①　输入用户名和计算机名称。

②　设置用户密码及密码提示。

③　输入有 25 个字符的产品密钥。

④　选择更新 Windows 的工作方式，推荐选择"以后询问我"项，以后可通过手动方式来更新 Windows。

⑤　设置时区、日期和时间。

⑥　选择当前网络的位置。

设置完毕后，随后安装程序将会自动完成对系统及有关设备的配置，并进入到 Windows 7 桌面，如图 3.4 所示。

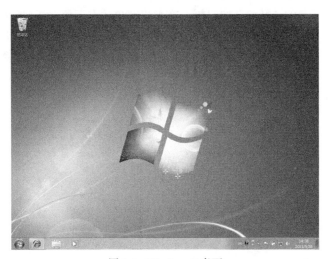

图 3.4　Windows 7 桌面

3.3.2　Windows 7 的启动

启动 Windows 7 一般步骤如下。

（1）依次打开外部设备电源和主机电源。

（2）计算机执行硬件测试，测试无误后即开始系统引导，如果计算机中有 Windows XP 和 Windows 7 双系统时，将会出现双系统选择提示界面。

（3）选择 Windows 7 项，并按回车键，启动 Windows 7 如图 3.5 所示。

（4）启动完成后，进入 Windows 7 桌面。

图 3.5　Windows 7 启动界面

3.3.3　Windows 7 的退出

退出 Windows 7 并关闭计算机，必须按照正确的步骤，而不能在系统运行时直接关闭计算机电源，否则可能会造成程序数据和处理信息的丢失，甚至可能会造成系统的损害。正常退出 Windows 7 并关闭计算机的步骤如下。

（1）保存所有应用程序的处理文件，并关闭所有运行着的应用程序。

（2）单击桌面左下角的"开始"按钮，在弹出菜单的右下角选择"关机"命令后，即可关闭计算机。在关闭计算机时，如果有未保存的文件，则系统会弹出如图 3.6 所示的界面，提示用户保存文件，如果选择"取消"按钮则表示暂不退出 Windows，选择"强制关机"按钮，则关闭计算机。

（3）关闭所有外部设备电源。

图 3.6　关机前提示保存未保存的文件

单击"关机"按钮右侧的按钮，系统会弹出如图 3.7 所示的快捷菜单。

（1）选择"切换用户"项，系统将会选择其他用户登录计算机。

（2）选择"注销"项，系统将退出本次登录，重新回到系统登录界面。

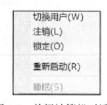

图 3.7　关闭计算机对话框

（3）选择"锁定"项，可锁定计算机。

（4）选择"重新启动"项，系统将重新启动。

（5）选择"睡眠"项，计算机将进入休眠状态，首先系统会将内存中所有数据保存到硬盘上，然后关闭计算机以节省电能，当重新操作计算机时，桌面将恢复到离开时的状态，工作过程中较长时间不操作计算机，系统会自动进入休眠状态。

3.4　Windows 7 的基本操作

3.4.1　Windows 7 的桌面

Windows 7 系统启动后，计算机屏幕的整个区域称为桌面，如图 3.8 所示，初始化的 Windows 7 桌面给人清新、明亮、简洁的感觉，此外，为了满足用户个性化的需要，系统中的每个用户可以分别设置不同的主题，如桌面背景、图标和声音等。

1. 桌面

桌面也称工作台或工作桌面，是指 Windows 屏幕的背景，就像是办公室的办公桌，桌面上摆放了电话、传真机、计算器等办公工具，每个工具可以完成不同的功能。用户向系统发出的各种操作命令都是通过桌面来接受和处理的。

桌面左上角是系统文件夹图标，如"计算机"、"网络"、"回收站"等，注意，在 Windows 7刚装好后，桌面上只有"回收站"图标，其他的系统文件夹图标需要通过设置才能呈现出来，设置系统文件夹图标可以方便用户快速地访问和配置计算机中的资源。同时，用户也可以将常用的用户程序的快捷方式、经常要访问的文件夹或文件的快捷方式放到桌面，通过这些快捷方式，达到快速访问应用程序、文件夹或文件的目的。桌面右上角是一些比较实用的小工具，如时钟、天气预报等。桌面最底端是任务栏，平时打开的应用程序、文件、文件夹等，在没有关闭之前都会出现在任务栏中。

2. 桌面的个性化设置

在桌面的空白处单击鼠标右键，弹出桌面的快捷菜单，如图 3.8 所示，选择"个性化"命令选项，将出现如图 3.9 所示的"Windows 桌面主题设置"对话框。在该对话框中，用户可以根据自己的爱好选择不同的 Windows 7 主题。设置后的主题将会影响桌面的整体外观，包括桌面背景、图标、窗口、屏幕保护程序等。用户也可以根据自己的喜爱定制自己的主题，具体的操作步骤是：在图 3.9 中，首先选中"我的主题（1）"下的"未保护的主题"选项，然后单击"桌面背景"项，选择自己喜欢的背景图片；单击"窗口颜色"项，选择自己喜欢的窗口颜色；单击"声音"项，设置 Windows中触发事件时发出的声音；单击"屏幕保护程序"项，可设置一种自己喜欢的屏幕保护程序。所有项目设置完成后，单击"保存主题"项，并为自定义的主题命名即可完成自定义主题的设置。

图 3.8　Windows 7 桌面图

图 3.9　Windows 桌面主题设置

3. 桌面的系统文件夹图标

Windows 7 安装成功后，桌面左上角呈现的只有"回收站"图标，用户可以设置将要显示的系统文件夹图标显示出来。具体操作步骤是：在 Windows 桌面主题设置窗体上"更改桌面图标"项，出现如图 3.10 所示的"桌面图标设置"对话框，在"桌面图标"栏中，选择要显示的桌面图标。设置完成后，单击"确定"或"应用"按钮即可完成设置。

图 3.10　桌面图标设置对话框

4. 桌面小工具

Windows 7 提供了一系列非常实用的小工具，如：日历、时钟、天气、查看 CPU 的实用情况、货币的实时汇率等。在桌面的空白处单击鼠标右键，在出现的快捷菜单中选择"小工具"，将会出现图 3.11 所示的对话框，通过双击自己喜欢的小工具，系统会将其显示在桌面右上角。例如，当双击"天气"和"时钟"这两项后，桌面的右上角将会出现图 3.8 所示的界面。

图 3.11　Windows 7 桌面小工具

5. 任务栏

任务栏一般位于屏幕的底部，从左往右依次是"开始按钮"、"快速启动区"、"活动任务区"、"语言栏"、"系统区"，如图 3.12 所示。

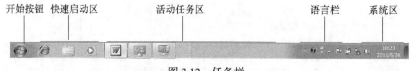

图 3.12　任务栏

6. "开始"菜单

开始菜单是 Windows 的一个重要操作元素，用户可以通过它启动程序，查找文件，找到所有的功能设置项，如打开"计算机"、"控制面板"、"设备和打印机"等系统文件夹。单击任务栏的"开始"按钮或按键盘上的 Windows 键（在 Ctrl 键和 Alt 键之间）将会出现如图 3.13 所示的开始菜单，再次单击或在开始菜单外单击，可取消开始菜单。

图 3.13　"开始"菜单

Windows 7 "开始"菜单主要分为左边区域和右边区域，左边区域提供了常用的程序和工具的快捷方式，如计算器和画图等，用户近期频繁使用的应用程序的快捷方式会自动加入这个区域中；右边的区域主要有一些系统文件夹，如 Administrator（当前用户名为 Administrator）、"计算机"、"控制面板"等。"开始"菜单中主要的一些项目如下。

（1）所有程序：显示可以运行的程序。

（2）文档：为当前用户"我的文档"系统文件夹的快捷方式。

（3）图片：为当前用户"我的图片"系统文件夹的快捷方式。

（4）音乐：为当前用户"我的音乐"系统文件夹的快捷方式。

（5）计算机：可以打开如图 3.14 所示的"计算机"窗口，"计算机"和"资源管理器"是访问和管理计算机系统的两个重要工具。

（6）控制面板：可以用来管理用户账户、添加和删除程序、调整系统的环境参数默认值和各种属性、安装新的硬件设备、对设备进行设置与管理等。

（7）设备和打印机：显示当前系统中已安装的打印机和设备，也可安装新的打印机和设备到计算机中。

（8）默认程序：选择执行某些任务的默认程序，例如，浏览 Web 和发送电子邮件，指定从"开始"菜单、桌面和其他地方可以访问的程序。

（9）帮助和支持：可以使用帮助来找到如何完成某个任务的方法。

（10）搜索程序和文件：Windows 7 新增的功能，输入程序名或文件名，系统可以快速地搜索应用程序和文件。

（11）关机：可切换用户、注销用户、锁定用户、睡眠、重新启动计算机、关闭计算机。

图 3.14　计算机窗口

3.4.2　Windows 7 的鼠标操作

在 Windows 环境中，鼠标是最常用、最方便、最直观、最高效的输入工具，利用鼠标可以快捷地进行系统的各种操作。

1. 鼠标的操作

利用鼠标进行操作，首先必须将鼠标移动到所需对象的位置上，接着才可进行各种操作。即先选中，后操作。在 Windows 7 中，鼠标的操作方式有以下 5 种。

（1）指向："指向"屏幕上的某个对象表示移动鼠标，从而使指针看起来已接触到该对象。在指向某对象时，经常会出现一个描述该对象的小框。例如，在指向桌面上的回收站时，会出现包含下列信息的框："包含您已经删除的文件和文件夹"。

（2）单击：用鼠标指针指向某操作对象，然后快速按一下鼠标左键。

（3）双击：用鼠标指针指向某操作对象，然后快速地连续按两下鼠标左键。

（4）右击：用鼠标指针指向某操作对象，然后按一下鼠标右键。

（5）拖动：用鼠标指针指向某操作对象，然后按住鼠标左键不放并移动鼠标，鼠标指针随着鼠标的移动而移动，当到达合适位置时，放开鼠标左键。

2. 鼠标的形状

在 Windows 7 中，鼠标指针有各种不同的符号标记，出现的位置和含义也不相同，表 3.2 列出了 Windows 7 中常见的一些鼠标形状及其所代表的含义。

表 3.2　　　　　　　　　　　鼠标指针的形状及其功能说明

鼠标指针形状	功能说明
▸	标准选择指针
▸°	后台操作指针
▸₈	求助指针
○	忙状态指针
+	精确定位
I	文字选择指针/I 型光标
✎	手写
⊘	当前操作无效指针
↕	通过鼠标的拖动操作可以在垂直方向调整对象的大小
↔	通过鼠标的拖动操作可以在水平方向调整对象的大小
⤡	通过鼠标的拖动操作可以在对角线 1 方向调整对象的大小
⤢	通过鼠标的拖动操作可以在对角线 2 方向调整对象的大小
✛	移动指针
☝	链接指针

3.4.3　窗口与窗口的基本操作

窗口是屏幕上的一块矩形区域，Windows 中有文件夹窗口、应用程序窗口、对话框窗口等。

用户可以在窗口中进行各种操作，在同时打开多个窗口时，用户当前操作的窗口称为"活动窗口"或前台窗口，其他窗口则称为"非活动窗口"或后台窗口。活动窗口的标题栏颜色和亮度稍显醒目，非活动窗口的标题栏呈浅色显示，通过单击非活动窗口的任一部分可将其改变为活动窗口。

1. 窗口的组成

窗口一般由以下几个部分组成，如图 3.15 所示。

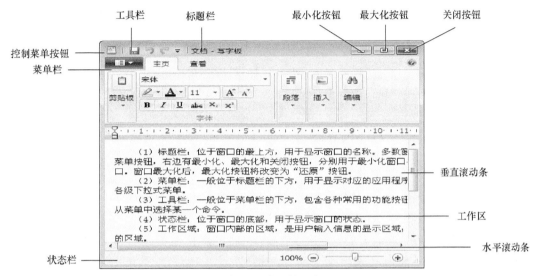

图 3.15　窗口的组成

（1）标题栏：位于窗口的最上方，用于显示窗口的名称。多数窗口标题栏的左边有控制菜单按钮，右边有最小化、最大化和关闭按钮，分别用于最小化窗口、最大化窗口和关闭窗口。窗口最大化后，最大化按钮将转变为"还原"按钮。

（2）菜单栏：一般位于标题栏的下方，用于显示对应的应用程序的各种命令。一般还有各级下拉式菜单。

（3）工具栏：一般位于菜单栏的下方，包含各种常用的功能按钮，单击这些按钮相当于从菜单中选择某一个命令。

（4）状态栏：位于窗口的底部，用于显示窗口的状态。

（5）工作区域：窗口内部的区域，是用户输入信息的显示区域；也是计算机与用户对话的区域。

（6）水平滚动条：当窗口中的内容较多时，利用水平滚动条可在水平方向翻动，以便阅读。

（7）垂直滚动条：当窗口中的内容较多时，利用垂直滚动条可在垂直方向翻动，以便阅读。

图 3.16　控制菜单

（8）控制菜单：单击标题栏最左边可弹出如图 3.16 所示的"控制菜单"，控制菜单中包含窗口操作，如窗口的关闭、移动、大小、最大化等命令。取消控制菜单可以单击菜单外任意位置或按 ESC 键。

（9）最大化按钮：单击该按钮，窗口扩大，并占满整个屏幕，此时最大化按钮变为还原按钮；单击还原按钮，则将最大化的窗口还原为原来的大小。

（10）关闭按钮：单击该按钮，可关闭此窗口。

2．窗口的操作

（1）窗口的打开

打开窗口可以在应用程序或文件夹的图标上双击；也可将鼠标移到某个图标上，单击鼠标右键，弹出快捷菜单，选择"打开"命令。

（2）窗口的关闭

单击标题栏中的"关闭"按钮；或双击控制菜单按钮；或从控制菜单中选择"关闭"命令；或按 Alt+F4 键。

（3）窗口大小的改变

将鼠标指针移动到窗口的边框或窗角，此时鼠标指针变为双向箭头，沿箭头方向拖动鼠标到合适处，松开鼠标即可改变窗口的大小。

（4）窗口的移动

将鼠标定位到标题栏，按住鼠标左键，不放开，并将窗口拖动到适合位置处释放鼠标即可移动窗口。

（5）窗口的排列

在 Windows 操作系统中，允许用户同时打开多个窗口，如果用户同时打开的窗口较多，屏幕较乱，此时用户可以选择窗口在屏幕上的排列方式。Windows 7 窗口有以下 3 种排列方式。

① 层叠窗口：将窗口按打开的先后次序依次排列在屏幕上。

② 并排显示窗口：将窗口一个接着一个水平排列。

③ 堆叠显示窗口：将窗口一个接着一个垂直排列。

具体实现方法：将鼠标移到任务栏的空白处，单击鼠标右键，弹开快捷菜单，单击某个排列方式即可。

（6）最小化窗口

单击窗口的"最小化"按钮，对应用程序或文件夹窗口执行最小化后，任务栏上仍保留它们对应的标题栏按钮，通过单击该按钮可重新打开其窗口。

（7）最大化、还原窗口

单击窗口的"最大化"按钮，将窗口最大化，此时"最大化"按钮变为"还原"按钮，再次单击窗口将恢复原来尺寸。

（8）窗口的切换

如果同时打开了多个窗口，用户可以通过窗口的切换来改变当前窗口或激活窗口。

窗口的切换主要有以下方法。

① 单击任务栏上的图标则激活此图标对应的窗口。

② 单击窗口的可见部分也可激活对应的窗口。

③ 按 Alt+Tab 键可以在各窗口间进行循环切换。

3.4.4 菜单与菜单的基本操作

1．菜单的类型

Windows 中的菜单主要有 4 种类型：下拉式菜单、弹出式菜单、快捷菜单和级联式菜单。

（1）下拉式菜单

下拉式菜单是从菜单栏中"拉下"的菜单，这种菜单是目前应用程序中最常用的菜单类。

（2）弹出式菜单

弹出式菜单是附在某一菜单项右边的子菜单。

（3）快捷菜单

快捷菜单是用鼠标右键单击任何目标都可以弹出一个菜单，此菜单的弹出和使用都非常方便，快捷菜单中列出了所选目标在当前状态下可以进行的所有操作。

（4）级联式菜单

有的菜单命令右侧有一个实心三角符号，这个符号表示单击该菜单项将会出现一个下级菜单，通常也称为级联式菜单。

2. 菜单的一些说明

菜单是各种应用程序的命令的集合。在 Windows 系统中用户的操作均可通过菜单来实现，用户选中某个菜单命令，即可执行对应的操作。每个应用程序的窗口中都含有主菜单，单击主菜单中的某个菜单项，还会弹出一个包含多个命令项的下拉菜单。不同的菜单项有着不同的意义。

（1）灰色的菜单项：当某个菜单项的执行条件不具备时，此菜单项为灰暗的，表示其无效。一旦条件具备，立即恢复为正常状态。

（2）名字前带"√"的菜单项：表示此菜单项可在两个状态之间转换。如名字前带"√"，则说明此菜单项已被选中，其正在起作用；单击此菜单项，标记"√"消失则不再起作用。

（3）带"…"的菜单项：选中此菜单项，将弹出一个对话框，用户可进一步选择。

（4）右侧带"▶"的菜单项：选中此菜单项，将弹出一个下拉式菜单，供用户选择。

（5）名字前带"●"的菜单项：表示此菜单项可以选用，但是同一组中只能选择一个。

（6）名字后带快捷键的菜单项：带快捷键菜单项，可直接按下快捷键执行相应的命令。

（7）有下划字母的菜单项：带下划字母菜单项，可通过键入"Alt+字母"打开此菜单。

（8）菜单的分组线：有些下拉菜单中，某几个功能相似的菜单之间以线条分隔，形成了一组菜单项。

3. 菜单的基本操作

在 Windows 中，所有的菜单操作都可以通过两条途径实现：鼠标和键盘。菜单操作包括选择菜单、关闭菜单和快捷菜单。

（1）选择菜单

单击菜单项打开菜单，然后单击可使用的命令。

（2）关闭菜单

单击菜单以外的任何位置，即可关闭该菜单。

（3）快捷菜单

用鼠标右键单击任何目标都可以弹出一个菜单，然后单击可用的命令即可。

3.4.5　对话框与对话框基本操作

1. 对话框及其组成元素

对话框是用户与 Windows 系统之间进行信息交流的地方，当用户选中了带"…"的菜单项时，系统就会弹出一个对话框，图 3.17 为一个"屏幕保护程序设置"对话框。对话框与窗口不同，其大小一般不可改变，对话框一般含有以下几个成分。

（1）列表框：是对话框中的一个小窗口，其右边有一个▼按钮，用户可以单击此按钮打开列表框并从中选择一项或几项。

（2）文本框：是用户输入文本信息的地方。

（3）单选框：单选框中有一组互相排斥的选项，在任意时刻用户只能从中选择一个，单选框中的选项前有一个○按钮，被选中的状态为⊙。

（4）复选框：复选框中有一组选项，用户可以选择一个或几个，复选框选项前有一个□按钮，被选中的状态为☑。

（5）命令按钮：每个命令按钮上都有自己的名字，在对话框中单击某个命令按钮则启动一个对应的动作。如单击"确定"按钮，则执行对应的命令，同时关闭对话框；单击"取消"按钮，则关闭对话框。

图 3.17 "屏幕保护程序设置"对话框

2. 对话框基本操作

（1）在对话框的选项之间移动，即选定不同部分：直接单击相应部分，或按 Tab 键移向下一个选项，按 Shift+Tab 键移向前一个选项。

（2）打开下拉列表框，并从中选项：单击列表框后边的箭头，利用滚动条使待选项显示，然后在选项上单击。

（3）选定某选项按钮：单击相应的圆形选项按钮或选项按钮后面的文字。

（4）选定或清除选择框：在对应的选择框上单击，方框内出现"√"表示选定，再单击，清除"√"表示不选定。

（5）选择一个命令按钮，即执行这个按钮对应的命令：单击该命令按钮。如果按钮周围出现黑框时，表示该按钮处于选定状态，此时按 Enter 键相当于单击该按钮，如果按钮名后带省略号（…），表示单击该按钮将会弹出令一个对话框，如图 3.17 中的"设置（T）…"按钮。

（6）文本框操作：用户可以保留文本框中系统提供的默认值，也可以删除默认值输入新值。

（7）取消对话框：单击"取消"按钮或单击关闭窗口按钮或按 ESC 键可取消对话框。

3.4.6　快捷方式操作

快捷方式为用户使用计算机提供了一条方便快捷的途径。快捷方式可以和 Windows 系统中的任意对象相链接，打开快捷方式则意味着打开了对应的对象；而删除快捷方式却不会影响对应的对象。通过在桌面上创建指向应用程序的快捷方式，可快捷地访问应用程序。

用户可以在桌面的任意位置上创建快捷方式。用户每创建一个快捷方式，系统则为此建立一个快捷方式图标，快捷方式图标是一个指向对象的指针。

1．快捷方式的创建

（1）选定对象。

（2）单击鼠标右键，弹开快捷菜单。

（3）从中选取"发送到桌面"，或选取"创建快捷方式"，也可拖动到桌面。

2．快捷方式的删除

（1）选中快捷方式。

（2）单击鼠标右键，弹开快捷菜单。

（3）选中"删除"并"确定"。

3．快捷方式的重命名

（1）选中快捷方式。

（2）单击鼠标右键，弹开快捷菜单。

（3）选中"重命名"。

（4）输入新的名字并"确定"。

3.5　Windows 7 的文件与文件夹操作

对文件的组织管理是 Windows 操作系统的基本功能之一。Windows 7 操作系统提供了两个对文件组织和管理的实用程序，即"计算机"与"资源管理器"。这两个实用程序对文件的管理和操作方法基本相同。本节主要以"资源管理器"为主，介绍文件组织管理中的实用操作技能，这些操作技能对于使用"计算机"也同样有效。

在进入具体的内容之前，首先对几个新概念建立一个清晰的认识。

3.5.1　文件操作的基本概念

1．文件与文件夹

文件是存储在外部设备上的一组相关信息的集合，任何程序和数据都以文件的形式存储在计算机之中。

计算机的外存上可以存储许多文件，为了便于管理和查找，一般将外存空间组织成树型结构形式，在树型结构中每一个结点称为一个文件夹。文件夹是用于存储程序、数据、文档和其他文件夹的地方。文件夹中可以有文件，也可以有文件夹。某个文件夹下的文件夹称为此文件夹的子文件夹，而此文件夹称为其父文件夹。用户一般将文件分类存放在不同的文件夹中，从而方便操作，便于管理。

2．文件名与类型

为了识别和管理文件，必须对文件命名，文件名是存取文件的依据。文件名由主文件名和扩展名组成。格式为"文件名．扩展名"。其具体命名规则如下。

（1）最多可以取 255 个字符。

（2）不区分大小写。例如，"ABC.TXT"与文件"abc.txt"被认为是同名文件。

（3）扩展名中可以使用多个分隔符。

（4）除第一个字符外，其他位置均可出现空格符。

（5）不可使用的字符有：? \ / * " < > | :

文件的扩展名代表文件的类型，Windows 系统中常见的文件类型如表 3.3 所示。

表 3.3 常用扩展名和文件类型表

扩展名	文件类型	说　　明
.exe	可执行程序文件	由可执行代码组成，双击它即可执行
.doc	Word 文档文件	由 Word 应用程序建立的文件
.dbf	数据库文件	在数据库系统中建立的文件
.hlp	帮助文件	其中包含各种帮助信息，用户可以随时查询
.jpg	图形文件	支持高级别压缩的图像文件格式
.mp3	声音文件	包含数字形式的声音信息，属于多媒体文件
.sys	系统文件	系统使用的文件
.txt	文本文件	由 ASCII 码组成的文件
.xls	Excel 电子表格文件	由 Excel 应用程序建立的文件
.wav	多媒体文件	由音频应用程序建立的波形文件
.htm	超文本格式文件	用于 WWW 的一种数据文件
.ini	初始化文件	存放定义 Windows 运行环境的信息，如 WIN.INI
.dat	数据文件	应用程序创建的存放数据的文件

3. 通配符

Windows 操作系统规定了两个通配符，即星号"*"和问号"?"。当用户查找文件或文件夹时，可以使用它来代替一个或多个字符。

例 1：用户要查找 D 盘中的所有 Word 文档文件，文件名可以用下列形式表示：

*.doc

其中，"*"号代表零个或多个字符，doc 表示 Word 文档的类型名。

例 2：用户要查找 D 盘中以 V 开头 6 个字符的 C 源程序，文件名可以用下列形式表示：

V?????.c

其中，"?"号代表任意一个字符。文件名中有 5 个"?"代表任意 5 个字符。

例 3：用户要查找 D 盘中文件名为 file1~file18，其扩展名为任意的文件，文件名可以用下列形式表示：

file*.*

3.5.2　计算机和资源管理器

以前的 Windows 版本提供了两个管理资源的应用程序，即"我的电脑"和"资源管理器"。但 Windows 7 将"我的电脑"改为了"计算机"。用户通过这两个应用程序都可以达到管理资源的目的。本地资源包括硬盘、软盘、文件、文件夹、控制面板和打印机等。网络资源包括映射驱动器、网络打印机、共享驱动器和文件夹、Web 页等。

"计算机"是 Windows 7 的一个系统文件夹，类似于早期版本的"我的电脑"，Windows 7 通过"计算机"提供一种快速访问计算机资源的途径。Windows 7 的"计算机"窗口与 Windows 以前的版本相比，除了优化了工具栏、丰富了窗口内容的显示方式等，还在窗口左边部分增加了"收藏夹"和"库"两个系统文件夹。使用户查看与浏览磁盘信息更方便、快捷。用户可以像在网络浏览 Web 一样实现对本地资源的管理。具体操作如下所示。

（1）在桌面上，双击"计算机"图标，打开"计算机"窗口如图 3.18 所示。"计算机"窗口包含计算机上所有磁盘驱动器的图标。

（2）双击任何一个磁盘驱动器的图标，就可以打开这个磁盘的窗口，显示其中的文件和文件夹。例如双击 C 盘图标，右边窗口将显示该磁盘中的文件和文件夹，左边显示的则是所选定的文件夹的内容，如图 3.19 所示。

（3）关闭"计算机"窗口的方法如下。

① 单击"关闭"按钮。

② 单击"文件"菜单的"关闭"命令。

③ 单击"控制菜单"中的"关闭"命令。

图 3.18　计算机窗口

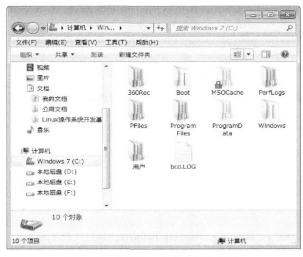

图 3.19　当前为 C 盘的计算机窗口

3.5.3 资源管理器

Windows 利用资源管理器实现对系统软、硬件资源的管理，在资源管理器中还可以访问控制面板中各个程序项，对有关的硬件进行设置等，Windows 7 资源管理器如图 3.20 所示。

图 3.20　资源管理器窗口

1. 资源管理器的打开

Windows 7 打开资源管理器方法如下。

① 选择"开始|程序|附件|Windows 资源管理器"命令。

② 右键单击"开始"按钮，从弹出的快捷菜单中选择"打开 Windows 资源管理器"命令。

2. 资源管理器窗口组成

（1）组成概述

资源管理器除了具有一般窗口的元素，如标题栏、菜单栏、工具栏、状态栏等外，还具有地址栏、细节窗格和预览窗格等元素。资源管理器窗口的各个组成部件如表 3.4 所示。

表 3.4　　　　　　　　　　　　　Windows 7 资源管理器的组成部分

组成部件	功能说明
地址栏	用来显示当前文件或文件夹所在的目录的完整路径
搜索框	在搜索框中输入文件或文件夹关键字时，系统立即开始搜索满足条件的文件，并高亮显示结果
工具栏	通过工具栏中的快捷按钮，可快速地执行一些常见任务
"后退"和"前进"按钮	单击"后退"按钮可返回用户前一步操作位置，"前进"相对于"后退"而言返回用户后一步操作位置
导航窗格	工作区的左窗格中显示整个计算机资源的文件夹树形结构；使用导航窗格可以快速地访问库、文件夹、保存搜索结果等；使用导航窗格中的"收藏夹"，可以快速地访问最近常用的文件夹
右侧窗口	当前文件夹中的内容显示在此窗口中
细节窗格	细节窗格会显示其文件属性，包括创建日期、修改日期、文件大小等
预览窗格	使用预览窗格可以在不打开程序的情况下预览文件内容
状态栏	显示选中文件或文件夹的一些信息

（2）库

库是 Windows 7 引入的一项新功能，其目的是快速地访问用户重要的资源，其实现方法有点类似于应用程序或文件夹的"快捷方式"。在默认情况下，库包含 4 个子库，分别是"文档库"、"图片库"、"音乐库"和"视频库"，其分别链接到当前用户下的"我的文档"、"我的图片"、"我的音乐"和"我的视频"文件夹。当用户在 Windows 提供的应用程序中保存创建的文件时，默认存放在"文档库"中，从 Internet 下载的歌曲、视频、图片等也会默认分别存放到相应的 4 个子库中。用户也可以在库中建立"链接"链向磁盘中任何文件夹，具体操作是右键单击目标文件夹，在弹出的快捷菜单中选择"包含到库中"命令，在其子菜单中选择希望加到的子库即可，也可以选择创建新库，如图 3.21 所示，通过这个库，可以实现快速访问用户文件夹的目的。

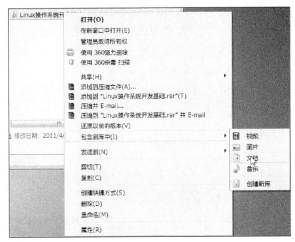

图 3.21　添加文件夹到库中

3. 资源管理器的一些基础操作

（1）左右窗格大小的改变

资源管理器中的左右窗格大小是可以改变的。只要将鼠标指针放在左右窗格的分界线上，此时鼠标指针变成水平的双向箭头，拖动它即可调整左右窗格大小。

（2）展开文件夹

在资源管理器的导航窗格中，一个文件夹的左边有 ▷ 符号时，表示它有下一级文件夹，单击其左边的 ▷ 符号，可以在导航窗格中展开其下一级文件夹；若单击此文件夹的图标，该文件夹将成为当前文件夹，并展开其下一级文件夹在右窗格中。

（3）折叠文件夹

在资源管理器的导航窗格中，一个文件夹的左边有 ◢ 符号时，表示已在导航窗格中展开其下一级文件夹，单击 ◢ 符号，可以将下一级文件夹折叠起来。

（4）文件列表显示方式

在"资源管理器"的窗口中，单击菜单栏中的"查看"菜单 ，可以设置右窗格中文件的列表方式。此菜单项中有超大图标、大图标、中等图标、小图标、列表、详细信息等多种查看方式。

（5）图标的排列顺序

在"资源管理器"的窗口中，单击菜单栏中的"查看"菜单，选中"排列图标"，可以设置右窗格中文件的排序方式，以方便查找。"排列图标"的级联菜单中有按名称、按大小、按日期、按类型、自动排列几种排列方式。

3.5.4 文件和文件夹的基本操作

在 Windows 操作系统中，操作之前，必须首先选中被操作的对象，接着才能进行各种操作；另外，当需做一个操作却不知该如何进行时，可以尝试着将鼠标指针放在对象上单击鼠标右键，弹出此对象的快捷菜单，基本可以找到与此对象相关的操作；此外，还可求助于"帮助"。

一般情况下，在 Windows 系统中每个操作的方法都不止一种，此处介绍常用的几种。

1. 文件和文件夹的新建

（1）在桌面或特定文件夹中新建文件或文件夹

在桌面或文件夹的空白处单击鼠标右键，在弹出的快捷菜单中选择"新建"选项，出现其下一级菜单，如图 3.22 所示。若要建立一个文件，如 Microsoft Word 文档，则选择"Microsoft Word 文档"选项，单击，则立即在桌面或文件夹中创建一个"新建 Microsoft Word 文档.doc"。若要新建一个文件夹，则选择"文件夹（F）"选项，单击，则立即在桌面或文件夹中创建一个名为"新建文件夹"的文件夹。

（2）利用资源管理器在特定文件夹中新建文件或文件夹

在资源管理器的导航窗格中选定该文件夹，在右边窗口的空白处单击鼠标右键，也将弹出如图 3.22 所示的快捷菜单，具体创建方法与前面所述相同。

（3）启动应用程序后新建文件

这是新建文件的最常用的方法。启动一个特定应用程序后立即会创建一个新的文件，或从应用程序的"文件"菜单中选择"新建"命令来创建一个新文件。

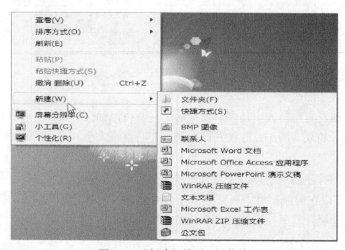

图 3.22 "新建"的下一级菜单

2. 文件和文件夹的打开

（1）鼠标指向要打开的文件夹或文件的图标，双击。

（2）在要打开的文件夹或文件上单击鼠标右键，出现如图 3.23 所示的快捷菜单，选择"打开"命令。

（3）在资源管理器或文件夹窗口中，选定文件夹或文件，再选择"文件|打开"命令。

如果要打开的文件在系统中找不到对应的 Windows 应用程序，则将出现如图 3.24 所示的对话框，选择"从已安装程序列表中选择程序"单选按钮，单击"确定"按钮，将会弹出如图 3.25 所示的对话框，由用户选择一个特定的应用程序来打开文件。

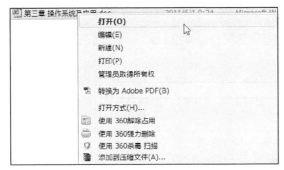

图 3.23 文件图标对应的快捷菜单

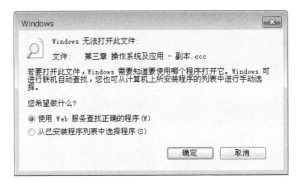

图 3.24 选择联机或手动方式打开文件

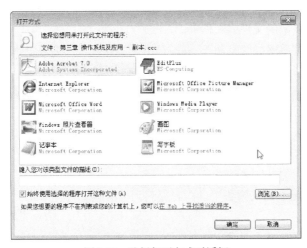

图 3.25 选择打开方式对话框

3. 文件和文件夹的选定

（1）选择单个文件或文件夹

① 打开"计算机"或"资源管理器"。

② 单击需选择的文件或文件夹，则其被选中且以反白显示。

（2）选择不连续的多个文件或文件夹

① 打开"计算机"或"资源管理器"。

② 按住 Ctrl 键，依次单击需选择的对象，则它们被选中且以反白显示。

（3）选择连续的多个文件或文件夹

① 打开"计算机"或"资源管理器"。

② 先单击需选择的第一个对象。

③ 按住 Shift 键，再单击最后一个对象，则它们之间的所有对象被选中。

（4）选定所有

① 全部选定：选择"编辑"菜单中的"全部选定"，则选中所有文件。

② 反向选择：选择"编辑"菜单中的"反向选定"，则选中所有选中文件之外的文件。

（5）撤销选定

在空白处单击鼠标左键，即可撤销选定。

4. 文件和文件夹的更名

（1）利用快捷菜单

① 找到并选中需更名的文件或文件夹。

② 单击鼠标右键，弹开快捷菜单。

③ 选择"重命名"，输入新的文件名即可。

（2）利用"另存为"菜单项

如果用户已打开了某个文件，则可利用以下方法给文件重命名。

① 单击"文件"菜单中的"另存为"菜单项，打开"另存为"对话框。

② 在"保存位置"文本框中找到保存位置。

③ 在"文件名"文本框中输入新的文件名并"确定"。

5. 文件和文件夹的复制

（1）菜单方式

① 找到并选中需复制的文件或文件夹。

② 单击"编辑"菜单中的"复制"，则被选中的文件或文件夹被复制到剪贴板。

③ 选择需复制的目的文件夹或磁盘。

④ 单击"编辑"菜单中的"粘贴"，将剪贴板中的内容复制到目的地。

（2）快捷键方式

① 找到并选中需复制的文件或文件夹。

② 按 Ctrl+C 快捷键，则需复制的文件或文件夹被复制到剪贴板。

③ 选择需复制的目的文件夹或磁盘。

④ 按 Ctrl+V 快捷键，将剪贴板中的内容复制到目的地。

（3）鼠标拖动方式

① 找到并选中需复制的文件或文件夹。

② 按 Ctrl 键，同时拖动鼠标到目的地，然后放开 Ctrl 键。

6. 文件和文件夹的移动

文件和文件夹的复制与移动的方法基本相似，复制后保留原件；而移动后不保留原件。

（1）菜单方式

① 找到并选中需移动的文件或文件夹。

② 单击"编辑"菜单中的"剪切"，则需移动的文件或文件夹被剪切到剪贴板。

③ 找到并打开需移到的目的文件夹或磁盘。

④ 单击"编辑"菜单中的"粘贴"，将剪贴板中的内容粘贴到目的地。

（2）快捷键方式

① 找到并选中需移动的文件或文件夹。

② 按 Ctrl+X 快捷键，则被选中的文件或文件夹被剪切到剪贴板。

③ 找到目的文件夹或磁盘。

④ 按 Ctrl+V 快捷键，将剪贴板中的内容粘贴到目的地。

（3）鼠标拖动方式

① 找到并选中需移动的文件或文件夹。

② 按住 Shift 键，同时拖动它到目的地，然后放开 Shift 键即可。

 同一个文件夹或同盘之间的拖动系统认为是移动；而不同的文件夹或不同盘之间的拖动系统认为是复制；如果希望同一个文件夹或同盘之间的拖动也是复制，需按住 Ctrl 键后再拖动。

3.5.5 文件和文件夹的其他操作

1. 文件和文件夹的搜索

查找文件或文件夹是经常使用的操作，当用户忘记了文件或文件夹的名字或位置时，可借助于系统提供的搜索功能，以找到文件或文件夹，Windows 7 提供了以下几种方法。

（1）从"开始"菜单中的"搜索程序和文件夹"框中输入要查找的内容，然后单击"搜索"按钮。

（2）在文件夹或资源管理器窗口中的"搜索本地…"文本框中输入要查找的内容，然后单击"搜索"按钮。

（3）在应用程序窗口中选择"编辑|查找"命令后，在"查找"对话框中输入要查找的内容，然后单击"查找"按钮。

2. 文件和文件夹的显示方式的设置

通过单击菜单栏中的"查看"菜单项或工具栏中的 按钮，用户可以设置文件和文件夹的显示方式。Windows 7 系统提供了小图标、中等图标、大图标、超大图标、列表、详细信息、平铺及内容等多种文件和文件夹的显示方式，如图 3.26 所示。

3. 文件和文件夹的属性

属性是文件系统用以识别文件的某种性质的记号。要了解或设定文件夹或文件的属性，可以从文件或文件夹的快捷菜单中选择"属性"命令，出现如图 3.27 或图 3.28 所示的对话框。从图 3.27 可以看出，文件的常规性质包括：文件名、文件类型、（文件）打开方式、（文件存放）

图 3.26 显示方式对话框

位置、（文件）大小及占用空间、创建时间、修改及访问时间、（文件）属性等。而（文件）属性有只读和隐藏两种，其特点如下。

（1）只读属性：只允许读但不允许修改。为防止文件被破坏，可将文件设置为只读属性，常用于保护文件。

（2）隐藏属性：一般情况下系统不显示这些文件的信息，常用于标记非常重要的文件。

利用"常规"选项卡中"属性"栏的选择框，可以设置文件的属性，单击对话框中的"更改"按钮，可以设置该文件的打开方式。

如图 3.28 所示的文件夹属性窗口"常规"选项卡的内容基本和文件相同，"共享"选项卡可以设置该文件夹成为本地或网络上共享的资源，"自定义"选项卡可以更改文件夹的显示图标。

图 3.27 文件属性对话框图　　　　　　　　图 3.28 文件夹属性对话框

4. 回收站与文件和文件夹的删除、恢复

（1）回收站

回收站是硬盘上的一块区域。它是操作系统专门设计，用以存放用户删除的文件和文件夹的地方，回收站中的内容必要时还可以恢复。在桌面上有一个"回收站"的图标，双击它，即可打开"回收站"窗口。

回收站空间的大小可以调整，右键单击"回收站"图标，弹开快捷菜单，选中"属性"，在弹出的"回收站"属性对话框中即可调整其大小，如图 3.29 所示。

图 3.29 回收站属性对话框

（2）删除操作

删除文件或文件夹有许多方法，常见有以下几种。

① 利用快捷菜单。选中需删除的文件或文件夹，单击鼠标右键，弹出快捷菜单，选择快捷菜单中的"删除"。

② 利用菜单栏。选中需删除的文件或文件夹，单击菜单栏中的"文件"，选择下拉菜单中的"删除"。

③ 利用键盘。选中需删除的文件或文件夹，按键盘上的 Delete 键。

（3）永久性删除

如果希望永久性删除文件或文件夹，可用以下几种方法操作。

① 如果删除的为软盘中的文件，则为永久性删除。

② 在用以上 3 种删除方法删除文件的同时，按住 Shift 键，则为永久性删除。

③ 双击"回收站"图标，打开"回收站"窗口，单击"文件"菜单，选中"清空回收站"，即可将回收站中的文件永久性删除。

④ 右键单击"回收站"图标，弹开快捷菜单，选中"属性"，打开属性对话框，如图 3.29 所示，选择"不将文件移入回收站。移除文件后立即将其删除（R）"，用以上 3 种删除方法删除文件为永久性删除。

（4）恢复被删除的文件或文件夹

回收站中的文件或文件夹可以恢复，恢复方法如下。

① 双击"回收站"图标，打开"回收站"窗口，选择需恢复的文件，单击"文件"菜单，选中"还原"，即可将文件恢复到原来的位置处。

② 如果删除文件后未做其他操作，可以单击"编辑"菜单，选中"撤销删除"菜单项即可恢复刚刚被删除的文件和文件夹。

5．显示文件的扩展名

在 Windows 中，文件常常只显示文件名，而将扩展名隐藏起来，若希望显示文件的扩展名，可在文件夹或资源管理器窗口的"工具"菜单中选择"文件夹选项"命令（或单击工具栏中的"组织"按钮，在下拉菜单中选择"文件夹和搜索选项"），在出现的对话框单击"查看"选项卡，取消对"隐藏已知文件类型的扩展名"复选框的选择，如图 3.30 所示

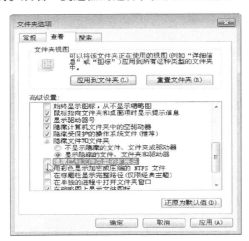

图 3.30　文件夹选项对话框

3.6　Windows 的磁盘管理

3.6.1　格式化磁盘

磁盘是存储信息的介质，而信息存储在磁盘上依赖于特殊的格式。格式化磁盘就是在磁盘上建立可以存放文件或数据信息的磁道和扇区。操作系统是无法向一个没有格式化的磁盘中写入信息的，因此，新盘在使用之前必须进行格式化，如果对使用过的磁盘进行格式化，将清除其上的所有信息。

在 Windows 系统中，格式化 U 盘可按如下步骤进行。

（1）将 U 盘插入电脑 USB 接口。

（2）双击"计算机"图标，打开"计算机"窗口。

（3）右键单击 U 盘驱动器图标，弹开快捷菜单，如图 3.31 所示。

（4）单击"格式化"命令，打开"格式化"对话框，如图 3.32 所示。

（5）进行相应设置后，单击"开始"按钮即可开始格式化 U 盘。

图 3.31　磁盘的快捷菜单

图 3.32　格式化对话框

3.6.2　对硬盘的管理

1. 硬盘的分区管理

由于硬盘的容量较大，为了方便操作系统的管理和用户的使用，通常可将一个物理硬盘分为几个逻辑分区，就好像一个大的体育馆被分为 A、B、C、D 几个区的原理一样，一个逻辑分区只是物理硬盘中的一部分。

查看硬盘的分区可按如下步骤进行。

（1）打开"控制面板"。

（2）双击"系统和安全"→"管理工具"，打开"计算机管理"。

（3）双击"存储"中的"磁盘管理"，即可查看各个磁盘的使用状况，如图 3.33 所示。

图 3.33　"计算机管理"窗口

2. 磁盘碎片整理

当保存文件时，字节数较大的文件常常被分段存放在磁盘的不同位置，较长时间执行文件的写入、删除等操作之后，许多文件分段分布在磁盘不同位置，自由空间不连续，就形成了所谓的磁盘"碎片"。碎片的增加，直接影响了文件的存取速度，也必定影响了整个系统的运行速度。Windows 系统提供的"磁盘碎片整理"程序能根据文件使用的频繁程度重新排列磁盘上的文件，使这些分布在不同物理位置上的文件重新组织到一起，从而提高系统的效率。"磁盘碎片整理"程序的运行时间与磁盘大小和碎片的严重程度成正比，如果碎片现象很严重，它将花费数小时的时间。启动"磁盘碎片整理"程序的步骤如下。

（1）单击"开始"菜单，选中"所有程序"，单击"附件"，选中"系统工具"。

（2）单击"磁盘碎片整理程序"命令。

（3）选择需进行整理的驱动器，单击"磁盘碎片整理"按钮，如图 3.34 所示。

图 3.34　磁盘碎片整理窗口

3. 磁盘清理

Windows 系统在其工作过程中经常产生大量的无用文件，如临时文件、Internet 缓存文件和可以安全删除的不需要的文件。磁盘清理程序可以清理磁盘中多余的文件，以释放更多的磁盘空间。其使用步骤如下。

（1）单击"开始"菜单，选中"所有程序"，单击"附件"，选中"系统工具"。

（2）单击"磁盘清理"命令。

（3）选择需进行清理的驱动器，单击"确定"按钮，如图 3.35 所示。

图 3.35　磁盘清理窗口

4. 磁盘属性

通过磁盘属性对话框，用户不但可以了解磁盘的相关信息，还可以对磁盘进行管理。用户可按下面的步骤打开磁盘属性对话框。

（1）双击桌面上的"计算机"图标，打开"计算机"窗口。

（2）右键单击某个磁盘驱动器图标，弹开快捷菜单。

（3）单击"属性"选项，则打开了对应磁盘的属性对话框，如图3.36所示。

图3.36　磁盘属性对话框

磁盘属性对话框中有6个选项卡，分别为常规、工具、硬件、共享、安全、以前版本。

（1）常规：单击"常规"选项卡，可以看到对应磁盘的卷标、类型、已用空间、可用空间、容量等。此外，此标签上还有一个"磁盘清理"按钮，单击它可打开"磁盘清理程序"。

（2）工具：在"工具"选项卡中，有3个按钮，分别为"开始检查"、"开始备份"、"开始整理"。分别单击各个按钮，则可打开对应的磁盘扫描程序、磁盘备份程序、磁盘碎片整理程序。

（3）硬件：在"硬件"选项卡中，用户可在其列表框中浏览计算机的所有驱动器。

（4）共享：在"共享"选项卡中，用户可以确定是否共享此磁盘，可以指定共享名，并限制共享用户的数目等。

（5）安全：在"安全"选项卡中，用户可以设置磁盘的访问权限。

（6）以前版本：在"以前版本"选项卡中，如果用户设置了还原点，可以将磁盘还原到备份时的状态。

3.7　更改 Windows 设置

Windows 7系统本身提供了丰富多彩的人机界面，除此以外，系统还允许用户根据自己的爱好进行各种环境的设置，以使计算机更加适合个人的需要，更加具有个性化的特色。

3.7.1　控制面板

控制面板是Windows一个重要的系统文件夹，Windows 7控制面板包括许多独立的工具如图3.37所示，用户可以用其管理用户账户、安装新硬件、添加删除程序、对设备进行设置与管理等。

图 3.37　控制面板窗口

在 Windows 7 中，打开控制面板常用的方法如下。

（1）选择"开始→控制面板"命令。

（2）从"计算机"窗口中选择"打开控制面板"项。

（3）选择"开始→所有程序→附件→系统工具→控制面板"命令。

3.7.2　显示属性设置

在图 3.37 所示的控制面板中选择"显示"项，将会弹出如图 3.38 所示的显示属性窗口，在窗口右边，用户可以为屏幕上的文本和项目选择合适的显示比例，窗口左边是导航链接，包括"控制面板主页"、"调整分辨率"、"标准颜色"、"更改显示器设置"、"调整 ClearType 文本"和"设定自定义文本大小"等功能选项。如单击调整分辨率选项，将会出现如图 3.39 所示的对话框，用户可以单击"分辨率"下拉列表设置合适的显示器分辨率。在图 3.39 中，单击"高级设置"项，在出现的对话框中用户可以设置监视器颜色和屏幕刷新频率等如图 3.40 所示。

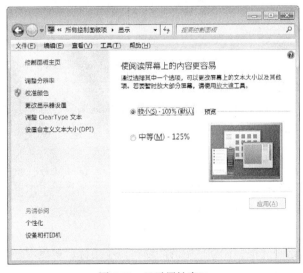

图 3.38　显示属性窗口

图 3.39　设置分辨率对话框

图 3.40　设置监视器颜色及刷新频率对话框

3.7.3　任务栏设置

任务栏一般位于屏幕的底部，但并不是不变的，Windows 系统提供了设置任务栏的途径。

1. 利用"任务栏属性"对话框进行设置

鼠标右键单击任务栏上的空白区域，打开任务栏的快捷菜单，选中其中的"属性"菜单项，则打开了"任务栏和「开始」菜单属性"对话框，选择"任务栏"选项卡，如图 3.41 所示。

通过此对话框可以进行如下设置。

（1）锁定任务栏：将任务栏锁定在桌面上的当前位置，这样任务栏就不会被移到新位置，同时也锁定显示在任务栏上的任意工具栏的大小和位置，这样工具栏也不会被更改。

（2）自动隐藏任务栏：选中此框，任务栏将隐藏起来，不再显示。此时用户只需将鼠标指针移到任务栏的位置处，隐藏的任务栏则会自动出现。

（3）使用小图标：选中此框，任务栏中的图标将以小图标形式显示。

（4）屏幕上的任务栏位置：通过单击下拉列表可设置任务栏的位置。

（5）任务栏按钮：通过单击后面的下拉列表可以设置任务栏按钮的排列模式，如果你不习惯 Jumplist 列表排列，可以把任务栏按钮设置为"从不合并"。

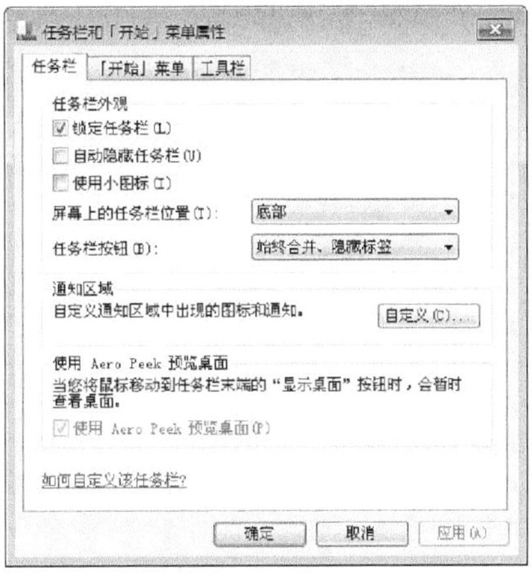

2. 任务栏的位置和大小

Windows 系统允许用户将任务栏移到屏幕的 4 个边缘。其操作步骤为将鼠标放在任务栏的空白处，按下左键并拖动鼠标到某个边缘即可。

Windows 系统允许用户改变任务栏的大小。其操作步骤为将鼠标放在任务栏的边缘处，此时鼠标指针变为双向箭头，拖动鼠标到某个位置处即可，但其面积不得超过屏幕的一半。

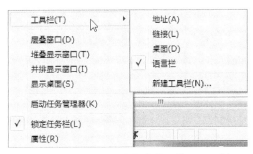

图 3.41　任务栏选项卡

3. 任务栏中添加工具栏

Windows 系统允许用户在任务栏中添加工具栏，如图 3.42 所示，以使用户快捷方便地打开常用的项目。用户可在任务栏中添加以下 4 个工具栏。

图 3.42　"任务栏"的快捷菜单及其"工具栏"

（1）"地址"工具栏：允许用户在此输入 Web 页地址，从而直接打开此页。

（2）"链接"工具栏：单击任务栏中的此图标，可直接打开相关的站点。

（3）"语言栏"工具栏：可以添加输入法图标，用户可点击此图标进行各种输入法的切换。

（4）"桌面"工具栏：如果任务栏中添加了此工具栏，则任务栏中就会显示桌面上的所有图标，通过单击它，也可打开此图标。

3.7.4　开始菜单的设置

在 Windows 系统中，"开始"菜单是非常重要的，通过它用户可以进行各种操作，当然 Windows 系统也提供了设置"开始"菜单的途径。

1. 在"开始"菜单中添加命令

（1）鼠标右键单击任务栏上的空白区域，打开任务栏的快捷菜单。

（2）选中其中的"属性"菜单项，打开 "任务栏和「开始」菜单属性"对话框，如图 3.41 所示。

（3）选择"「开始」菜单"选项卡，如图 3.43 所示。

（4）单击自定义按钮，出现如图 3.44 对话框，选择要显示的选项，然后单击"确定"按钮。

另一种简单的方法是先找到需添加的项目，然后用鼠标直接拖动到"开始"菜单中。

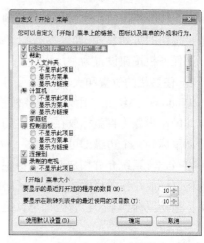

图 3.43　「开始」菜单选项卡　　　　　　图 3.44　"自定义「开始」菜单"对话框

2. 在"开始"菜单中删除命令

在待删除的项目上单击鼠标右键，从弹出的快捷菜单中选择"从列表中删除"或"删除"命令。

3. 改变"开始"菜单或"所有程序"子菜单中项目的排列顺序

在菜单中拖动特定项目到合适位置再释放，即可移动它们的位置。

3.7.5　打印机的安装和设置

单击控制面板中的"设备和打印机"项，或选择"开始|设备和打印机"命令，将会出现如图 3.45 所示的窗口。

图 3.45　设备和打印机窗口

1. 安装打印机

（1）单击图 3.45 中的"添加打印机"项或在空白处单击鼠标右键，在弹出的快捷菜单中选择"添加打印机"命令，将会打开"添加打印机"对话框。

（2）选择"本地打印机"或"网络打印机"。如选择"本地打印机"，则打印机只为用户单独使用；如选择"网络打印机"，且用户的计算机已接入网络，则网络上的其他计算机可共享此打印机。

（3）单击"下一步"按钮，并按照屏幕的提示，在列表框中选择打印机的制造厂商和打印机的型号，如图 3.46 所示。Windows 系统本身配备了市场上主要厂商的常见型号打印机的驱动程序。用户还可选择"从磁盘安装"。

（5）单击"下一步"按钮，并按照屏幕的提示进行相应的操作，即可完成打印机的安装。

2．设置打印机

在打印机安装完成后，用户还需对打印机进行对应的设置，其设置步骤如下：

（1）右键单击"打印机"图标，打开"打印机"的快捷菜单，选中"属性"菜单项。

（2）按照屏幕的提示，用户可对打印机进行各种设置。如更改打印机的名称、确定打印机是否共享、选择纸张大小、选择纸张来源等。

图 3.46　"添加打印机"向导

3.7.6　中文输入法的设置

Windows 系统提供了多种中文输入方法，比较常用的是基于拼音的输入法：如智能 ABC、搜狗拼音输入法、紫光拼音输入法、拼音加加输入法等。当然系统也允许用户根据自己的需要安装和删除其他的输入法。

1．输入法的选择

单击"语言栏"中的键盘按钮，在弹出的列表中选择某种输入法。

2．输入法的添加与删除

右键单击"语言栏"，在弹出的快捷菜单中选择"设置"命令，将会出现如图 3.47 所示的"文字服务和输入语言"对话框，单击对话框中的添加按钮，将弹出"添加输入语言"对话框如图 3.48 所示，将添加一种新的语言服务功能到列表中。若要删除某一输入法，在图 3.47 中选中要删除的输入法，单击"删除"按钮，即可删除在列表中选定的语言和文字服务功能。

3．输入状态的切换

安装中文输入法后，用户可随时打开并选择中文输入法，打开中文输入法有以下几种方法。

（1）用"Ctrl+空格键"可在打开和关闭中文输入法之间切换。

（2）用"Ctrl+Shift"组合键可在各种输入法之间循环切换。

（3）用鼠标单击任务栏上的输入法按钮，选择需要的输入法即可。

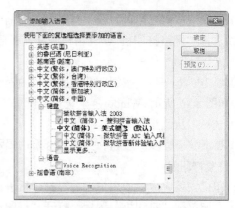

图 3.47　文字服务与输入语言对话框　　　　图 3.48　添加输入语言对话框

4. 输入法热键的设置

若要为某种输入法设置热键，可在图 3.47 中的对话框中选择"高级键设置"选项卡，在列表中选定某种输入法，如图 3.49 所示，单击"更改按键顺序"，在如图 3.50 所示的对话框中进行设置，然后单击"确定"按钮。

图 3.49　高级键设置选项卡

图 3.50　更改按键顺序对话框

5. 输入法属性设置

在图 3.47 对话框中选定一种输入法，单击"属性"按钮，将弹出如图 3.51 所示的"搜狗拼音输入法设置"对话框，在这里可以完成对输入法的各种设置。

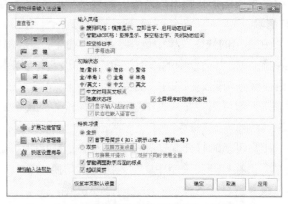

图 3.51　搜狗拼音输入法设置对话框

3.7.7　设置日期与时间

在一些情况下，用户需要重新设置系统的日期/时间，如下。

（1）重新安装 Windows 7 后。

（2）需要修正时间误差时。

（3）为某种特殊原因，如为了避免某种病毒的发作时间等。

用户可按如下步骤设置日期/时间。

（1）选择"开始|控制面板"命令，打开"控制面板"窗口。

（2）在"控制面板"窗口中，双击"时钟、语言和区域"图标，再双击"日期和时间"图标，或者在任务栏右端提示的时间上单击选择"更改日期和时间设置…"命令，即可打开如图 3.52 所示的"日期和时间"对话框。

（3）单击"更改日期和时间（D）…"按钮，将弹出"日期和时间设置"对话框如图 3.53 所示，在该对话框左边的"日期"选择区中可以设置日期。

图 3.52　日期和时间对话框

图 3.53　日期和时间设置对话框

（4）在该对话框右部的"时间"选项中可以设置时间。在"时间"框中，按住鼠标左键选择前两位数字（"小时"），然后单击数值框右边的上下箭头来增减小时数；按住鼠标左键选择中间两位数字（"分钟"），然后单击数值框右边的上下箭头来增减分钟数，也可以在选中两位数字之后直接输入当前的分钟数；按住鼠标左键选择最后两位数字（"秒"），然后单击数值框右边的上下箭头来增减秒数，也可以在选中两位数字之后直接输入当前的秒数。

（5）单击"确定"按钮。

3.7.8　设置鼠标

鼠标是 Windows 系统中不可缺少的工具，通过鼠标用户可以方便快捷地进行各种操作，当然 Windows 系统也允许用户按照自己的习惯设置鼠标。

用户可按如下方法对鼠标进行设置。

单击"控制面板"中的"鼠标"项，将会出现如图 3.54 所示的对话框，其中含有 5 个标签项，分别为鼠标键、指针、指针选项、滑轮和硬件，以下分别介绍。

（1）鼠标键：单击"鼠标键"标签，打开"鼠标键"标签页，用户可以选左手习惯或右手习

图 3.54 鼠标属性

惯；还可调整滑杆以改变双击鼠标的速度。

（2）指针：单击"指针"标签，打开"指针"标签页。在此标签项中，用户可从"方案"下拉列表框中选择某种方案，以改变鼠标指针在不同操作下的形状。

（3）指针选项：单击"指针选项"标签，打开"指针选项"标签页。在此标签项中，用户可拖动"速度"滑杆，即可改变鼠标移动的速度、指针移动时是否取默认按钮以及打字时指针的可见性的设置。

（4）滑轮：用来设置滚动滑轮一个齿格滚动的行数。

（5）硬件：单击"硬件"标签，打开"硬件"标签页。在此标签项中，用户可看到所用鼠标的名称、位置和类型等。

3.7.9　用户账户管理

在 Windows 7 系统中，允许多个用户使用同一台计算机，而且每个用户可以有个性化的环境设置，计算机中的用户分为两种类型：一是计算机管理员账户，一是普通用户。

计算机中可以有多个但至少有一个计算机管理员账户，计算机管理员账户拥有对系统的最高权限，可以对计算机进行全系统更改、安装程序和操作计算机中所有文件等。

普通用户可以访问已经安装在计算机的程序，但不能更改大多数计算机设置和删除重要文件，不能安装软件或硬件等。普通用户可以更改其账户图片，可创建、修改或删除其密码，但不能更改其账户名和账户类型。

在控制面板中选择"用户账户"项，将会出现如图 3.55 所示的用户账户管理窗口，用户可以通过此窗口完成"用户账户"的管理和设置。

图 3.55　用户账户管理窗口

3.8　Windows XP 简介

　　Windows XP 操作系统是 Micorosoft Windows 系列中，继 Windows 9x、Windows NT/2000、Windows Me 之后的一个 Windows 系统的版本，有许多不同于其前身的地方。与 Windows 98/Me/2000 相比，Windows XP 在用户界面、操作风格、系统的稳定性、娱乐功能、网络功能以及安全等方面体现出新特点和新功能。

3.8.1　Windows XP 系统的特点

1. 系统更稳定

　　Windows XP 内嵌与外挂了许多工具来保持系统稳定，使系统稳定成为 Windows XP 的一个杰出的功能。

2. 界面更美观

　　Windows XP 提供了独特的界面风格。安装好 Windows XP 并重新启动计算机后，用户将看到一副绿野、蓝天、白云组成的优美画面，而以前版本的 Windows 操作系统桌面上的图标消失。

3. 操作更简易

　　开始使用 Windows XP 时，会发现它确实更加容易操作。个性化的"开始"菜单，用户可根据自己的习惯定义"开始"菜单样式，使其更方便于自己的操作；任务栏：用户可以随意在任务栏上添加各种快捷方式图标，使操作变得更为迅捷；多功能的"我的电脑"窗口，在左边增加了"系统任务"、"其他位置"以及"详细信息"列表，使用户可以方便地在文件夹窗口中操作文件、打开其他文件夹以及查看文件详细信息。

4. 娱乐功能更丰富

　　以前版本的 Windows 中提供的娱乐功能极为有限，例如，Windows 2000 为用户提供极少的娱乐功能，而 Windows Me 虽然提供了许多娱乐功能，但仍有待更新和进一步完善。支持大量娱乐硬件设备，如 DVD 驱动器、游戏遥杆、录音设备、数码相机和摄像机等。内置最新的 DirectX 8.0 显示加速机制和 API 库，从而为游戏开发者和爱好者提供令人满意的速度和视频效果等。

5. 图像处理功能更强

　　使用 Windows XP 操作系统，将发现管理、处理计算机中的图像更加方便。Windows XP 中设置有 My Pictures 文件夹，可以比过去更容易地显示和管理数码照片及通过电子邮件让您的家人和朋友看到这些照片。

6. 更好地集成网络功能

　　使用 Windows XP，用户可以更加容易地建立家庭网络，可以通过共享调制解调器浏览 WWW 和收发电子邮件等。

7. 其他新增功能

　　除了上述的新特点与新功能外，Windows XP 还具有以下几个新功能。

　　（1）远程支援功能：在 Windows XP 中，只要用户愿意，就可以让朋友或技术人员通过计算机在远端拜访自己，以帮助解决技术问题。也就是一旦得到用户许可，位于远端的朋友或计算机技术人员就可以控制用户的计算机。

（2）网络防火墙功能：主要针对使用 Internet 的用户。Windows XP 操作系统中内置有网络防火墙功能，可以有效防止外部的入侵和攻击。

（3）多用户管理功能：当多个用户使用一台计算机时，不同的用户可以分别设置自己的账号，并使用自己的账号登录属于自己的使用环境。

3.8.2　Windows XP 系统的版本

Microsoft 推出了 3 个 Windows XP 版本，以满足不同的需要。

（1）Windows XP Professional 是为商业用户设计的，有最高级别的可扩展性。

（2）Windows XP Home Edition 有最好的数字媒体平台，是家庭用户和游戏爱好者的最佳选择。

（3）Windows XP 64-Bit Edition 可满足专业的、技术工作站用户的需要。

2009 年，Windows 7 操作系统正式上市。虽然仍然不能满足所有人的需求，但因为微软不再发售 XP，并且停止了主要技术支持，Windows 7 开始占领市场，逐渐替代 Windows XP。 2014 年，微软将终止对 Windows XP 操作系统的一切技术支持。

3.9　其他操作系统

随着智能手机、智能家电、平板电脑、WebTV 等智能设备的发展，各种智能设备操作系统得到了广泛的应用，目前常用的智能设备操作系统有：Windows CE、Linux、iOS、Android 等。

3.9.1　Windows CE 操作系统

Windows CE（简称 WinCE）是微软针对于嵌入式通信设备、家用电器和工业控制器等设计的一种通用型嵌入式操作系统，它具有体积小、高性能、一体性、机动性并适合手持设备等特点。Windows CE 支持各种硬件外围设备及网络系统，如键盘、鼠标、触摸屏、以太网连接器、USB 接口等，此外，Windows CE 还支持 Microsoft Win32 API 和其他附加的编程接口，嵌入式系统开发者和应用开发者可以利用它们开发各种应用程序。

Windows CE 不仅继承了传统的 Windows 图形界面，并且在 Windows CE 平台上可以使用 Windows 95/98 上的编程工具（如 Visual Basic、Visual C++等），使用同样的函数、使用同样的界面风格，使绝大多数的应用软件只需简单的修改和移植就可以在 Windows CE 平台上继续使用，Windows CE 版本主要有以下几种。

（1）Windows CE 1.0： 其实就是单色的 Windows 95 简化版本。

（2）Windows CE 2.0：不仅比 CE1.0 快得多，而且彩色显示增强很多。

（3）Windows CE 3.0：是微软的 Windows Compact Edition，是一个通用版本，2000 年微软公司将 WinCE 3.0 正式改名为 Windows for Pocket PC，简称 Pocket PC，除了掌上产品，标准 PC、家电外，在工控设备上也可以安装运行。

（4）Windows CE 4.0：即 WinCE.Net 是微软于 2002 年 1 月推出的首个以.Net 为名的操作系统，WinCE.Net 是 WinCE 3.0 的升级，同时还加入.Net Framework 精简版，支持蓝牙和.Net 应用程序开发。

（5）Windows CE 4.2：即 WinCE.Net 4.2 是 WinCE.Net 4.0/4.1 的升级版，对 Windows CE 先前版本的强大功能进行了进一步的扩充和丰富。

（6）Windows CE 5.0：此版本 2004 年 5 月份推出的，微软宣布 WinCE 5.0 扩大开放程序源代码。在这个开放源代码计划授权下，微软开放 250 万行源代码程序作为评估套件，是微软第一个提供商业用途衍生授权的操作系统。

（7）Windows CE 6.0：即 Windows Embedded CE 6.0 它将为多种设备构建实时操作系统，例如，互联网协议（IP）机顶盒、全球定位系统（GPS）、无线投影仪，以及各种工业自动化、消费电子以及医疗设备等。

（8）Windows Embedded Compact 7：此版本为 Windows CE 最新版本，这个版本在内核部分有很大改进，所有的系统元件都由 EXE 改为 DLL 方式，并移到 kernel space 中。

3.9.2　Linux 操作系统

Linux 是一个免费的、多用户、多任务的操作系统，其具有开放性、良好的用户界面、设备独立性、丰富的网络功能、可靠的系统安全性、良好的可移植性等特点，是许多商业操作系统无法比拟的。Linux 可以应用在服务器操作系统、嵌入式系统以及桌面系统等领域。

近年来 Linux 在嵌入式领域得到了很快的发展，除了智能数字终端领域以外，在移动计算平台、金融业终端系统、智能工业控制，甚至军事领域都有着广泛的应用前景，嵌入式 Linux 系统主要的版本如下。

1. RT-Linux

RT-Linux 是由美国墨西哥理工学院开发的嵌入式 Linux 操作系统。RT-Linux 已经成功地应用于航天飞机的空间数据采集、科学仪器测控和电影特技图像处理等领域。

2. uClinux

uClinux 是 Lineo 公司的主打产品，主要是针对目标处理器没有存储管理单元 MMU（Memory Management Unit）的嵌入式系统而设计的。

3. Embedix

Embedix 是由 Luneo 公司推出的，根据嵌入式应用系统的特点重新设计的 Linux 发行版本。

4. Xlinux

Xlinux 是由美国网虎公司推出，此版本号称是世界上最小的嵌入式 Linux 系统，内核只有 143KB，而且还在不断减小。

5. PoketLinux

PoketLinux 是由 Agenda 公司采用 "VR3 PDA" 的嵌入式 Linux 操作系统。它可以提供跨操作系统构造统一的、标准化的和开放的信息通信基础结构，在此结构上实现端到端方案的完整平台。

6. 红旗嵌入式 Linux

红旗嵌入式 Linux 是由北京中科院红旗软件公司推出的嵌入式 Linux，是国内做得较好的一款嵌入式操作系统。目前，中科院计算技术研究所自行开发的开放源码的嵌入式操作系统 Easy Embedded OS（EEOS）也已经开始进入实用阶段了。

3.9.3　iOS 操作系统

iOS 是由苹果公司开发的手持设备操作系统，苹果公司最早于 2007 年 1 月 9 日的 Macworld

大会上公布这个系统，最初是设计给 iPhone 使用的，后来陆续套用到 iPod touch、iPad 以及 Apple TV 等苹果产品上。

iOS 用户界面的概念基础是能够使用多点触控直接操作。控制方法包括滑动，轻触开关及按键，与系统交互包括滑动（Wiping）、轻按（Tapping）、挤压（Pinching）及旋转（Reverse pinching）。此外，通过其内置的加速器，可以令其旋转设备改变其 y 轴以令屏幕改变方向，这样的设计令 iPhone 更便于使用。屏幕的下方有一个主屏幕按键，底部则是 Dock，有 4 个用户最经常使用的程序的图标被固定在 Dock 上。屏幕上方有一个状态栏能显示一些有关数据，如时间、电池电量和信号强度等。其余的屏幕用于显示当前的应用程序，启动 iPhone 应用程序的唯一方法就是在当前屏幕上点击该程序的图标，退出程序则是按下屏幕下方的 Home（iPad 可使用五指捏合手势回到主屏幕）键。

但是 iOS 系统是闭源系统。用户权限很低，为使用户完全掌控 iOS 系统，可以随意地修改系统文件，安装插件，以及安装一些 App Store 中没有的软件，可以采用越狱的方式。但 2013 年 3 月 20 日最新的版本 iOS 6.1.3 修正了越狱漏洞。

3.9.4　Android 操作系统

Android 是一种基于 Linux 的自由及开源的操作系统，主要使用于移动设备，如智能手机、PDA、平板电脑等，由 Google 公司和开放手机联盟领导及开发。

Android 操作系统采用软件堆层的架构，主要分为 3 部分，底层以 Linux 内核工作为基础，由 C 语言开发，主要提供基本功能；中间层包括函数库 Library 和虚拟机 Virtual Machine，由 C++ 开发；最上层是各种应用软件，如通话程序、短信程序、通讯录等。Android 系统不存在任何以往阻碍移动产业创新的专有权障碍，号称是首个为移动终端打造的真正开放和完整的移动软件，它具有开放性、挣脱运营商的束缚、丰富的硬件选择、不受任何开发商限制、无缝结合 Google 应用等特点。

Android 在正式发行之前，最开始拥有两个内部测试版本，并且以著名的机器人名称来对其进行命名，它们分别是阿童木（Android Beta）和发条机器人（Android 1.0）。后来由于涉及版权问题，谷歌使用甜点为 Android 版本进行命名。如纸杯蛋糕（Android 1.5）、甜甜圈（Android 1.6）、松饼（Android 2.0/2.1）、冻酸奶（Android 2.2）、姜饼（Android 2.3）、蜂巢（Android 3.0）、冰激凌三明治（Android 4.0）、果冻豆（Jelly Bean，Android 4.1 和 Android 4.2）。

本章小结

操作系统是用来控制和管理计算机的硬件、软件资源，合理地组织计算机流程，并方便用户有效地使用计算机的系统软件。本章介绍了操作系统的基础知识、操作系统的功能以及操作系统的分类，并以 Windows 7 操作系统为例，介绍了 Windows 7 的基本使用与基本操作、Windows 7 的文件和文件夹操作、Windows 的磁盘管理、Windows 系统设置等内容，最后简单地介绍了 Windows XP 系统和 Windows CE、Linux、iOS、Android 等其他智能设备操作系统。通过本章的学习，读者将会掌握操作系统的基础知识、Windows 7 操作系统的使用方法和了解当前流行的智能设备操作系统。

习　题

一、单项选择题

1. 在 Windows 7 中，关于对话框叙述不正确的是_____。
   - A. 对话框没有最大化按钮
   - B. 对话框没有最小化按钮
   - C. 对话框不能改变大小
   - D. 对话框不能移动

2. 以下关于"开始"菜单的叙述不正确的是_____。
   - A. 用户想做的事情几乎都可以从"开始"菜单开始
   - B. 可在"开始"菜单中增加项目，但不能删除项目
   - C. 单击"开始"按钮可以启动"开始"菜单
   - D. "开始"菜单包括"搜索程序和文件"栏、帮助和支持、所有程序、控制面板等

3. 在 Windows 7 中，打开"开始"菜单的快捷键是_____。
   - A. Shift+Tab
   - B. Ctrl+Shift
   - C. Ctrl+ESC
   - D. 空格键

4. 应用程序的快捷方式通常建立在_____。
   - A. 桌面
   - B. "开始"菜单
   - C. 任务栏的快速启动区
   - D. 以上三处

5. 要使已打开的窗口不出现在屏幕上，只在任务栏上出现一个图标，要将窗口_____。
   - A. 最大化
   - B. 最小化
   - C. 关闭
   - D. 还原

6. 在资源管理器中不能进行的操作是_____。
   - A. 格式化软盘
   - B. 关闭计算机
   - C. 创建新的文件夹
   - D. 对文件重命名

7. 不能在"任务栏"内进行的操作是_____。
   - A. 快捷启动应用程序
   - B. 排列和切换窗口
   - C. 排列桌面图标
   - D. 设置系统日期和时间

8. 在资源管理器中用鼠标拖动 F 盘上一个文件夹到桌面上时_____。
   - A. 该文件夹移动到桌面上
   - B. 在桌面上创建了该文件夹的快捷方式
   - C. 该文件夹被删除
   - D. 该文件夹被复制到桌面上

9. 在资源管理器中，用鼠标将 C 盘上一个文件夹拖动到 D 盘上，在拖动过程中按住 Shift 键，则_____。
   - A. 该文件夹被复制到 D 盘上
   - B. 该文件夹被移动到 D 盘上
   - C. 该文件夹被删除
   - D. 在 D 盘上创建该文件夹的快捷方式

10. 在 Windows 7 中，许多应用程序的"文件"菜单，都有"保存"和"另存为"两个命令，下列说法正确的是_____。
    - A. "保存"命令只能用原来的文件名存盘，"另存为"命令不能用原文件名存盘
    - B. "保存"命令不能用原来的文件名存盘，"另存为"命令只能用原文件名存盘
    - C. "保存"命令只能用原来的文件名存盘，"另存为"命令也能用原文件名存盘

D. "保存"和"另存为"命令都能用任意文件名存盘

11. 在资源管理器中，单击文件夹左边的"▷"符号，将_____。

    A. 在资源管理器的导航窗格中展开该文件夹

    B. 在资源管理器的导航窗格中显示该文件夹中的子文件夹和文件

    C. 在资源管理器的右窗格中显示该文件夹中的子文件夹

    D. 在资源管理器的右窗格中显示该文件夹中的子文件夹和文件

12. 在 Windows 7 中，不同驱动器之间的文件移动，应使用鼠标操作为_____。

    A. 拖曳

    B. Ctrl+拖曳

    C. Shift+拖曳

    D. 选定要移动的文件按 Ctrl+C 快捷键，然后打开目标文件夹，最后按 Ctrl+V 快捷键

13. 以下说法中不正确的是_____。

    A. 在文本区工作时，用鼠标操作滚动条就可以移动"插入点位置"

    B. 所有运行中的应用程序，在任务栏的活动任务区中都有一个对应的按钮

    C. 每个逻辑硬盘上"回收站"的容量可以分别设置

    D. 对于用户新建的文档，系统默认的属性为"非只读"且"非隐藏"

二、填空题

1. 在 Windows 7 中可有由用户设置的文件属性为_____、_____。

2. 用_____可在打开和关闭中文输入法之间切换，用_____可在各种输入法之间循环切换。

3. 关闭一个活动应用程序窗口，可按快捷键_____。

4. 在 Windows 7 中为提供信息或要求用户提供信息而临时出现的窗口称为_____。在这个对话框中，单击后带省略号"…"的按钮后，将_____。

5. 选择多个连续的文件或文件夹可以按住_____键，先单击第一个对象，再单击最后一个对象，则它们之间的所有对象被选中。

6. 在 Windows 7 中，欲整体移动一个窗口，可以利用鼠标_____。

7. 常用的智能设备操作系统有_____、_____、_____、_____等。

三、简答题

1. 什么是操作系统？操作系统的主要功能是什么？

2. 简述 Windows 7 的功能特点？

3. 在 Windows 7 中可以通过使用通配符查找文件，Windows 操作系统中规定了哪两种通配符？各代表什么含义？

4. 什么是磁盘中的"碎片"？通过哪种方法可以减少磁盘中的"碎片"？

5. 什么是屏幕保护程序？使用屏幕保护程序有什么作用？

四、操作题

1. 在 D 盘根目录中根据个人日常学习或工作的实际情况新建文件夹，合理规划目录，方便日常文件的管理。

2. 分析个人电脑中的磁盘是否存在"碎片"，根据分析结果进行磁盘碎片整理。

3. 在资源管理器中进行文件和文件夹的管理练习。

4. 在 Windows 7 中新建用户 user1，并设置密码。

第4章
Office 2010 应用技术

【**本章重点**】Word 2010 的基本操作；Excel 2010 的基本操作。

【**本章难点**】Word 2010 的图文排版；Excel 2010 公式与函数的使用；Excel 2010 数据汇总与数据透视表；Excel 2010 数据图表操作；PowerPoint 2010 演示文稿的基本操作。

【**学习目标**】了解 Office 2010 的组成及各软件的功能；掌握 Word 2010 的基本操作，熟练使用 Word 2010 进行文档排版；掌握 Excel 2010 的基本操作，熟悉公式与函数的使用方法；掌握 Excel 2010 中数据填充、数据筛选、记录排序、数据汇总、创建图表、设置条件格式以及格式化工作表等操作；掌握 PowerPoint 2010 演示文稿的基本操作。

4.1 Office 2010 简介

4.1.1 Office 2010 的组成及各组件介绍

Office 2010 是微软公司最新推出的通用办公软件，它不仅采用了更加美观实用的操作界面、更智能和多样的办公平台，以及众多创新功能，而且进一步扩大了 Office 的共享功能，例如，允许多人同时编辑、浏览文档，提升了协同工作的效率。Office 2010 常用组件及功能简介如下。

1. 中文字处理组件 Word 2010

它是一种实用且易学的多功能图文混排处理系统，是当前字处理软件中最受欢迎的产品之一。Word 2010 增加了在线实时协作功能，用户可以从 Office Word Web Apps 中启动 Word 2010 进行在线文档的编辑，并可在左下角看到同时编辑的其他用户，当其他用户修改了某处后，Word 2010 会提醒当前用户进行同步。

另外，Word 2010 增加了导航窗格的功能，用户可在导航窗格中快速切换至任何章节的开头，也可在输入框中进行即时搜索，包含关键词的章节标题会在输入的同时，瞬时地高亮显示。

2. 电子表格组件 Excel 2010

利用它可以制作出各种复杂的电子表格，并完成自动计算、数据排序、筛选、统计工作，同时能绘制各种统计图表。Excel 2010 新增了 Sparkline 迷你图特性，可根据用户选择的数据直接在单元格内画出折线图、柱状图等，并配有 Sparkline 迷你图设计面板供自定义样式。Excel 2010 使用了全新的图表引擎，用户可以将丰富的可视化增效特性应用于图表，例如 3D 效果、柔和阴影以及透明度。

3. 电子演示文稿组件 PowerPoint 2010

它是制作和演示幻灯片的软件，可以在幻灯片上输入文字、表格、组织结构图，插入图片、声音等，制作的幻灯片图文并茂，主次分明，可以轻松地将用户的想法变成极具专业风范和视觉冲击力的演示文稿。在 PowerPoint 2010 中用户可以轻松嵌入和编辑视频，而不需要其他软件，剪裁、添加淡化和效果，甚至可以在视频中加入书签以播放动画，在将视频插入演示文稿中时，这些视频即已成为演示文稿文件的一部分，移动演示文稿时不会再出现视频文件丢失的情况。

4. 邮件、会议或约会管理组件 Outlook 2010

Outlook 是著名的邮件传输和协作客户端程序，集成了日历、联系人和管理功能，支持 Internet 标准和 Exchange Server 的电子软件。

5. 数据库管理系统组件 Access 2010

Access 是数据库管理系统，它与 SQL Server 完全兼容，可以将信息保存在数据库中，并对数据库进行统计、排序、查询并生成相关报表。

6. 数字笔记本组件 OneNote 2010

数字笔记本为用户提供了一个收集笔记和信息的位置，并提供了强大的搜索功能和易用的共享笔记本：搜索功能使用户可以迅速找到所需内容，共享笔记本使用户可以更加有效地管理信息超载和协同工作。

4.1.2　Office 2010 各组件的启动与退出

Office 2010 是一个集成软件包，其中包含的每个组件都是分别启动使用的，各个组件的启动和运行的方式基本相同。

1. 启动

启动 Office 2010 各组件的方法有多种。

（1）从"开始"菜单启动，这是启动 Office 2010 各组件最常用、最简单的方式。单击"开始"菜单下的"所有程序"命令，接着在展开的菜单中选择 Microsoft office 命令，最后从子菜单中选择 Microsoft office 2010 命令，如图 4.1 所示。

（2）从快捷方式启动。在 Windows 桌面上双击需要启动的相应软件程序的快捷方式图标，如：word 2010 为：，Excel 2010 为：，PowerPoint 2010 为。

图 4.1　office 2010 组件的启动

（3）直接方式启动。Windows 提供了应用程序与文档的链接关系，用户可以打开文档所在的文件夹，直接双击要打开的文档，系统就会自动启动与文档相关联的应用程序并同时打开该文档。

2. 退出

同启动一样，退出也有多种方法。

（1）单击各组件的菜单"文件"菜单下的"退出"命令。

（2）单击各组件标题栏右侧的关闭按钮。

（3）双击各组件窗口左上角的控制菜单按钮。

（4）使用快捷键 Alt+F4。

4.1.3　Office 2010 中各组件的常用功能

1．新建

当启动 Office 2010 各组件时，系统将自动新建相应的空白文档。另外也可用以下两种方式建立新文档：

（1）使用快捷键建立

进入某个 Office 2010 组件后，直接按 Ctrl+N 快捷键。

（2）使用菜单方式建立

进入某个 Office 2010 组件后，单击菜单栏中的"文件"菜单下的"新建"命令，在打开的"可用模板"窗口中选择相应模板后单击"创建"按钮即可，如图 4.2 所示。

图 4.2　可用模板

2．保存

新建一个文件后，需要将信息永久地保存在磁盘上，以供以后查阅或修改，具体方法如下。

（1）直接单击各组件的快速访问工具栏中"保存"按钮 。

（2）单击各组件菜单栏中的"文件"菜单下的"保存"命令。

若是第一次保存，则系统会提示让用户输入相对应的文件名，如图 4.3 所示。若一个文件已经保存了，但如果要将它存为别的文件名，则可以采用"另存为"方式，方法为单击各组件菜单栏中的"文件"菜单下的"另存为"命令，然后在弹出的对话框中选择所要存储的位置并输入相应的将要保存的文件名。

图 4.3　"另存为"对话框

保存的时候需要注意各组件的文件后缀名是各不相同的，默认的情况下 Word 2010 的后缀名为：.docx，Excel 2010 的后缀名为.xlsx，PowerPoint 2010 的后缀名为.pptx。

3. 打开

如果文件已经保存在磁盘中，用户需要查阅或修改文件内容，就要使用"打开"方法。

（1）启动相应的 Office 2010 组件程序，例如，要打开 word 文档需要先将 word 2010 启动，然后单击菜单栏中"文件"菜单下的"打开"命令，此时会弹出一对话框，如图 4.4 所示（此图以 word 为例，其他的软件方法相同，只是文件类型不同），在其中选择想打开的文件的位置、名称，然后单击"打开"按钮。

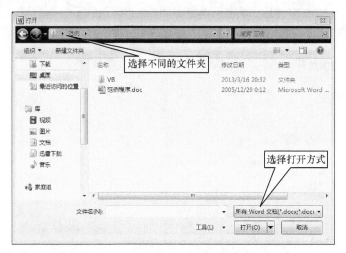

图 4.4 "打开"对话框

（2）用户可以进入文档所在的文件夹，直接双击要打开的文件，系统就会自动启动与之相关联的 Office 2010 组件程序并于其窗口中打开文件。

（3）启动 Office 2010 组件程序后，把相对应的文件直接拖曳到程序窗口中，也可以打开文件。

4.2　Word 2010

4.2.1　Word 2010 的工作窗口

启动 Word 2010 之后，显示如图 4.5 所示的窗口。注意，由于各自的设置不同，用户在实际使用中所看见的界面可能与此处不尽相同，例如，各种按钮的类型、按钮的个数可能都不相同，但这些都可以通过用户的个人设置来实现。

外面的大窗口称为 Word 2010 主窗口，它包含标题栏、Office 组件按钮、快速访问工具栏、功能区、导航窗格、状态栏和视图栏等。

中间空白部分及其标尺、滚动条称为文档编辑区，是 Word 2010 主窗口中的工作区。在同一时刻可新建或打开多个 Word 文档，Word 2010 将为每一个文档打开一个文档窗口，用户可以在这些窗口之间进行切换，从而对不同文档进行处理。

1．标题栏

标题栏主要由 Office 组件按钮、快速访问工具栏、当前编辑文档名和窗口控制按钮 4 部分组成，位于窗口的第一行。

Office 组件按钮 W 图标：位于标题栏最左边，为 Word 窗口的控制菜单按钮，单击该图标可打开窗口控制菜单，双击该图标可关闭 Word 窗口。

快速访问工具栏：位于 W 图标右边，单击快速访问工具栏右侧的下三角按钮 ，可以在弹出的下拉菜单中将频繁使用的工具按钮添加到快速访问工具栏中。

文件名：位于标题栏中间，显示当前正在编辑的文件名。如果是新建文档，Word 会自动建立一个临时文档，文件名为"文档 1"，以后再创建新的文档，则文件名依次为"文档 2"、"文档 3"……据此来标记那些未曾命名的文档。标题栏右端是 3 个窗口控制按钮，分别为"最小化"、"还原/最大化"和"关闭"按钮。

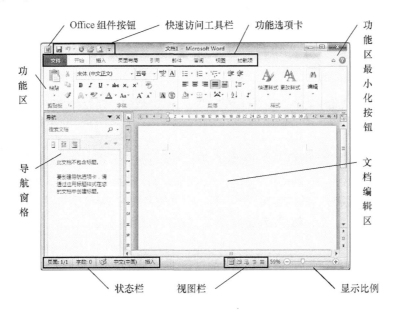

图 4.5　Word 2010 窗口组成

2．功能选项卡和功能区

功能选项卡和功能区是对应关系，单击某个选项卡即可打开相应的功能区。在功能区中显示自适应窗口大小的工具栏，提供了常用的命令按钮或下拉列表。有的功能区右下角有一个功能扩展按钮 ，单击该按钮可以打开相应的对话框或任务窗格进行更详细的设置。

"功能区最小化"按钮 ：位于功能选项卡右侧，单击该按钮可以显示或隐藏功能区。

3．文档编辑区

文档编辑区是 Word 2010 窗口中最大也是最重要的区域，用户输入和编辑文本、表格、图形和图片都是在文档窗口中进行的，排版后的结果可以立即在文档窗口中看出来（所见即所得）。文档窗口中有一个不断闪烁的竖线为插入点，又称光标，它标记新键入字符的位置。用鼠标单击某位置或移动键盘上的光标键，可以改变插入点的位置。在文档编辑区的右侧和底部设有滚动条，如果要显示文档编辑区范围外的内容时，可以通过拖动滚动条来实现。

4．标尺

标尺分水平标尺和垂直标尺两种，分别位于文档编辑区上部和左侧。使用标尺上的符号和拖动水平标尺上的滑块，可以设置页边距或调整光标所在段或行的段落缩进。用户通过标尺还可以看出文档的宽度，以便精确定位。标尺中部的白色部分表示版心的宽度和高度，两端灰色部分是页面四边的空白区（页边距），该区域内不能写入文字。

5. 状态栏和视图栏

状态栏用于显示当前正在编辑的文档插入点所在页、总页数及该文档字数等信息，还用来显示当前处于插入还是改写状态。

视图栏主要用于切换文档视图的版式。

显示比例工具位于视图栏右侧，通过它可以缩放文档的显示比例。

4.2.2 文档的基本操作

1. 输入方法

当用户新建一个文档或者打开一个已经存在的文档，需要进行编辑的时候，则需要进行下列的操作。

（1）选择输入法

如果输入英文，直接输入键盘字符即可。如果输入中文，用户最好选择自己熟悉的输入方法。查看当前正使用的输入法，可查看 Windows 状态栏。各种输入法的安装及属性设置用户可参看有关手册或书籍。

（2）文本录入

在 Word 窗口的文档编辑区中有一闪烁的插入光标，光标所在的位置称为插入点。表示用户将在该位置输入文档内容。字符的输入从一行的左端开始，逐渐向右移动。到行尾时不必按回车键换行，Word 会自动将输入的内容换到下一行。一页文字满时 Word 会自动分页，开始录入到新的一页。只有在文本的一个自然段结束时，才需要使用回车键另起一行。

（3）移动插入点

插入点位置与鼠标位置是不同的，在编辑文档时，我们可以单击鼠标或通过光标键、快捷键改变插入点位置，从而实现全屏幕编辑。在改变插入点时，有关光标键、快捷键的使用如表 4.1 所示。

表 4.1　　　　　　　　　　　　　　有关光标键、快捷键的使用

按　　键	作　　用
↑　↓　←　→	向上、下、左、右移动
PageUp PageDown	向上、下移动一页
Home	到一行开头
End	到一行末尾
Ctrl+Home	到文件开头
Ctrl+End	到文件末尾

（4）即点即输

当用户不想从第一行输入文本，而是想从页面的某个位置开始输入，或者希望在离已有文本末尾的较远处开始新的输入时，通常用户可通过输入回车和空格使插入点移动到要输入文本的地方，而在 Word 中只要在要开始输入文本的地方直接双击鼠标，用户即可直接在此处输入所需的文本，如图 4.6 所示。

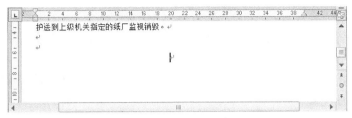

图 4.6　选择输入文本的起始位置

（5）插入符号和特殊字符

有些符号和特殊字符在键盘上找不到，但是在屏幕上和打印时都可以输出，例如©、¼、®、æ、£ 等符号。单击"插入"选项卡中的"符号"按钮，在弹出的下拉选项中单击"其他符号"，此时会弹出如图 4.7 所示的"符号"对话框。

图 4.7　"符号"对话框

操作步骤如下。

① 单击某个要输入的符号。

② 单击"插入"按钮，然后单击出现的"关闭"按钮，则返回到文档中。

③ 若要定义插入某个符号的快捷键，首先选定某个符号，再按"快捷键"按钮，出现"自定义键盘"对话框，在"请按新快捷键"项中设置快捷键。单击"指定"按钮，再单击"关闭"按钮即可。

另外，如果在"符号"对话框中选择"特殊字符"标签，则会出现如图 4.8 所示的对话框，在列表框中选择要输入的字符再单击插入即可。

图 4.8　插入特殊字符的"符号"对话框

（6）使用自动更正输入文本

利用 Word 中的自动更正功能，可以将某些字符串自动地替换成其他字符串或符号。例如，通过下面的操作步骤，当输入"aust"时，会自动更正为"安徽理工大学"。

① 单击"文件"菜单下的"选项"菜单，打开"Word 选项"对话框，再单击"校对"选项出现图 4.9 所示画面。

② 在图 4.9 中单击"自动更正选项"按钮，弹出图 4.10 所示的"自动更正"对话框，如果要实现或取消某种特定的自动更正功能，可选中或清除相应的复选框。

③ 在"替换"文本框中输入要被替换的内容，如 aust。

④ 在"替换为"文本框中输入用以替换的内容，如安徽理工大学。

⑤ 单击"添加"按钮，则将此条目加入替换列表中。

图 4.9 "Word 选项"对话框

图 4.10 "自动更正"对话框

（7）插入日期和时间

插入日期和时间一般用于表格、公文、书信等各种应用文。在文档中插入日期的操作步骤如下。

① 移动光标到文档所需的位置。

② 单击"插入"选项卡下的"日期和时间"按钮，弹出如图 4.11 所示的"日期和时间"对话框；

③ 在语言下拉列表中选择"中文"，并在"可用格式"列表中选择日期和时间的格式，最后单击"确定"按钮即可将系统当前的日期和时间插入。

图 4.11 "日期和时间"对话框

2. 编辑文档

（1）选定文本内容

打开文档后，就可以对文档的内容进行编辑操作。Windows 环境下的应用软件，其操作都有一个共同的规律，即"先选定，后操作"。在 Word 中，体现在对文档中的哪些内容进行处理。

在选定文本内容后，被选中的部分变为反相显示，如图 4.12 所示。具体的文本选择方法如表 4.2 所示。

图 4.12 文本内容的选择

表 4.2　　　　　　　　　　　　　　　　　文本的选定方法

实现功能	操作方法
随意选定一大块文字	① 按住 Shift 不放，移动↑、↓、←、→光标键。 ② 按住鼠标左键拖动鼠标
全文选定	Ctrl+A 快捷键或选择菜单"编辑"→"全选"
选定一整行	将鼠标指针移动到该段落的左侧，直到鼠标指针变成一个指向右上方的箭头，然后单击
选定一个段落	① 将鼠标指针移动到该段落的左侧，直到鼠标指针变成一个指向右上方的箭头，然后双击 ② 在该段落的范围内，连击鼠标左键 3 下
选定竖块文本	按住 ALT 键不放，然后拖动鼠标
选定一个单词	双击该单词
选定多个段落	将鼠标指针移动到该段落的左侧，直到鼠标指针变成一个指向右上方的箭头，然后双击，并向上、下拖动鼠标

（2）文本内容的移动

方法一：

① 选定要移动的文本内容。

② 按功能键 F2，则状态栏上显示"移至何处？"。

③ 移动插入点到选定内容移动到的目标位置。

④ 按 Enter 键。

方法二：

① 选定要移动的文本内容。

② 将鼠标指针移到选定的内容上，指针显示为向左的箭头，按下鼠标左键，指针下方出现一虚线框，状态栏上显示"移至何处？"。

③ 拖动鼠标到目标位置。

④ 放开鼠标左键。

方法三：

① 选定要移动的文本内容。

② 单击"开始"选项卡下的"剪切"按钮 ✂ 或按快捷键 Ctrl+X；

③ 移动插入点到目标位置；

④ 单击"开始"选项卡下的"粘贴"按钮 📋 或按快捷键 Ctrl+V。

（3）文本内容的删除

若删除较少的内容，可利用键盘上的 Delete 或 Backspace 键进行删除。若删除的内容较多，可选定要删除的文本，然后再按键盘上的 Delete 键，则所选内容即被删除。

（4）文本内容的复制

方法一：

① 选定要复制的文本内容；

② 按功能键 Shift+F2，则状态栏上显示"复制到何处？"；

③ 移动插入点到选定内容复制到的目标位置；

④ 按 Enter 键。

方法二：

① 选定要复制的文本内容。

② 将鼠标指针移到选定的内容上，指针显示为向左的箭头，按住 Ctrl 键，按下鼠标左键拖动，指针下方出现一虚线框及中间有符号"+"的方框，状态栏上显示"复制到何处？"。

③ 拖动鼠标指针到目标位置。

④ 放开鼠标左键。

方法三：

① 选定要复制的文本内容。

② 单击"开始"选项卡下的"复制"按钮 📋 或按快捷键 Ctrl+C。

③ 移动插入点到目标位置。

④ 单击"开始"选项卡下的"粘贴"按钮 📋 或按快捷键 Ctrl+V。

3. 撤销操作、恢复操作

Word 为防止用户的误操作而设计了命令的撤销与恢复机制，详细地记录了用户的操作历史。除了很少一些无关紧要的操作，如插入点移动，其他几乎所有的操作都被记录了下来。

（1）操作的撤销

如果要撤消刚完成的上一步操作，可使用以下几种方法。

① 单击快速访问工具栏上的"撤销"按钮 。

② 按快捷键 Ctrl+Z。

可以重复执行撤销操作，直至所有操作都被撤销。还可以一次撤销此前执行的多步操作。单击"撤销"按钮右侧的向下箭头按钮，在下拉菜单中依次显示了此前执行的操作，最近一次操作显示在最上面，而最早的操作则显示在最下面，如图 4.13 所示。向下拖动鼠标选择那些要撤销的操作，然后单击鼠标左键即可将所选中的操作一次性地撤销。

图 4.13　撤销快捷菜单

（2）操作的恢复

如果撤销了不该撤销的操作，可将其恢复。如果要恢复撤销的操作中最早执行的一步操作，可使用以下几种方法。

① 单击快速访问工具栏上的"恢复"按钮 。

② 按快捷键 Ctrl+Y。

恢复是撤销的反向操作，使用方法与撤销类似。

4．查找与替换

在文档的写作过程中，往往需要进行修改。"查找"、"替换"、"校对"等命令为用户带来很大方便。

（1）文本的查找

在编辑过程中，经常需要快速查找某些文字、定位到文档的某处。在文档中查找符合条件文本的步骤如下。

① 在"开始"选项卡的"编辑"组中有"查找"和"替换"按钮，单击"查找"按钮右侧的下拉按钮可展开列表项，在其中选择"高级查找"选项，打开"查找和替换"对话框，单击其中的"更多"按钮后的对话框如图 4.14 所示。

图 4.14　查找功能的"查找和替换"对话框

② 在"查找内容"文本框中输入要查找的内容，例如输入"计算机"。

③ 单击"查找下一处"按钮从光标当前位置起查找指定的内容，找到后自动呈现选中状态，等待用户修改，需要继续查找可再次单击"查找下一处"按钮，直到全部找到为止。若要突出显

示找到的所有符合条件的内容，可单击"阅读突出显示"按钮。在查找过程中，可按下 Esc 键或单击"取消"按钮取消正在进行的搜索。

（2）根据格式查找

Word 不仅可以查找文本，还能查找格式，例如查找具有下划线的文本。操作步骤如下。

① 打开图 4.14 所示的"查找"对话框。

② 由于是查找指定格式的文本，所以不必在"查找内容"文本框中输入内容。

③ 再单击"格式"按钮，在弹出的菜单中选择某一格式并进行相应设置。

④ 单击"查找下一处"按钮，开始进行查找。

（3）查找特殊格式

在图 4.14 所示的"查找"对话框中单击"特殊格式"按钮，则显示一个由各种可用特殊字符构成的菜单，选择菜单中的某一项，则"查找内容"文本框中出现相应的特殊字符。例如，选择菜单项"段落标记"，则在"查找内容"文本框中出现"^p"符号。其他查找步骤与上同。

（4）在"导航"窗格中查找

查找的另一便捷方式是直接在"导航"窗格的文本框里输入要查找的文本内容，随即文档中突出显示所有要查找的内容，如图 4.15 所示。此时单击" ▼ "或" ▲ "按钮，可以使光标依次向下或向上选中查找的内容。

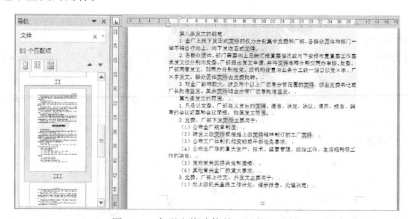

图 4.15　实现查找功能的"导航"窗格

单击"导航"窗格文本框右侧的下拉箭头可以展开"查找选项和其他搜索命令"按钮，选择图 4.16 所示列表项可实现非文本内容的查找，如查找表格、图形等。单击" × "按钮可取消查找。

（5）替换

替换功能是将找到的文本替换成新的指定文本。操作步骤如下。

① 单击图 4.14 中的"替换"标签。

② 在"查找内容"文本框中输入要查找的内容，例如输入"计算机"。

③ 在"替换为"文本框中输入用于替换的字符串，例如输入"Computer"。

图 4.16　查找选项和其他搜索命令

④ 单击"替换"或"全部替换"按钮，实现替换功能。如图 4.17 所示。

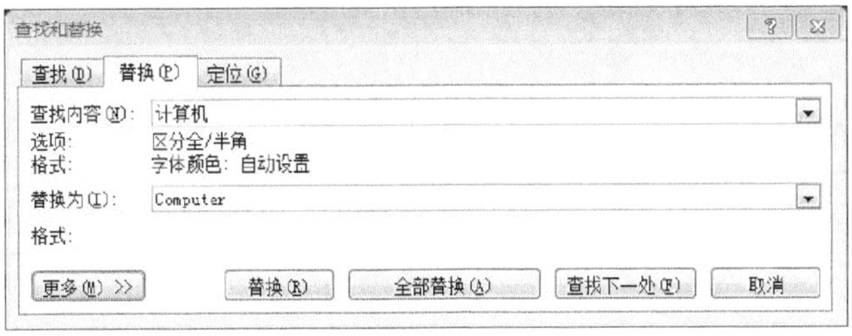

图 4.17 查找替换的"查找和替换"对话框

利用替换功能还可以删除找到的文本。方法是在"替换为"一栏中不输入任何内容，替换时会以空字符代替找到的文本，等于进行了删除操作。

4.2.3 文档的排版

1. 文档的视图类型及特点

文档在屏幕上的显示方式为视图，Word 2010 提供了页面视图、阅读版式视图、Web 版式视图、大纲视图和草稿视图等 5 种视图。不同的视图方式从不同的角度、按不同的方式显示文档。可以通过单击"视图"选项卡，在"文档视图"组中选择需要的视图方式；也可单击文档窗口右下角"视图栏"上的视图按钮选择需要的视图方式。

（1）页面视图

"页面视图"是最常用的视图模式，文档在页面视图中的显示效果与打印效果一致，能显示文本、页眉、页脚、图片以及其他元素，并且可在页面视图中编辑页眉、页脚，调整页边距以及处理分栏和图形对象。一般情况下用户在页面视图中输入和编辑文本。

（2）草稿视图

草稿视图隐藏了"页面边距"、"分栏"、"页眉页脚"和"图片"等元素，仅显示标题和正文，是最节省系统硬件资源的视图方式。在该视图中，用单虚线表示页与页之间的分页，用双虚线表示节与节之间的分节。

（3）Web 版式视图

该视图显示文档在 Web 浏览器中的外观，主要适用于发送电子邮件和创建网页。在 Web 版式视图中，可以创建能在屏幕上显示的 Web 页或文档，可看到背景和为适应窗口而换行显示的文本，且图形位置与 Web 浏览器中浏览时的位置一致。

（4）大纲视图

大纲视图主要用于长文档的快速浏览和设置，在该视图中可以查看文档的结构，可通过拖动标题来移动、复制和重新组织文本，以及通过折叠文档来查看主要标题，或者展开文档以查看所有标题和正文。

（5）阅读版式视图

该视图方式以图书的分栏样式显示文档，主要供用户阅读文档，所以"文件"菜单、功能区等窗口元素被隐藏起来，将优化用户的阅读体验。

（6）导航窗格视图

该视图是一个独立的窗格，能够显示文档标题列表，使用"导航"窗格可以以文档结构快速浏览，同时还能跟踪浏览文档的位置，如图 4.15 所示。

打开"导航视图"方法：选择"视图"选项卡，在其中"显示"组中选中"导航"窗格复选框。

此外用户还可以通过"视图"选项卡下的"显示比例"组来设置文档的显示比例、单页或多页显示，还可以通过拖动文档右下方显示比例滑块  来设置需要的比例。

2．设置字体格式

（1）使用工具按钮

单击"开始"选项卡，就可以使用"字体"组中的工具按钮来设置字符格式，如图4.18所示。

使用工具按钮进行字体格式设置，有两种方法。

① 先选定要设置格式的文本内容，然后点击各格式按钮设置格式。

图4.18 "字体"组工具按钮

② 移动插入点到合适位置，然后使用各按钮设置好格式，最后再输入新的内容，新输入的内容即具有所设置的格式。

（2）使用"字体"对话框设置字体格式

工具按钮提供的只是对字体进行格式化的快捷方法，而且要一个按钮一个按钮地选择。并且有些格式设置用格式按钮是无法完成的。因此，可以用"字体"对话框进行全面细致的格式设置。操作步骤如下。

① 选定要设置格式的文本。

② 单击"开始"选项卡下"字体"组右下角的功能扩展按钮 ，打开"字体"对话框，选择"字体"标签，如图4.19所示。

③ 进行字体、字型、字号、颜色、效果等各种设置。

④ 打开"高级"标签，如图4.20所示。

⑤ 进行字符缩放、间距和位置等格式设置，如缩放设置成"200%"。

图4.19 选择"字体"标签的字体对话框

图4.20 选择"高级"标签的字体对话框

⑥ 单击图4.20中的"文字效果"按钮，打开"设置文本效果格式"对话框，如图4.21所示，在该对话框中可以设置文本的边框、阴影和三维格式等效果，文本效果设置完成后单击"关闭"按钮返回到字体对话框中。

图 4.21 "设置文本效果格式"对话框

⑦ 在"字体"对话框中单击"确定"按钮,完成字符格式设置。

3. 设置段落格式

用户在输入文档内容时,两次按 Enter 键之间的内容,包括后一个用 Enter 键输入的段落标记,就是一个段落。

用户可以通过"开始"选项卡下的"段落"组中工具按钮进行一些段落格式设置。有关"段落对齐方式"设置有"两端对齐"按钮▤、"居中"按钮▤、"分散对齐"按钮▤、"左对齐"按钮▤和"右对齐"按钮▤。有关"缩进"设置有"增加缩进量"按钮▤和"减少缩进量"按钮▤。

另外,在水平标尺上,可以看到 3 个三角形标记和一个方形标记,用鼠标拖动这几个标记,可以设置段落缩进,如图 4.22 所示。

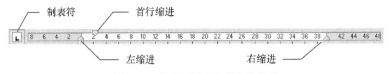

图 4.22 水平标尺和各滑块的名称

如果要进行更复杂更细致的设置,可以通过"段落"对话框进行段落格式设置。

(1)将插入点移到要设置的段落中。

(2)单击"开始"选项卡"段落"组右下角的功能扩展按钮▫,打开"段落"对话框。

(3)单击"缩进和间距"标签,出现如图 4.23 所示画面。

图 4.23 选择"缩进和间距"标签的"段落"对话框

（4）在"对齐方式"下拉菜单中，用户可选择"左对齐"、"右对齐"、"居中对齐"、"两端对齐"和"分散对齐"5种对齐方式。

（5）在"缩进"区域设置段落缩进格式，包括左右缩进长度、特殊格式（悬挂缩进、首行缩进）及其度量值。

（6）在"间距"区域设置"段前"距离（行数）、段后距离（行数）、行间距及其设置值。行间距用于控制每行之间的间距，有"最小值"、"固定值"、"多倍行距"等多个选项。

（7）单击"换行和分页"标签，如图4.24所示，各项含义如下，可根据需要设置。

① "孤行控制"：选中此复选框，可避免将所选段落的最后一行显示在某一页的开头，或者将其第一行显示在某一页的最下面。

② "段中不分页"：使所选段落的所有内容均出现在同一页上，选中此复选框。

③ "与下段同页"：如当前段与下一段的关系较密切，要放到同一页上，那么可选中此复选框。

④ "段前分页"：选中此复选框使所选段落出现在一页的开头。

⑤ "取消行号"：如想跳过对当前段落的行编号，可选中此复选框。

⑥ "取消断字"：若不想Word自动对当前段落中的单词进行断字处理，选中此复选框。

图4.24　选择"换行和分页"标签的"段落"对话框

4. 文档分栏

在编辑报纸、杂志时，经常需要对文章作各种复杂的分栏排版，使得版面更生动、美观。利用"页面布局"选项卡下"页面设置"组中的"分栏"命令按钮或者"分栏"对话框便可以在文档中生成分栏数或改变已有的分栏数。

注意

建立分栏必须切换到"页面视图"显示方式，才能显示分栏的效果。

（1）使用"分栏"按钮进行分栏

① 选中要进行分栏的文档内容，若不选中将对整个文档进行分栏。

② 单击"页面布局"选项卡下"页面设置"组中的"分栏"命令按钮▦，在下拉列表框中单击分栏的栏数即可。

用上述方法对文档内容分栏时，只能得到等宽的分栏。

（2）使用分栏对话框

① 选中要进行分栏的文档内容，若不选中将对整个文档进行分栏。

② 单击"页面布局"选项卡下"页面设置"组中的"分栏"命令按钮▦，在下拉列表框中单击"更多分栏"选项，打开如图 4.25 所示"分栏"对话框。

③ 在对话框中进行各种设置。

④ 按"确定"按钮。

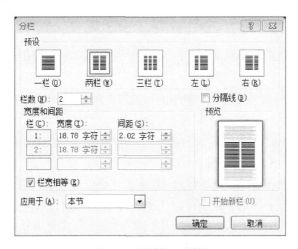

图 4.25　"分栏"对话框

（3）多种分栏并存

若要对文档进行多种分栏，只要分别选中需要分栏的段落，然后进行上述分栏的操作即可。当多种分栏并存时，可以看到系统在不同栏之间自动添加了双虚线表示的"分节符"。若要取消分栏，只要选择已分栏的段落，再进行一次分栏操作即可。

5．项目符号和编号

项目符号和编号可以使文档结构清晰、层次分明，使用户便于阅读和比较。

（1）项目符号列表

① 项目符号的添加和删除。

• 将插入点移动到要添加项目符号的段落中，如果要为多个段落添加项目符号，必须选中这些段落的全部内容。

• 单击"开始"选项卡下"段落"组中的"项目符号"按钮☷即可设置项目符号。再次单击该按钮可消除该段落的项目符号。

② 设置项目符号格式。

如果用户对默认的项目符号格式不满意，可以单击"项目符号"按钮右侧的下拉按钮，打开"项目符号库"进行选择，如图 4.26 所示。

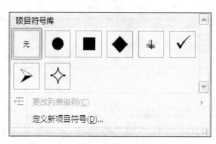

图 4.26 "项目符号库"列表

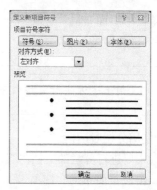

图 4.27 "定义新项目符号"对话框

如果想自己定义一个新的项目符号，可以单击图 4.26 中的"定义新项目符号"按钮，打开如图 4.27 所示的"定义新项目符号"对话框，进行自定义设置。

（2）编号列表

① 编号的添加和删除。

• 将插入点移动到要添加编号的段落中，如果要为多个段落添加编号，必须选中这些段落的全部内容。

• 单击"开始"选项卡下"段落"组中的"编号"按钮 ⊟，再次单击该按钮可消除该段落的编号。

② 设置编号格式。如果用户对默认的编号格式不满意，可以对其格式进行设置，例如，选择其他样式的编号字符，更改编号字体大小等。

• 选定要设置编号的段落。

• 单击"编号"按钮右侧的下拉按钮，打开"编号库"进行选择，如图 4.28 所示。

如果想自己定义一个新的编号，可以单击图 4.28 中的"定义新编号格式"按钮，打开图 4.29 所示的"定义新编号格式"对话框，进行自定义设置。

图 4.28 "编号库"列表

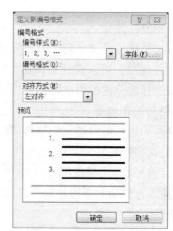

图 4.29 "定义新编号格式"对话框

6. 边框和底纹

（1）给文字加边框和底纹

操作步骤如下。

① 选中要加边框和底纹的文字。

② 单击"开始"选项卡下"段落"组中的"下框线"按钮 ▦ ▾ 右侧的下拉按钮，选中列表中的最后一项"边框和底纹"，打开"边框和底纹"对话框。

③ 在出现的对话框中，选择"边框"标签，如图 4.30 所示。

④ 选择边框样式、线型、颜色、宽度。

⑤ "应用于"选择"文字"。

⑥ 再选择"底纹"标签。

⑦ 选择填充颜色、样式、应用范围为"文字"。

⑧ 单击"确定"按钮，如图 4.31 所示。

图 4.30 "边框"选项卡

图 4.31 "底纹"选项卡

（2）给段落加边框和底纹

给段落加边框和底纹的操作与文字相同，只是在"应用于"框中选择"段落"。

（3）给页面加边框

① 单击"段落"组中的"下框线"按钮右侧的下拉按钮，选中列表中的最后一项"边框和底纹"；

② 在图 4.30 所示对话框中选择"页面边框"标签，设置页面边框样式、线型、颜色、宽度、艺术型及应用范围，最后单击"确定"按钮。

7．样式的应用

（1）什么是样式

"样式"是指一组已命名的字符格式和段落格式的组合。样式可以是 Word 提供的标准样式，也可以是自定义的样式。Word 对文件内的多种元素，如正文、各级别标题、页眉、页脚、段落类别提供了多种样式。例如，要将某样式应用到其他段落中，只要指定所选的样式名称，即可得到相同的版式，此即样式排版。

样式有两种：字符样式与段落样式。字符样式保存了对字符的格式化信息，如文本的字体和大小、粗体和斜体、大小写以及其他效果等；段落样式保存了字符和段落的格式，如字体和大小、对齐方式、行间距、段间距以及边框等。

使用样式可以提高文档的编辑效率，具体说有两个好处：若文档中有多个段落使用了某个样式，当修改了该样式后，即可使文档样式全部改变，样式还有利于构造大纲和目录。

（2）样式的使用

对已有的内容使用某种样式时，含段落格式的样式不要求先选定内容，若只有字符格式的样式要求选定内容后才能使用。把已有的样式运用于一个段落的方法是：将光标定位于该段落，单击"开始"选项卡中"样式"组的"快速样式库"中的某一样式，此时，当前段落就会按选定的样式重新编排。

如果"快速样式库"中没有所需的样式，可单击"样式"组右下角的功能扩展按钮 ，打开"样式"窗格，然后单击"样式"窗格右下角的"选项"按钮，打开如图 4.32 所示的"样式窗格选项"对话框，选择"选择要显示的样式"列表中的"所有样式"选项，单击"确定"按钮后就可以在图 4.33 的"样式"窗格中看到所有可用的样式。

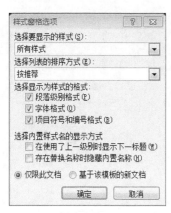

图 4.32 "样式窗格选项"对话框　　　　图 4.33 显示所有样式的"样式"窗格

（3）样式的修改

在"样式"窗格中指向要修改的样式，然后单击鼠标右键，在弹出的菜单中选择"修改"即可出现"修改样式"对话框，从而对样式的名称、类型、格式、字体、字号等进行修改，如图 4.34 所示。修改后的样式会自动反映在所有应用它的内容上。

（4）新建样式

如果对所有内置样式都不满意，也可以新建样式，建立后的样式如同内置样式一样使用。单击"样式"窗格左下角"新建样式"按钮 ，打开如图 4.35 所示的"根据格式设置创建新样式"对话框，在此对话框中进行样式的详细设置。

图 4.34 "修改样式"对话框　　　　图 4.35 "根据格式设置创建新样式"对话框

8. 使用图形对象与图文混排

在 Word 2010 中图文混排功能更加强大了，可以将其他软件制作的图形、图像等对象插入到 Word 文档中，制作出图文并茂的文档。

（1）绘制图形

① 绘制图形。

· 单击"插入"选项卡下"插图"组中的"形状"按钮，弹出如图 4.36 所示的形状列表面板，从中选择要绘制的形状按钮，例如单击选中"云彩"按钮。

图 4.36 "形状"列表

· 将插入点移至要绘制图形的位置，按住鼠标左键拖动鼠标。

· 释放鼠标左键，所要绘制图形就出现在文档中，如图 4.37 所示。

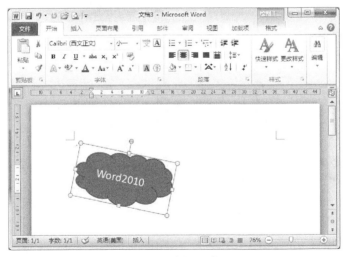

图 4.37 绘制"云彩"

② 改变图形的大小、位置、形状和格式。

· 单击绘制的图形将其选中，此时，所选图形的各角和各边上将显示一些小圆点或小方点，这些称为尺寸控制点。这其中白色的圆点是大小控制点，绿色的圆点是图形旋转控制点，黄色的菱形点是形状控制点，如图 4.37 所示。

- 将鼠标指针指向某一白色控制点，当指针变成一个双向箭头时，拖动鼠标调整大小，然后释放鼠标即可。

- 改变图形位置，可将鼠标指向图形的边框，此时鼠标指针将显示为一个四向箭头，拖动鼠标调整位置，然后释放鼠标即可。

- 改变外观。在选中自选图形后，出现的菱形控制点可用来调整自选图形的外观，而不调整其大小。当鼠标指针指向该控制点后，指针变成一个三角形，按住鼠标拖动可调整其外观。

- 改变形状。绿色的圆形控制点可用来对自选图形进行旋转或翻转变换。

③ 向图形中添加文字。

- 选中绘制的图形。

- 单击鼠标右键，在弹出的菜单中选择"添加文字"。

- 在绘制图形中输入文字，如图 4.37 所示。

④ 美化图形。

- 选中绘制的图形。

- 单击"格式"选项卡下"形状样式"组中的"形状填充"，可以改变图形颜色；单击"形状效果"按钮，在弹出的下拉列表中选择"预设"中的某一样式，可以达到如图 4.38 所示的效果。

（2）文本框

文本框是一种可以在其中独立进行文字输入和编辑的图形框，在文档中使用文本框，可以实现一些特殊的编辑功能，例如，可以在页面任何地方定位和重排文字。文本框的绘制基本上与图形的绘制方法相同。具体步骤如下。

① 单击"插入"选项卡下"文本"组中的"文本框"下拉按钮，在展开的下拉面板上选择要插入的文本框样式，如图 4.39 所示。选定的文本框自动插入文档中，用户可以在文本框中输入内容，调整文本框大小和位置即可。

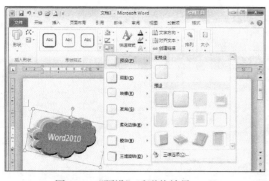

图 4.38 "预设"后形状效果

图 4.39 文本框样式

② 根据需要，用户也可在图 4.39 的下拉面板中选择"绘制文本框"或"绘制竖排文本框"，此时鼠标指针将显示为"+"型，按下鼠标左键并拖动鼠标，最后释放鼠标左键，即可完成一个文本框。

③ 设置文本框格式：选中文本框后，单击鼠标右键，在快捷菜单中选择"设置形状格式"菜单项，打开"设置形状格式"对话框，在该对话框中设置文本框线条颜色与线型、版式、填充颜色等格式，如图 4.40 所示。

图 4.40　"设置形状格式"对话框

（3）使用艺术字

艺术字是指特殊效果的文字，包括文字的特殊形状、旋转和倾斜等效果。在以前版本中，艺术字是按图形对象处理的，而在 Word 2010 中艺术字是作为文本框插入的，用户可以任意编辑文字。具体步骤如下。

① 将插入点定位在要插入艺术字的地方，单击"插入"选项卡下"文本"组中的"艺术字"下拉按钮，在展开的下拉面板上选择要插入的艺术字样式，在插入点位置出现一个显示"请在此放置您的文字"的文本框，将其改为用户自己的内容，如"欢迎使用 Word 2010"，如图 4.41 所示。

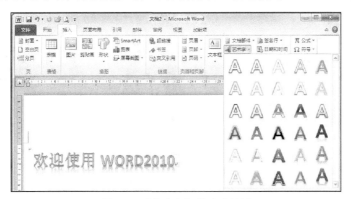

图 4.41　"艺术字"样式及效果

② 选中艺术字，单击"格式"选项卡下"艺术字样式"组中的"文本填充"按钮可以重新设置文字颜色；单击"文字效果"按钮可以设置文字"阴影"、"三维旋转"等效果。还可以单击"格式"选项卡下"形状样式"组中的"形状效果"按钮设置艺术字形状的整体效果。设置后的艺术字效果如图 4.42 所示。

图 4.42　艺术字效果示例

（4）图片文件的插入与编辑

① 将插入点定位在要插入图片的地方，单击"插入"选项卡下"插图"组中的"图片"按钮。

② 在打开的"插入图片"对话框中，如图 4.43 所示，选择图片文件，单击"插入"按钮即可插入一幅图片。

图 4.43　"插入图片"对话框

③ 选中该图片，选择"格式"选项卡，在其功能区的"调整"组可以设置图片的亮度、对比度等；"阴影效果"组可以设置图片的阴影效果；"大小"组可以调整图片大小或裁剪图片等。图 4.44 为原始图片、"黑白"、"柔化边缘椭圆"的效果对比。

图 4.44　图片美化效果对比

（5）屏幕截图

"屏幕截图"是 Word 2010 新增的功能，可以方便地将已打开且未处于最小化状态的窗口截图插入到当前文档中。使用"屏幕截图"的步骤如下：

① 将准备插入到 Word 2010 文档中的窗口处于非最小化状态，然后在 Word 中单击"插入"选项卡下"插图"选项组中的"屏幕截图"按钮。

② 打开"可用视窗"下拉列表，如图 4.45 所示。Word 2010 自动监测到可用的窗口，单击需要插入截图的窗口，就可以将该窗口自动插入到 Word 指定的位置。

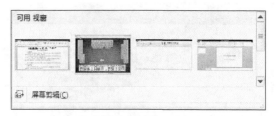

图 4.45　"可用视窗"下拉列表

如果只需要将特定窗口的一部分作为插图插入到文档，则只保留该特定窗口为非最小化状态，然后单击图 4.45 中的"屏幕剪辑"选项，进入屏幕裁剪状态后，拖动鼠标选择需要剪辑的部分窗口，即可将其截图插入到当前文档中。

　　　　"屏幕截图"功能只能用于扩展名为.docx 的 Word 2010 文档中，在扩展名为.doc 的文档中无法使用。

（6）插入 SmartArt 图形

SmartArt 图形用来表明对象之间的从属关系、层次关系等。操作方法是：单击"插入"选项卡下"插图"组中的"SmartArt"按钮，打开如图 4.46 所示的"选择 SmartArt 图形"对话框，根据需要选择图形样式后单击"确定"按钮，返回到文档中进行编辑即可。

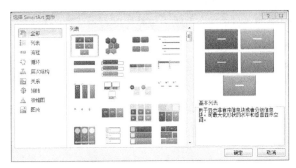

图 4.46　"选择 SmartArt 图形"对话框

（7）插入公式

在写论文时经常需要使用数学公式，插入公式有两种方法。

① 插入公式库中的公式。Word 2010 公式库中收集了许多常用的公式，如二项式定理、傅里叶级数等，若 Word 公式库中包含要输入的公式，则可直接选择对应公式完成输入。

操作步骤是：单击"插入"选项卡下"符号"组中的"公式"按钮，在展开的库中选择所需公式如图 4.47 所示，此时该公式即可插入到文档指定位置。

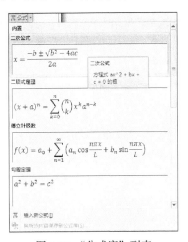

图 4.47　"公式库"列表

② 插入公式库外的公式。当在公式库中找不到所需的公式时，则需手工输入公式，单击图 4.47 下方的"插入新公式"选项后利用"公式工具-设计"选项卡来编辑公式。

还可以使用公式编辑器来编辑公式，选择菜单"插入"选项卡下"文本"组中的"对象"按钮，在打开的"对象"对话框中选择"Microsoft 公式 3.0"，单击"确定"按钮；利用"公式编辑器窗口"及"公式"工具栏输入公式，如图 4.48 所示。输入公式之后，将鼠标移动到"公式编辑器窗口"外单击，即切换到文本编辑器窗口。若想再次编辑公式，可在公式区域内双击鼠标左键。

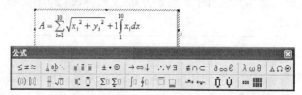

图 4.48　公式编辑器

③ 将输入的公式保存到公式库中。对于手工输入的新公式，如果在以后的工作中要再次用到，则可以将其保存到公式库中，便于下次使用。操作方法是：选中要保存的公式，单击图 4.47 下方的"将所选内容保存到公式库"选项，打开图 4.49 所示的"新建构建基块"对话框，设置公式的名称、所保存的库和类别等信息，最后单击"确定"按钮。

图 4.49　"新建构建基块"对话框

（8）图形对象的组合、叠放

① 组合图形。

• 选中要组合的图形。方法是先单击选择一个图形，然后按住 Shift 键，依次单击其他图形对象，将多个图形对象选中。要组合图形至少要选中两个图形。

• 单击"格式"选项卡下"排列"组中的"组合"按钮，在展开的选项中选择"组合"命令。

② 图形的叠放次序。

在绘制图形或插入其他图形对象时，　Word 将按其绘制或插入的顺序来将其放置在不同的对象层中。如果对象有重叠，则后面的对象将部分遮盖前面的对象。如图 4.50 所示，圆型图形遮盖了部分矩形。要显示被遮盖的对象，可改变对象的叠放顺序，将被遮盖的对象放置到上面。

图 4.50　图形的叠放次序

操作步骤如下。

• 选中要改变叠放次序的图形。

• 单击"格式"选项卡下"排列"组中的"上移一层"或"下移一层"按钮，在展开的选项中，出现 6 种叠放次序选项："上移一层"、"置于顶层"、"浮于文字上方"和"下移一层"、"置于底层"、"衬于文字下方"。

• 根据实际情况需要，选择其中一项，从而改变图形对象之间的叠放次序。

（9）图文混排

插入的图形、文本框、剪贴画、图片文件和公式等都属于图形对象，默认情况下，插入图片的图形对象位置随着其他字符的改变而改变，用户不能自由移动图形。而通过为图形设置文字环绕方式，不仅可以对图形对象和文本进行混排，还能自由移动图形的位置。此处只以图片文件为例说明图形对象的"环绕方式"，其他图形对象设置可参照于此。

（1）选中图片对象，单击"图片工具-格式"选项卡下"排列"组中的"位置"按钮，在展开的"预设位置"列表中选择合适的文字环绕方式，如图 4.51 所示。这些文字环绕方式包括"顶端居左，四周型文字环绕"、"顶端居中，四周型文字环绕"、"顶端居右，四周型文字环绕"、"中间居左，四周型文字环绕"、"中间居中，四周型文字环绕"、"中间居右，四周型文字环绕"、"底端居左，四周型文字环绕"、"底端居中，四周型文字环绕"、"底端居右，四周型文字环绕"等 9 种。

（2）如果用户希望设置更丰富的文字环绕方式，单击"图片工具-格式"选项卡下"排列"组中的"自动换行"按钮，在展开的列表中选择合适的文字环绕方式即可，如图 4.52 所示。

图 4.51　文字环绕方式　　　　　　图 4.52　更丰富的文字环绕方式

4.2.4　使用表格

利用 Word 的"绘制表格"功能可以方便地制作出复杂的表格，同时它还提供了大量精美、复杂的表格样式，套用这些表格样式，可使表格具有专业水准。

1. 表格创建

（1）使用"表格"按钮创建表格

操作步骤如下。

① 将插入点移至要插入表格的位置。

② 单击"插入"选项卡下"表格"组中的"表格"按钮，展开如图 4.53 所示的列表。鼠标在网格移动时，会在列表顶端出现将要插入表格的列数和行数，同时在插入点位置会看到即将插入表格的预览，当对要插入的表格满意时，单击鼠标即可完成插入表格的操作。

（2）使用"插入表格"对话框创建表格

操作步骤如下。

① 将插入点移至要插入表格的位置。

② 在图 4.53 中单击"插入表格"选项，出现如图 4.54 所示的对话框。

③ 输入创建表格的行数和列数（也可用微调按钮设置），再选择列宽的调整方式。

图 4.53　"表格"列表

④ 单击"确定"按钮完成表格创建。

（3）手工绘制表格

操作步骤如下。

① 单击图 4.53 中"绘制表格"选项，鼠标指针变成 形状。

② 确定表格的外围边框，按住鼠标左键从表格的左上角拖至右下角，然后释放鼠标左键。

③ 横向或纵向拖动鼠标来绘制各行各列的框线，也可绘制斜线。在表格外单击鼠标可以结束表格的绘制，绘制表格效果如图 4.55 所示。

图 4.54 "插入表格"对话框

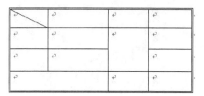

图 4.55 手工绘制表格示例

（4）插入 Excel 表格

单击图 4.53 中"Excel 电子表格"选项，可以插入 Excel 电子表格，其表格的创建与在 Excel 中操作一样。

（5）使用"快速表格"创建表格

单击图 4.53 中"快速表格"选项，然后在展开的列表中选择需要的表格样式。

（6）使用"文字转化成表格"创建表格

首先选中要转化的文字，然后单击图 4.53 中"文字转化成表格"选项，打开图 4.56 所示的"文字转化成表格"对话框，通过相关设置可以实现文字转表格的功能。当把插入点定位在表格后时，可以在"表格工具-布局"选项卡的"数据"组中单击"转化为文本"按钮实现相反的转换。

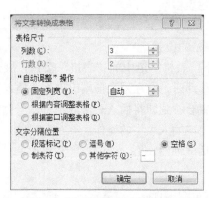

图 4.56 "文字转化成表格"对话框

当鼠标指向表格时可以看到表格左上角有个 ⊞ 符号，当鼠标单击 ⊞ 符号可以选中整个表格，拖动 ⊞ 符号可以移动整个表格；右下角有个 ▫ 符号，用鼠标拖动 ▫ 符号可以调整表格的大小。

2. 表格编辑

（1）输入表格内容

表格以单元格为输入内容的基本单位，单元格中可以输入文本或图形等数据项。

首先，将插入点移入要输入数据的单元格中，除了用鼠标单击某一单元格将插入点置于相应的单元之中外，用户还可以分别使用"Tab"键或"Shift+Tab"组合键，在单元格间前后移动插入点。在表格的单元格中，当输入到单元格的右边框时，输入的文本将自动换行，若段落格式的行距为"最小值"，则行的高度也会自动调整以适应新的文本内容。

如果插入点在表格最后一个单元格中，此时按"Tab"键将会使表格追加一个空行。

（2）单元格选择

对表格进行编辑前，首先要选定单元格。Word 在表格中有供方便选择用的行、列和单元格选定栏。鼠标指针指向选定栏时其形态就会产生改变，此时单击或拖曳鼠标可以选择一个或多个行、列或单元格。

① 选定一个单元格、一列或一行：分别单击单元格、列、行选定栏。

② 选定多个单元格、行或列：鼠标拖曳所经过的单元格、行或列，或者选定某单一的单元格、行或列，然后<Shift>+单击其他的单元格、行或列。

③ 在表格中先定位插入点，再单击"表格工具-布局"选项卡下"表"组中的"选择"按钮，在展开的列表中选择。

（3）行、列的插入、删除

① 插入：将插入点定位至某一单元格后，"表格工具-布局"选项卡下"行和列"组中提供以插入点所在单元格为基准的插入按钮，单击相应按钮可完成插入行或列的操作。插入一行还有一个更快捷的方法：可以将插入点定位某行最后一个单元格外的回车标记前，按 Enter 键就可以在当前行后插入一个空行。

如果要一次插入多行或多列时，必须先选定同样数目的行或列。

② 删除：将插入点定位至某一单元格后，"表格工具-布局"选项卡下"行和列"组中提供以插入点所在单元格为基准的删除按钮。也可以先选择要删除的单元格，然后按 Backspace 键进行删除。

③ 表格内容的清除：先选择要清除内容的单元格区域，然后按 Delete 键。

（4）合并与拆分单元格

① 单元格合并：首先选定要合并的几个单元格，单击"表格工具-布局"选项卡下"合并"组中的"合并单元格"按钮。可单击"表格工具-设计"选项卡下"绘图边框"组的"擦除"按钮，鼠标变成 后，直接擦除不需要的表格线。

② 拆分单元格：先选定要拆分的单元格范围，单击"表格工具-布局"选项卡下"合并"组中的"拆分单元格"按钮。在打开的"拆分单元格"对话框中输入"列数"、"行数"，然后单击"确定"按钮即可。对话框内的"拆分前合并单元格"被选为有效时，允许先进行单元格合并，然后进行拆分操作。如设定拆分行数不合理（必须符合等分和区域拆分行数不能增加的原则），

系统将会给出提示。

在"合并"组中还可以进行拆分表格的操作,插入点定位在要成为新表格的首行的任意单元格中,单击"拆分表格"按钮即可。

(5)表格计算

在 Word 中能对表格进行一些简单的数学计算,如进行统计、运用简单公式、函数计算等。Word 有+、–、*、/、∧和%等 6 个合法运算符,运算表达式及运算顺序与一般数学运算相同。运算时需要用到一些编号格式以及常用数学函数,可以在"公式"对话框中的"编号格式"和"粘贴函数"下拉列表框中选取,如图 4.57 所示。

图 4.57 "公式"对话框

公式和函数中单元格范围表示方法是:"LEFT"、"RIGHT"、"ABOVE"和"BELOW"分别表示计算单元格左侧、右侧、上面和下面的所有单元格,直至无有效数值为止;也可以使用"单元格地址"表示方法,即用列号(A,B,C,…)加行号(1,2,3,…)来表示,如(A1)、(B2)。非连续单元格中的内容以逗号区分各个单元格引用,如(A3,F10)。矩形单元格区域以冒号分隔左上和右下单元格,如(A1:B10)。进行表格计算的步骤如下。

① 将插入点移入要进行求总和的单元格。

② 单击"表格工具-布局"选项卡下"数据"组中的"公式"按钮,打开"公式"对话框。

③ 在对话框的"公式"框输入需要计算的公式。

④ 单击"确定"按钮,关闭对话框完成计算。计算结果显示在表格的选定单元格内。

(6)排序

在 Word 中可以对表格中的数字、文字和日期数据进行排序操作,操作步骤如下。

① 将插入点定位在任意单元格中,单击"表格工具-布局"选项卡下"数据"组中的"排序"按钮。

② 打开"排序"对话框,在"列表"区域中选中"有标题行"单选按钮,如图 4.58 所示。

图 4.58 "排序"对话框

③ 根据具体排序要求依次设置"主要关键字"、"次要关键字"和"第三关键字"的排序类型、升/降序等，设置完成后单击"确定"按钮，Word 自动对表格中的数据进行排序。

3. 表格格式化

表格建立完毕后，可以对其外观格式进行编排，主要包括调整表格在页面上的水平位置和添加表格线和底纹。在对整个表进行操作时，必须事先将插入点移入表格内，但不要选定任何单元格。当插入点在表格内时，不选就相当于全选。相反，当选定单元格区域后，系统将只对选定区域起作用。

（1）调整表格页面位置对齐方式

通常表格在文档内被置于页面的中间，而创建的新表往往偏在页面左侧，这就需要调整。

调整表格页面位置时，先将插入点移入表格，单击"表格工具-布局"选项卡下"表"组中的"属性"按钮，在打开的"表格属性"对话框中选择"表格"标签，如图 4.59 所示。其中在"对齐方式"中有左对齐、居中和右对齐 3 个选项可供选择，可单击选取其中之一。

图 4.59　"表格属性"对话框

（2）表格边框与底纹

表格的边框和底纹设置与其他文档内容的边框和底纹设置共用一套操作界面，操作方法基本相同。

创建表格时，Word 自动地给整个表格设置 0.5 磅黑色实线的内外框。

若要对整个表格添加或修改边框和底纹，可将插入点移入表格内的任何位置，然后单击"表格工具-设计"选项卡中"表格样式"组的 边框 按钮右侧部分，在展开的列表中选择"边框与底纹"选项，打开"边框和底纹"对话框，如图 4.30 所示，在该对话框中进行相应的设置。若要对单一单元格或部分单元格区域添加边框和底纹，则先要选定这些单元格。

注意在选定单一单元格时，要区分选定的是单元格的内容，还是单元格（需要选中单元格的结束标志，全单元格反显），不然添加的边框和底纹将是文本的。

当表格的默认框线被撤销而又不添加任何其他框线时，窗口视图上将显示为虚框。虚框只是指出行和列的位置，在打印时，虚框不会被打印出来。如果不想让虚框在屏幕上出现，可以单击"表格工具-布局"选项卡下"表"组中的"查看网络线"按钮，这样屏幕上将不会出现表格的虚框线。注意未加有色框线和单元格合并的区别。

（3）表格自动套用格式

Word 2010 内置有多种表格样式供选择使用，如果这些表格样式不能满足用户要求，则可以新建样式或在原有表格样式基础上创建适合用户要求的表格样式。套用表格样式的方法是：先将插入点定位在任意单元格中，在"表格工具-设计"选项卡下"表格样式"组中选择所要应用的表格样式。

4.2.5 页面设置

创建好一篇文档后，如果要把文档打印出来，就需要进行页面设置，否则在打印时可能会出现文档内容打印不全等问题。

1. 文档页面设置

（1）设置纸张大小

纸张大小是指文档页面的大小，它直接影响着每页所能容纳文本的数量。设置纸张大小的步骤如下。

① 打开要进行页面设置的相关文件。

② 单击"页面布局"选项卡下"页面设置"组中的"纸张大小"按钮，在展开的下拉列表中选择纸张大小，如图 4.60 所示，此时可以看见文档页面大小发生了变化。

（2）设置纸张方向

纸张方向包括横向和纵向两种，它直接影响页面的整体布局，不同的页面排版有时会要求使用不同的纸张方向。设置纸张方向的方法是：单击"页面布局"选项卡下"页面设置"组中的"纸张方向"按钮，在展开的下拉列表中选择纸张方向，如图 4.61 所示。

图 4.60　设置纸张大小

图 4.61　设置纸张方向

（3）设置页边距

页边距是页面四周的空白区域，也就是页面的边线与边缘文字之间的距离。在上下页边距之间通常可以根据需要添加页眉、页脚等内容。设置页边距的步骤如下。

① 打开要进行页面设置的相关文件。

② 单击"页面布局"选项卡下"页面设置"组中的"页边距"按钮，在展开的下拉列表中可以看见 Word 2010 预设的页边距样式和"自定义边距"选项，如图 4.62 所示。

Word 2010 提供了普通、窄、适中、宽和镜像 5 种页边距样式，每种样式都含有已设置好的上、下、左、右边距，只需选择对应的样式即可更改当前文档的页边距。如果用户对预设的页边距不满意，可以单击图 4.62 中的"自定义边距"选项，在打开的"页面设置"对话框中自行设置页边距，如图 4.63 所示。

图 4.62　设置页边距

图 4.63　"页面设置"对话框

（4）预览并打印文档

排版好的文档往往需要打印出来，为使打印出来的效果满足用户的要求，可先预览其打印效果，若不满意可以重新修改文档，直到对预览效果满意后便可将其打印出来。

选择"文件"菜单下的"打印"选项，进入"打印设置"窗口，如图 4.64 所示。窗口右侧为文档预览，拖动下方的滚动条，可调整显示比例，滚动条右侧为"缩放到页面"按钮，使文档以当前页面的显示比例来显示。

"打印设置"窗口左侧可以选择已安装的打印机，可以设置份数、打印范围，系统默认的打印范围是打印文档的所有页，也可以在"打印自定义范围"选项中设置打印页数，例如，输入"3-5"表示要打印 3、4、5 这 3 页，还可以设置打印方向、纸张大小等。

图 4.64　"打印设置"窗口

2．创建页眉、页脚

页眉、页脚分别位于文档页面的顶部和底部的页边距区域内，用于显示文档的附加信息，如书名、章节标题、作者名称、单位名称、徽标等；也可以加载一些可以自己更新的信息，如页码、日期和时间等。

（1）创建页眉和页脚

在文档的任何一页中插入页眉和页脚，文档中的其他页面将自动显示相同的页眉和页脚内容。

单击"插入"选项卡下"页眉和页脚"组中的"页眉"按钮，在展开的库中选择需要的样式，例如选择"空白"样式，在页面顶部显示了插入的页眉，并呈现可编辑状态，此时可以输入页眉内容，还可以对输入的内容进行字体、字号、对齐方式等格式设置。

在"页眉和页脚工具-设计"选项卡下单击"导航"组中的"转至页脚"按钮，如图 4.65 所示，即可跳转到页脚区域，在该区域输入和设置页脚内容。页眉和页脚设置完成后，双击页眉或页脚区域外的其他位置或单击图 4.65 中"关闭"组中的"关闭页眉和页脚"按钮，即可退出页眉或页脚的编辑状态。

图 4.65 "页眉和页脚工具-设计"功能区

（2）在页眉或页脚中插入章节号或标题

要在页眉或页脚中插入章节或标题，必须事先在文档的章节号和标题中使用内置标题样式

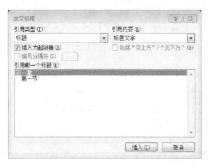

图 4.66 "交叉引用"对话框

（从标题 1 至标题 9），首先进入页眉或页脚的编辑状态，再单击"引用"选项卡下"题注"组中的"交叉引用"按钮，打开"交叉引用"对话框，如图 4.66 所示。在"引用类型"框中选择"标题"项，在"引用内容框"选择"标题文字"，在"引用哪一个标题"框中，单击包含所需标题和章节号的标题，最后单击"插入"按钮。

如果以后修改了文档中的章节号或标题，Word 将在打印文档时自动更新页眉或页脚。此外，也可在任意时候更新页眉或页脚，这时只需选中该页眉或页脚然后按 F9 键。

（3）设置首页不同的页眉或页脚

设置首页不同的页眉或页脚常用于长文档中，当首页为封面页时，就可以为其设置不同的页眉或页脚。

双击文档中页眉或页脚区域，切换到"页眉和页脚工具-设计"选项卡，在"选项"组将"首页不同"复选框选中，如图 4.65 所示，然后就可以为首页设置不同的页眉和页脚了。

（4）删除页眉或页脚

如果不再需要已设置好的页眉或页脚，可以将其删除。在"插入"选项卡下的"页眉和页脚"组中单击"页眉"或"页脚"按钮，在展开的下拉列表中单击"删除页眉"或"删除页脚"选项即可。

（5）编辑页眉或页脚

若要编辑页眉或页脚，必须显示所需的页眉或页脚。单击图 4.65"导航"组中的"转至页眉"和"转至页脚"按钮，可以在页眉和页脚之间转换；要移至上一个或下一个页眉或页脚，单击"导航"组中的"上一节"或"下一节"按钮。在修改页眉或页脚时，Word 自动对整个文档中相同的页眉或页脚进行修改。要修改文档中某部分的页眉或页脚，可将文档分成节并断开各节间的连接。

在页面视图中，只需双击变暗的页眉、页脚区域或变暗的文档文本，就可迅速地在页眉、页脚与文档文本之间切换。

3．文档分页

（1）自动分页与人工分页

Word 提供了自动分页和人工分页两种分页方法。

自动分页是建立文档时，Word 根据字体大小、页面设置等，自动为文档作分页处理。Word 自动设置的分页符在文档中不固定位置，它是可变化的，这种灵活的分页特性使得用户无论对文档进行过多少次变动，Word 都会随文档内容的增减而自动变更页数和页码。

人工分页是根据用户需要人工插入分页标记。操作方法是：将插入点移到需分页的位置，单击"插入"选项卡下"页"组中的"分页"按钮。

在页面视图、打印预览和打印的文档中，分页符后面的文字将出现在新的一页上。在草稿视图中，自动分页符显示为一条贯穿页面的虚线；人工分页符显示为标有"分页符"字样的虚线。

（2）分页控制

为了控制孤行（单独打印在一页顶部的某段落的最后一行，或者是单独打印在某一页底部的某段落的第一行），Word 提供了分页控制的功能。单击"开始"选项卡下"段落"组右下角功能扩展按钮，在打开的"段落"对话框中再单击"换行和分页"选项卡，可以选择"孤行控制"、"段前分页"、"与下段同页"、"段中不分页"（段落同页）等对分页加以控制。

4．设置页码

页码是指文档中每页中用于表明页面顺序的号码或数字，用户可以在页面顶端、页面底端和页边距中插入页码，也可以在光标所在位置插入页码。

如果为整个文档插入页码，可以单击"插入"选项卡下"页眉和页脚"组中的"页码"按钮，在展开的下拉列表中选择插入页码的位置，然后在其右侧展开的库中选择页码样式。

5．创建水印

水印是出现在文档文本后面的文本或图片，水印具有可视性，但又不会影响文档的显示效果。例如常见的为一些文件添加"保密"、"严禁复制"等文字水印，方便用户了解文档的重要性，也可以将公司商标作为水印印在每页的背景中。

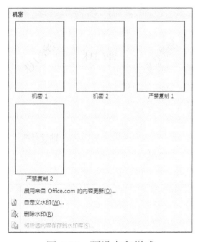

图 4.67　预设水印样式

创建水印的操作步骤如下。

① 单击"页面布局"选项卡下"页面背景"组中的"水印"按钮，即可看到预设的水印样式和"自定义水印"选项，如图 4.67 所示。

Word 2010 提供的水印样式均为文字水印，分别位于"机密"、"紧急"和"免责申明"3 个库中，用户可根据文档的性质选择相应的水印样式。

② 当预设的水印样式不能满足用户的要求时，可以单击图 4.67 中"自定义水印"选项，打印"自定义水印"对话框，如图 4.68 所示。若要将一幅图片插入为水印，可单击"图片水印"，再单击"选择图片"按钮，选择所需图片后，再单击"插入"即可。若要插入文字水印，可单击"文字水印"，然后选择或输入所需文本，再设置字体、字号等所需的选项，最后单击"应用"按钮。

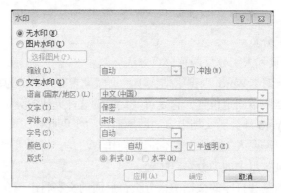

图 4.68 "水印"对话框

若要删除水印，可在图 4.67 中选择"删除水印"选项即可。

4.2.6 文档的自动化处理

在编辑毕业论文这类带有大量图片和表格的长文档时，常常会对版面有一些特别的要求，用户可以使用 Word 2010 中的一些功能来提高编辑效率，例如为图片或表格插入题注、创建交叉引用及自动生成目录。

1. 题注和交叉引用

（1）插入题注

题注是一种可添加到图片、表格、公式或其他对象中的编号标签，它由标签和编号两部分组成。插入题注时，用户既可以插入含有预设标签的题注，也可以插入含有自定义标签的题注。

选中要添加题注的对象，在"引用"选项卡下"题注"组中单击"插入题注"按钮，弹出"题注"对话框，如图 4.69 所示，在这个对话框根据自己的需要进行设置即可。

（2）创建交叉引用

交叉引用是指在文档中指定的位置引用其他位置的标题、图片和表格等内容。先将插入点定位于需要引用文档其他内容的位置，再单击"引用"选项卡下"题注"组中的"交叉引用"按钮，打开"交叉引用"对话框，如图 4.70 所示，按提示进行设置即可。

图 4.69 "题注"对话框

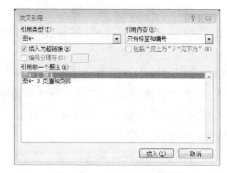

图 4.70 "交叉引用"对话框

2. 脚注与尾注

文档中脚注和尾注用于对文本提供解释、批注相关的参考资料等。脚注位于标注内容所在页的底部，主要用于对标注内容进行注释；尾注位于文档或章节的结尾处，常用于对引用文献进行说明，插入脚注和尾注后两者之间还可以进行互换。

（1）插入脚注

插入脚注时，Word 会自动为脚注编号，默认编号为"1，2，3…"，用户只要输入脚注内容即可完成在文档中插入脚注。方法是先将插入点置于要插入脚注的位置，单击"引用"选项卡下"脚注"组中的"插入脚注"按钮，插入点立即跳到该页底部，并显示出分隔符和默认的脚注编号，在编号右侧输入脚注内容，输入后将鼠标指针移到添加脚注的地方，即可在其附近显示插入的脚注内容。

（2）插入尾注

尾注能够对文档中指定的文本提供参考文献，默认编号为"i，ii，iii…"，插入尾注的方法与插入脚注的方法类似。方法是先将插入点置于要插入尾注的位置，单击"引用"选项卡下"脚注"组中的"插入尾注"按钮，插入点立即跳到文档结尾处，并显示出分隔符和默认的尾注编号，在编号右侧输入尾注内容，输入后将鼠标指针移到添加尾注的地方，即可在其附近显示插入的尾注内容。

如用户对脚注和尾注默认的编号不满意，可以单击"脚注"组右下角的功能扩展按钮 ，打开"脚注和尾注"对话框，如图 4.71 所示，对编号格式重新设置。

（3）脚注与尾注的转换

如果需要将脚注和尾注互换，可以单击图 4.71 中的"转换"按钮，打开"转换注释"对话框，可以看见实现脚注与尾注互换的 3 个选项，如图 4.72 所示，根据需要进行选择即可。

图 4.71 "脚注和尾注"对话框

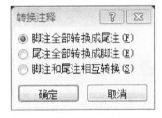

图 4.72 "转换注释"对话框

（4）删除脚注与尾注

如果不需要某个脚注或尾注时，可以将其删除，删除脚注或尾注时只要删除其对应的引用标记即可，该标记对应的脚注或尾注内容也一起被删除了。当文档中有多个脚注或尾注时，删除其中的一个或多个后，Word 会自动对剩下的脚注和尾注重新编号。

3. 自动生成目录

目录列出文档中各级标题及每个标题所在的页码，要自动生成目录，首先需在文档中设置各标题的级别，然后利用"插入目录"功能自动生成含有各级标题及页码的目录。

（1）设置大纲级别

设置大纲级别指在大纲视图中设置标题级别，是生成目录的必要条件，Word 可以使用大纲视图中的大纲工具处理文档的层次结构。

单击"视图"选项卡下"文档视图"组中的"大纲视图"按钮，转换到大纲视图下。选中要设置大纲级别的文本，在"大纲工具"组中单击"大纲级别"右侧的下拉按钮，在展开的下拉列表中为选中的文本设置大纲级别,使用同样的方法为其他文本设置大纲级别,设置完毕后单击"关闭"组中的"关闭大纲视图"按钮即可。

（2）插入目录

把插入点定位在要插入目录的地方,单击"引用"选项卡下"目录"组中的"目录"按钮,在展开的列表中可以选择内置目录,也可以"插入目录"选项,打开图 4.73 所示的"目录"对话框,在该对话框中可以对要插入的目录做进一步的个性化设置。

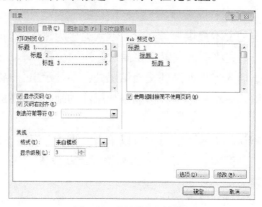

图 4.73 "目录"对话框

当文档的标题或标题所在页的页码发生变化时,用户就需要更新目录,保持目录中的标题及页码的正确性。单击"引用"选项卡下"目录"组中的"更新目录"按钮,打开"更新目录"对话框,选择"只更新页码"或"更新整个目录",最后单击"确定"按钮完成目录的更新操作。

4.3 Excel 2010

4.3.1 Excel 2010 工作窗口

1. 窗口界面

启动 Excel 2010 后进入图 4.74 所示的窗口,它主要由标题栏、选项卡功能组、工具栏、编辑栏、工作表编辑区和状态栏等组成。这里先介绍几个 Excel 专用元素的名称及功能,其他元素在以后的内容详细介绍。

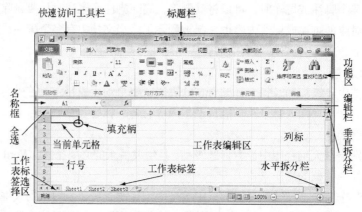

图 4.74 Excel 2010 窗口组成

（1）标题栏

窗口标题栏中显示出当前使用程序的名称与当前打开的文件名称。标题栏中默认的标题为"工作簿 1-Microsoft Excel"，其中"工作簿 1"是默认的空白工作簿的名称，如果建立第二个工作簿，则默认的文件名为工作簿 2，依此类推。

同时，标题栏中还提供了"控制菜单"图标（最左端）、"最小化"按钮、"最大化"（或还原）按钮、"关闭"按钮，可对窗口完成基本操作和控制。

（2）文件菜单

文件菜单以工作簿为操作对象，进行文件的"打开"、"保存"和"新建"等操作。

（3）名称框

名称框显示当前正在操作的单元格（即活动单元格或当前单元格）的名称，还可以在其下拉列表中选择已定义的单元格区域名称或公式名。当进行公式编辑时，"名称"框切换为"函数名"列表框供用户选择函数。名称框可调整大小。

（4）编辑栏

编辑栏对应的是活动单元格，给活动单元格以更大的编辑空间，用于输入与编辑单元格的内容、公式或函数。编辑栏显示当前单元格的内容或公式，在一个单元格输入内容时，可以在编辑栏中看到输入情况，单击其中内容或按功能键 F2 就转为编辑状态。如果输入公式时，一般情况下编辑栏显示公式，活动单元格显示公式的计算结果。

当在活动单元格进行数据输入或编辑时，编辑栏左边出现 3 个按钮，分别是："取消" ✕ 按钮（或按 Esc 键）表示对活动单元格的输入或编辑无效；"输入" ✓ 按钮（或按 Enter 键）表示确认对活动单元格数据的输入或编辑；"插入函数" f_x 按钮，可打开"插入函数"对话框进行公式编辑，此时"名称"框也切换成"函数名"列表框。

（5）列标与行号

列标通常用英文字母依次由左至右排列。即从"A"开始到"XFD"，共 16 384 列，如果单击某一列标头如"B"，则可选中此列中的全部单元格。

行号通常用阿拉伯数字自上向下排列，从 1 至 1 048 576 行。如果单击某一行行号如"3"，则可以选中此行中的全部单元格。

单击第一行行标上方（第一列列标左方）的"全选"按钮则可选中整页。

（6）单元格

在电子表格中，"单元格"只有一个用途，就是存储数据，而且一个单元格中只能保存一个数据，包括数字、文字或表达式。

（7）工作表编辑区

工作表编辑区位于编辑栏下方，是表格的主工作区，由 16 384 列、1 048 576 行组成。每一行列交叉即可组成一个单元格，每个单元格间以灰色横、纵网格分隔，可通过单击"视图"选项卡下"显示"组中的"网格线"复选框，取消显示网格线。此网格的网格线通常是不能打印的，若要打印网格线一般通过"页面布局"选项卡下"页面设置"组中的"页面设置"对话框中选择打印网格线。

（8）工作表标签

工作表标签位于编辑区的底部，标签的名称即工作表的名称，可通过单击工作表标签实现不同工作表之间的切换。如果工作簿中包含的工作表比较多时，可以通过工作表标签左侧的 4 个按钮来前后显示相应的工作表标签。

2. 基本概念

（1）单元格

单元格是指组成 Excel 2010 窗口的一个个格子，单元格中可存放文字、数字和公式等信息，每个单元格最多能保存 32 767 个字符，是工作表最小的不可再分的基本存储单位。单元格的引用一般通过指定其坐标来实现，也称单元格地址。通过"列标+行号"来指定单元格的相对坐标（列标在前用字母标识，行号在后用数字标识），例如，C2，F5 等。指定单元格的绝对坐标只需在行、列号前加上符号"$"，例如$C2，$F$5。（加"$"符号的快捷方法是选定单元格后，按功能键 F4，再按一次即可删除"$"符号）。

可以通过单击"文件"菜单下的"选项"菜单项，在打开的"Excel 选项"对话框中选择"公式"，再选中"R1C1 引用样式"复选框，如图 4.75 所示。其中 R 表示行，C 表示列，如单元格 C2 对应为 R2C3。

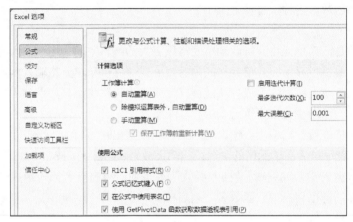

图 4.75　R1C1 引用

另外也可先对单元格命名，通过名字引用该单元格。给单元格命名的步骤如下。

① 在 Excel 表格中选定一个单元格或单元格区域。

② 单击"公式"选项卡下"定义的名称"组中的"定义名称"按钮。

③ 打开如图 4.76 所示的对话框，在其中的"名称"文本框中输入名称，在"引用位置"文本框中输入名称所对应单元格的绝对坐标，单击"确定"按钮即可。

图 4.76　"新建名称"对话框

（2）活动单元格

活动单元格是指目前正在操作的单元格，单击单元格即可置单元格为活动单元格。此时可以对单元格进行输入新内容、修改或删除旧内容等操作。活动单元格一个突出特点就是有一个粗的边框，并且其列号和行号深色显示。但如果被包围的是一个活动区域，活动单元格呈反相显示。

单元格的选定方法如下。

① 选定单个单元格。单击某单元格，该单元格即被选定。

② 选定整行、整列。单击行标头或列标头可选定单行或单列，按下鼠标左键拖动，可选定多行或多列。

③ 选定区域。选择连续的单元格可以用鼠标单击第一个单元格，然后拖动鼠标至结束单元

格即可（或按下 Shift 键，再单击结束单元格）。不连续的单元格的选取可通过先选定第一个区域后，按下 Ctrl 键，再选定另一区域。

（3）填充柄

对于选定的单元格或矩形区域，在其粗的边框右下角有一个实心方块，称为填充柄。拖动填充框可以向所经过的单元格进行重复数据或有规律数据的填充。

（4）工作簿

Excel 中用于存储、计算表格内容的文件称为工作簿，其扩展名为".XLSX"。一个工作簿中可包含最多 255 个工作表，一张工作表相当于工作簿中的一页。

（5）工作表

工作簿中的每一张表称为工作表。工作表的名称显示于工作簿窗口底部的工作表标签上，第一张工作表默认的标签为 Sheet1，第二张为 Sheet2，依此类推（名称可改变）。Excel 窗口编辑区当前显示的工作表称为活动工作表或当前工作表，要切换工作表，只需单击工作表标签即可。

（6）表格区域

表格区域是指工作表中的若干矩形块。可以对选定的区域进行各种各样的编辑，如复制、移动、删除等。引用一个区域可以用它的左上角单元格坐标和右下角单元格坐标来表示，中间用冒号作分隔符。如 B2：F5。与单元格相同，也可以对区域命名后通过名字引用。

（7）数据类型

数据类型是一个十分重要的概念，因为只有相同类型的数据才能在一起运算。Excel 中将数据类型分为数值型、字符型（文字型）、日期时间型、逻辑型。

（8）函数和公式

函数在 Excel 中可理解成已定义好的可进行某种运算的公式。如 SUM（3，A2，4）将返回"3+A2+4"的累加和。公式是指通过运算符连接数值、单元格引用、名字、函数构成的式子。运算符有算术运算符、字符串运算符、关系运算符、引用运算符等，见表 4.3。

表 4.3　　　　　　　　　　　　　　Excel 常用运算符

类　别	运算符	示　例
算术运算符	+、 -、 *、 /、 ^、 %	=3*5/（-2+20%）
文本运算符	&	="姓名"&"张三"
关系运算符	>、 <、 >=、 <=、 <>、 =	=3>5
引用运算符	:、 ，、 空格	=SUM（A2：B4）

3. Excel 2010 新增功能

（1）迷你图

迷你图是 Excel 2010 中的新功能，用户使用它可以在一个单元格中创建小型图表来快速发现数据变化趋势，这是一种突出显示重要数据趋势（如季节性升高或下降）的快速简便的方法。

进入 Excel 后先输入相关的数据，再选中要插入图的单元格，单击"插入"选项卡下"迷你图"组中的"折线图"按钮，打开"创建迷你图"对话框，进行相应的设置后单击"确定"按钮即可，"创建迷你图"对话框及迷你图效果如图 4.77 所示。

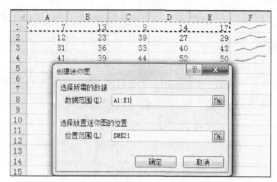

图 4.77　"创建迷你图"对话框及迷你图效果

（2）切片器

切片器是 Excel 2010 中的新增功能，它提供了一种可视性极强的筛选方法以筛选数据透视表中的数据。一旦插入切片器，用户即可使用多个按钮对数据进行快速分段和筛选，以仅显示所需数据。此外，对数据透视表应用多个筛选器之后，用户不再需要打开列表查看数据所应用的筛选器，这些筛选器会显示在屏幕上的切片器中。用户不仅可以设置切片器的格式，使其与工作簿的格式设置相符，并且还能在其他数据透视表、数据透视图和多维数据集函数中轻松地重复使用这些切片器。

（3）Excel Web 应用程序

Excel Web 应用程序是 Excel 的联机伙伴，使用户可以从任何位置随意访问、编辑和共享计算机、移动电话及 Web 浏览器上的 Excel 工作簿。由于该应用程序完全基于 Web，因此，无需下载或安装任何其他软件，它与众多设备兼容，其中包括支持 Web 的手机。

① 与实时数据交互：在浏览器中查看电子表格时，用户可以通过与数据交互来解释信息。例如，用户可以排序和筛选列或者展开数据透视表，以查看数据中的关系和趋势。

② 在浏览器中编辑工作簿：借助 Excel Web 应用程序，用户只需一个浏览器即可访问自己的工作簿。用户的工作组成员可以与用户相互协作，而不管他们安装有哪一版本的 Excel。单击 SharePoint 网站或 Windows Live SkyDrive 中存储的 Excel 工作簿时，此工作簿将直接在浏览器中打开。浏览器中的工作簿看起来与 Excel 中的工作簿相同。用户可以运用类似的 Excel 感观，在浏览器中编辑的工作表。在浏览器中编辑时，可以更改数据、输入或编辑公式并在电子表格中应用基本格式设置。

4.3.2　Excel 2010 的基本操作

1. 工作表的操作

在 Excel 中打开一个已经存在的工作簿时（具体打开方法在前面已有介绍），Excel 同时自动打开这个工作簿中所有的工作表进行管理，可添加或删除工作表，还可隐藏或取消隐藏工作表。如图 4.78 所示的为一个工作簿中同时打开 3 个工作表 Sheet1、Sheet2、Sheet3，当前显示的是第一个工作表的内容。这里所说的工作表操作就是指对于工作表本身的操作，包括对于工作表的改名、插入新工作表等。

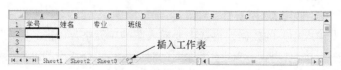

图 4.78　同时打开多个工作表

（1）工作表的改名

右键单击工作表标签上的工作表名称，将弹出与工作表操作有关的快捷菜单，如图 4.79 所示。

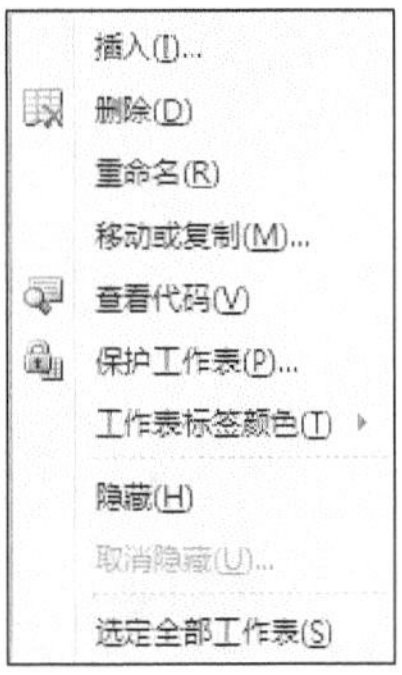

左键单击其中的"重命名"命令，原来的工作表名称将变成反白显示（黑底白字）。这时可直接输入新的工作表名称，如"工资表"，按 Enter 键后，改名结束。

也可以直接左键双击一个工作表的名称，使名称反白显示，进行工作表的改名。

图 4.79　工作表快捷菜单

（2）插入新工作表

单击图 4.78 工作表标签右侧的"插入工作表"按钮，就可以插入一张新工作表。还可以单击"开始"选项卡下"单元格"组中的"插入"按钮，再选择"插入工作表"即可。

单击工作表快捷菜单上的"插入"命令，也可以插入一张新工作表。

用户也可以一次插入几张工作表，插入时首先要选择几张工作表：先单击一张工作表标签，按住"Shift"键，再单击最后一张工作表的名称，如图 4.80（a）中选择了 3 张工作表（最大的编号是"Sheet4"）。具体操作是先单击"Sheet4"，按住 Shift 键，再单击"Sheet2"，然后打开工作表快捷菜单进行插入操作后，就会插入 3 张工作表：Sheet5～Sheet7，如图 4.80（b）所示。

\Sheet4 /Sheet1 /Sheet2 /Sheet3 /　　\Sheet5 /Sheet6 /Sheet7 /Sheet4 /Sheet1

（a）　　　　　　　　　　　（b）

图 4.80　一次插入多个工作表

（3）选择工作表

单击一个工作表标签就可以选择这张工作表进行操作。前面介绍了如何选定多张连续的工作表。也可以选定不连续的工作表：先单击一个工作表标签，按住 Ctrl 键，再单击需要选择的其他工作表标签。多个选中的工作表组成一个工作表组，在标题栏中出现"[工作组]"，如图 4.81 所示，Sheet1 和 Sheet10 组成一个工作组，在组成工作组的任一工作表的任意单元格输入数据或设置格式，在工作组的其他工作表的对应单元格也会出现相同的数据和格式，这样可以提高输入效率。

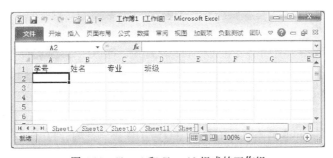

图 4.81　Sheet1 和 Sheet10 组成的工作组

如果当工作表比较多时，此时不是所有的工作表标签都能同时显示，这时就需要使用工作表标签滚动按钮。4 个按钮的功能如图 4.82 所示，单击一次"向右"按钮，就多显示一张右边的工作表；单击"最右边"按钮，使最右边的工作表显示出来。向左按钮的功能与此类似，只是将显示左边的工作表。

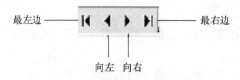

图 4.82　工作表标签滚动按钮

（4）复制或移动工作表

复制或移动工作表可以在工作簿内部和工作簿之间进行。复制和移动工作表有两种方法。

① 鼠标操作。在一个工作簿内部移动工作表直接用鼠标将工作表标签拖曳到指定位置松开鼠标即可；若要复制工作表则在拖曳的同时按住 Ctrl 键。在不同工作簿之间复制或移动工作表时，将源工作簿窗口和目标工作簿窗口同时显示在屏幕上，再利用鼠标拖曳的方法将工作表标签从一个窗口拖到另一个窗口。

② 利用对话框操作。先选定要复制或移动的工作表，单击"开始"选项卡下"单元格"组中的"格式"按钮，在展开的下拉列表中选择"移动或复制工作表"选项，打开图 4.83 所示的对话框。

如果要将选定的工作表移动或复制到其他工作簿，则应该先在"工作簿"列表框中选择工作簿。然后在"下列选定工作表之前"进行选择，以确定在工作簿中移动或复制到哪张工作表之前。如果是复制操作，应先选定"建立副本"选择框。复制后的工作表使用同样的工作表名称，只是在同一工作簿中要加上"（2）"以示区别。

图 4.83　"移动或复制工作表"对话框

（5）删除工作表

先选中要删除的一张或多张工作表，单击"开始"选项卡下"单元格"组中的"删除"按钮，在展开的下拉列表中选择"删除工作表"选项。如果要删除的工作表中有数据，系统会弹出对话框，提示用户进行确认，否则直接删除工作表。

　工作表被删除后不可恢复。

（6）隐藏或显示工作表

在操作工作表过程中，有时需要将工作表隐藏起来。隐藏工作表的方法：先选定要隐藏的工作表，单击"开始"选项卡下"单元格"组中的"格式"按钮，在展开的下拉列表中单击"隐藏和取消隐藏"下"隐藏工作表"选项即可。如果要将隐藏的工作表显示出来，单击"开始"选项卡下"单元格"组中的"格式"按钮，在展开的下拉列表中单击"隐藏和取消隐藏"下"取消隐藏工作表"选项，打开"取消隐藏"对话框，选择要显示的工作表并单击"确定"按钮即可。

图 4.84　"插入"对话框

（7）在工作表中插入行或列

可以在工作表中容易地插入单元格、行或列。在要插入行或列的位置右击单元格，在快捷菜单中左键单击"插入"命令，弹出"插入"对话框，如图 4.84 所示。

根据需要在对话框中进行选择，就可以插入单元格、行或列。

插入的新行总是在选定行的上边，插入的新列总是在选定列的左边。

插入行、列的操作也可以通过"开始"选项卡下"单元格"组中的"插入"按钮实现。如果要一次插入几行，或者几列，则在进行插入以前先要选若干行，或者若干列。

在需要插入的新列右边选定若干列，或者水平方向选定若干单元格，再单击"插入"按钮下的"插入工作表列"命令，就可以插入多列。在需要插入的新行下边选定若干行，或者垂直方向选定若干单元格，再单击"插入"按钮下的"插入工作表行"命令，就可以插入多行。

工作表不需要单独保存，它随着工作簿的保存而保存，随着工作簿的打开而打开。

2. 数据输入

（1）单个数据的输入

工作簿由工作表组成，而一张工作表由若干单元格组成，工作表的建立一般是从单元格数据的输入开始的，Excel 允许从工作表的任何位置（任一单元格）开始输入。如同我们见到的一般表格一样，工作表一般由列标题、行标题和具体数据组成。为简单起见，一般本着先创建表格的"表头"、后输入内容的原则。方法是先单击欲输入数据的单元格，使它进入编辑状态（活动单元格），然后键入数据。

单击单元格后，将鼠标移至编辑栏，按鼠标左键定位插入点光标，并在编辑栏中键入数据，也可以实现单元格数据的输入。

在输入过程中，按 Tab 键可使光标进入下一列，按 Enter 键可使光标定位到下一行，按 "Esc"键或单击编辑栏左侧的"取消"按钮 × 取消当前的输入。

如果要在多个单元格里输入相同的数据，可以先选定单元格区域，然后在编辑栏里输入数据，最后按 Ctrl+Enter 组合键即可。

Excel 单元格可以接收的数据类型包括文本型、数值型、日期时间型、逻辑型和错误型等，正确掌握数据输入方法是建立工作表处理数据的基础。

① 文本输入。文本数据包括英文字母、汉字、数字、空格及其他键盘能输入的符号，文本数据默认的对齐方式是左对齐。有些数据如手机号码、身份证号等由数字组成的文本，输入时先输入单引号"'"，再输入数字符号，如输入'232001。另外当输入的文本超过单元格的宽度时，如果右侧单元格有数据，超出部分自动隐藏；如果右侧单元格没有数据，超出部分暂时扩展到右侧单元格显示。

② 数值输入。数值数据包括数字 0～9，表示正、负号的"+"、"－"或括号、小数点"."、表示千分位的逗号","、货币符号和百分号等，数值数据默认的对齐方式是右对齐。如果输入数字后，单元格中显示的是"######"，表示当前的单元格宽度不够，拖动列标头中该列的右边界到所需位置即可。若输入的数字位数超过 11 位时，系统自动以科学计数法表示，如输入123456789012，在单元格中显示为1.23457E+11，其中E表示基数为10，11是指数，即相当于 1.23457×10^{11}，所以在编辑栏输入的数据与单元格中显示的数据不一定相同。

③ 日期时间输入。日期和时间的输入可以用斜杠或减号分隔日期的年、月、日部分，例如，2013-04-01；用"："分隔时间的时、分、秒部分，如 9：30，日期时间数据默认的对齐方式是右对齐。

如果按 12 小时制输入时间，请在时间数字后空一格，并键入字母 a（上午）或 p（下午），否则 Excel 将按 AM（上午）处理。如果要输入当前系统时间，使用 Ctrl+Shift+冒号键；如果输入系统日期，使用 Ctrl+分号键。

 如果在单元格中输入"3/4"，确认后会显示 3 月 4 日，即看作日期时间型数据。如果想在单元格中输入分数"3/4"，可用如下方法：先输入 0，再输入一个空格，最后输入 3/4，用如此方法输入的是数值型数据。

④ 逻辑数据输入。当在编辑栏中输入逻辑表达式或比较表达式时，计算结果显示在单元格中。当表达式成立时，显示 TRUE（真），否则显示 FALSE（假）。逻辑数据默认的对齐方式是居中对齐。

⑤ 错误值。如果单元格宽度不错或公式无法正确计算结果，单元格中将会显示错误值，如 ####、#DIV/0、#N/A、#NAME?、#VALUE!等，这些错误值的含义在后面的内容中介绍。

（2）数据输入技巧

① 拖动填充柄填充。

在输入数据时，经常会遇到一些有规律性的数据，如相同的数值、等差(等比)数列、日期和星期等，如按常规方法输入，效率低、速度慢、易出错。Excel 为方便用户，提供了自动填充的功能，帮助用户避免重复的操作，提高了输入的效率。自动填充是根据初始值决定以后的填充项，选中初始值所在的单元格，将鼠标指针移到该单元格右下角的填充柄，指针变成十字形，按下鼠标左键拖曳至需填充的最后一个单元格，即可完成自动填充，如图 4.85 所示。

自动填充分以下几种情况。

• 初始值为纯字符或纯数字，填充相当于数据复制，如图 4.85 中的第 1、2 行。

• 初始值为文字数字混合体，填充时文字不变，最右边的数字递增或递减，如图 4.85 中第 3 行。

• 初始值为 Excel 预设或用户自定义的自动填充序列中的一员，按预设序列填充，如图 4.85 中第 4 行和第 5 行。

• 若选中初始的连续单元格内容为等差序列，自动填充其余等差值，如图 4.85 中第 6 行。如果只是复制序列，可在按住 Ctrl 键的同时拖动填充柄。

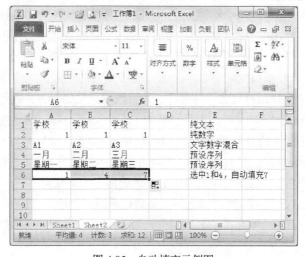

图 4.85　自动填充示例图

② 使用"序列"对话框填充。

在单元格输入初始值，单击"开始"选项卡下"编辑"组中的"填充"按钮，在展开的下拉列表中选择"系列"，打开"序列"对话框，如图 4.86 所示，设置完成后单击"确定"按钮。

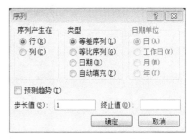

图 4.86　"序列"对话框

其中：

"序列产生在"指示按行或列方向填充。

"类型"选择序列类型，如果选日期，还得选"日期单位"。

"步长值"可输入等差、等比序列递增、相乘的数值，"终止值"可输入一个序列终值不能超过的数值。若在填充前已选择了所有需填充的单元格，终止值也可不输入。

注意

如果在产生序列前没有选定序列产生的区域，必须输入终止值。

③ 自定义序列。

对于一些常用的序列，用户可将其事先定义好，以后要输入这些序列时，只需要将序列中的任一项输入到单元格，然后选定此单元格，并拖动填充柄，就可以将序列的剩余部分自动填充到表中。但在工作中经常会遇到一些序列，无法自动填充，此时用户可以自己定义序列，定义完成后可以像预设序列一样自动填充。自定义序列的步骤如下。

- 单击"文件"菜单中的"选项"命令，打开如图 4.87 所示的"Excel 选项"对话框，在该对话框中选择"高级"，再选择"编辑自定义列表"。
- 系统会打开如图 4.88 所示的"自定义序列"对话框，对话框左侧是 Excel 预设的序列。

图 4.87　"Excel 选项"对话框

- 在对话框的"输入序列"框中输入自定义序列数据项，每项单独占一行，输入完成后单击"添加"按钮，添加到"自定义序列"列表框中。也可以选择工作表中已输入的序列，将其导入到"自定义序列"列表框中。

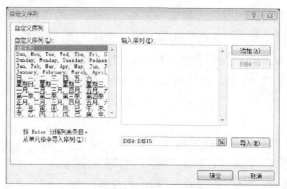

图 4.88 "自定义序列"对话框

④ 记忆式输入。

使用记忆式输入可以在同一列中快速输入重复的文本型数据。单击"文件"菜单中的"选项"命令，打开"Excel 选项"对话框，在该对话框中选择"高级"，再将其"编辑选项"下的"为单元格值启用记忆式键入"复选框选中。

- 自动重复法。上述选项设置好后，如果输入的字符与同列上一行字符相同时，则会自动填充剩余字符，用户按 Enter 键确认即可，如图 4.89 所示。
- 下拉列表选择法。在单元格输入起始字符后，按 Alt+↓ 键，在下拉列表中显示同列上面行已输入且含有该字符的所有项，用户从中选择相应项后自动填入单元格，如图 4.90 所示。

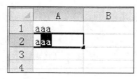

图 4.89 自动重复法

图 4.90 下拉列表选择法

（3）数据有效性检验

Excel 2010 提供了数据有效性检验的手段，以保证输入数据的正确性。如果出现了错误，将及时地显示告警信息，以便改正错误的数据输入。

要对输入的数据进行有效性检验，可按以下步骤进行设置。

① 首先选定需要进行输入数据有效性检验的单元格或单元格区域。

② 单击"数据"选项卡下"数据工具"组中的"数据有效性"按钮，在下拉列表中选择"数据有效性"选项，打开"数据有效性"对话框，如图 4.91 所示。

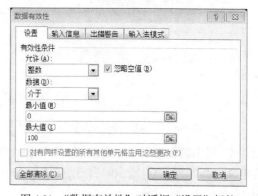

图 4.91 "数据有效性"对话框"设置"标签

③ 首先选择"设置"选项卡，进行数据有效性的设置。图 4.91 选项卡中的"允许"下拉列表框中默认显示的是"任何值"，其含义是不作任何数据有效性的设置。如果要取消已完成的数据有效性设置，也只要恢复到这个状态就可以了。打开"允许"下拉列表框，可供选择的数据类型有任何值、整数、小数、序列、日期、时间、文本长度和自定义等。在这些数据类型中，如果选择整数、小数、日期、时间和文本长度等，设置的方法基本相同，例如选择"整数"，在"数据"列表框中有"介于"、"大于"、"小于"等选项。然后可以在相应的文本框中输入数据范围。例如选择了"介于"，则需要输入"最大值"和"最小值"，也就是说，输入的数据必须介于这两个数字之间。如果选择"大于"、"小于"等选项，也可以作类似的数据设置。

④ 设置输入信息。单击"输入信息"选项卡，在"标题"和"输入信息"两个文本框中输入所需信息。当设置了数据有效性检验的单元格被选中后，在该单元格输入数据时，就会在单元格旁边显示输入信息，提醒用户输入数据的范围，如图 4.92 所示。

图 4.92　"输入信息"设置及其效果

⑤ 设置出错警告。单击"出错警告"选项卡，可以选择出错时所显示的图标，同时还要设置如果输入出现错误时，错误提示对话框的标题及错误原因提示信息，如图 4.93 所示。

图 4.93　"出错警告"设置

⑥ 单击对话框上的"确定"按钮，数据有效性检验的设置就完成了。

完成设置后，在已进行有效性设置的单元格中输入数据时，就会显示"输入信息"，如果输入数据不是在 0～100 之间，出错信息就会显示。例如，在单元格输入 110 后，就显示"输入错误"的信息，如图 4.94 所示。

图 4.94　数据有效性设置的效果

如果在图 4.91 的"允许"列表框中选择"序列"作为数据类型，则设置的方法有所不同。这里所说的"序列"可以是各种数据的序列，要输入的数据只能是所指定的序列中的一个。如工资序列（数字）："600、700、800、900"；节日序列（日期）："1 月 1 日、3 月 8 日、5 月 4 日、6 月 1 日"；课程序列（文本）："数学、语文、外语、体育"。假定现在要设置一个如上所说的工资序列，应按以下的步骤进行。

图 4.95　设置序列数据

① 如果序列比较长，首先在一张工作表准备好这个数字序列，例如在工作表的 C3：C6 中填入这个序列。

② 选定需要进行数据有效性检验的单元格区域。

③ 在图 4.91 的"允许"列表框中选择"序列"，对话框如图 4.95 所示。出现了一个"来源"文本框，应该在这个文本框中指定序列的来源。

④ 单击"来源"框右边的图标，对话框变成如图 4.96 的形式，此时，可以通过鼠标选择单元格区域 C3：C6，将在文本框中填入"=$C$3：$C$6"。通过绝对引用指定了序列的来源，结果也显示在图 4.96 中。

单击右边的图标回到图 4.95 所示对话框，"来源"框中已填入"= $C$3：$C$6"。如果序列较短，也可以在图 4.95 的"来源"框中直接输入："600，700，800，900"，注意要用","作为分隔符。

⑤ 根据需要设置"输入信息"。

⑥ 根据需要设置"出错警告"。

⑦ 单击对话框上的"确定"按钮，完成数据有效性检验的设置。

在这种情况下，"输入信息"和"出错警告"经常可以不填。

如果要在进行了"序列"有效性检验设置的单元格中输入数据，将会出现一个下拉箭头，单击这个箭头，会出现一个序列列表，如图 4.97 所示，可以从这个列表中直接选择数据输入。

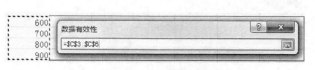

图 4.96　设置序列数据

图 4.97　输入序列数据

3. 使用公式和函数

在大型数据报表中，计算、统计工作是不可避免的，Excel 的强大功能正是体现在数据计算、管理、分析上，通过在单元格中输入公式和函数，可以对表中的数据进行总计、平均、汇总以及其他更为复杂的运算。从而避免用户手工计算的繁杂和易出错，引用数据修改后，公式的计算结果会自动更新，这更是手工计算无法比及的。

（1）使用公式

Excel 中的公式最常见的是数学运算公式，此外它也可以进行一些比较运算、文字连接运算。它的特征是以 "=" 开头，由常量、单元格引用、函数和运算符组成。

如图 4.98 所示，单击 "H4"，再输入 "=E4 + F4 + G4"，最后按 "回车" 键就会得到结果。

由此，可总结出输入公式的步骤。

① 选定要显示计算结果的单元格。

② 先输入 "="，然后输入公式，输入的公式会显示在单元格中，也会显示在编辑栏中。

③ 输入完毕后，按 "Enter" 键。

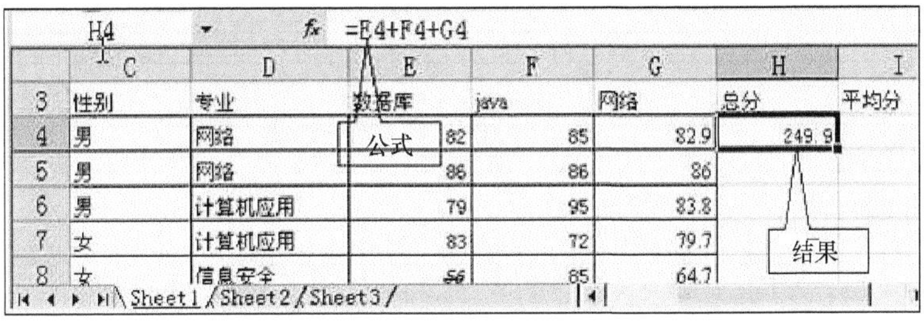

图 4.98　公式示例

默认情况下，输入公式后，在编辑栏中显示公式，单元格显示公式的计算结果。可通过单击 "文件" 菜单下 "选项" 命令，在打开的 "Excel 选项" 对话框中选择 "高级"，然后在 "此工作表的显示选项" 选项区中选中 "在单元格中显示公式而非其他计算结果" 复选框，则在单元格中将显示公式。

另外，也可以通过按 Ctrl+`键，使单元格的内容在公式和计算结果之间切换。

① 常量。常量是指具有确切的且不需要计算的值，具体可以是文字、数值和日期等。

② 单元格引用。单元格引用指单元格地址，在单元格中输入的内容就是它的值。也就是说如果公式中出现单元格引用，实际上就是该单元格的内容参与公式的运算。

③运算符。

- 算术运算符。算术运算符包括 –（取负）、+（加）、–（减）、*（乘）、/（除）、^（乘方）和%（百分比）。其中 –（取负）和%（百分比）为单目运算符，其余为双目运算符，即运算符两边均为数值型数据才能进行运算，运算结果仍为数值型数据。

- 关系运算符。比较运算符包括=（等于）、>（大于）、>=（大于等于）、<（小于）、<=（小于等于）和<>（不等于），为双目运算符，用于对两个同类型数据进行比较，比较结果为逻辑型，即 TRUE 或 FALSE。

- 文本运算符。文本运算符只有一个&（连接）运算符，为双目运算符，运算对象为两个文本型数据，将两个运算对象连接起来，结果仍为文本型数据。

- 引用运算符。引用运算符可以将单元格合并计算，包括 ":"（冒号，区域运算符）、","（逗号，联合运算符）和 " "（空格，交集运算符）3 个，运算符两边应为单元格名称或区域名才能合成新的引用区域，其作用及示例见表 4.4。

- 运算符的优先级。当一个公式中出现多个运算符时，运算符优先级高的先运算；如果优先级相同，从左到右运算（单目运算符除外）。如果要改变运算顺序，可用括号将先运算的部分括起来。运算符的优先级见表 4.5。

表 4.4 引用运算符

引用运算符	作　用	示　例
：（冒号）	产生对包括在两个引用之间的所有单元格的引用	A1：C3
，（逗号）	将多个引用合并为一个引用	A1，C3
（空格）	生成对两个引用中共有的单元格的引用	A1：C3　B2：D4

表 4.5 运算符的优先级

优先级	运算符	名　称
1	： ， （空格）	冒号 逗号 空格
2	–	取负
3	%	百分比
4	^	乘方
5	*和/	乘和除
6	+和–	加和减
7	&	连接
8	=、<、<=、>、>=、<>	关系运算符

（2）使用函数

函数是 Excel 预先定义好的公式，Excel 2010 提供了丰富的内置函数，包括常用函数、财务、统计、文本、逻辑、数据库、查找与引用、日期与时间、数学与三角函数等，为用户对数据进行运算和分析带来了极大方便。

函数的语法形式为：函数名称（参数 1，参数 2，…）

其中的参数可以是常量、单元格引用、区域、区域名或其他函数。

注意　函数名与括号之间没有空格，参数之间用逗号隔开，参数与逗号之间无空格。

函数输入有两种方法：粘贴函数、直接输入。下面以求图 4.98 工作表中的"平均分"为例说明如何粘贴函数。

① 选择要输入函数的单元格（如 I4）。

② 鼠标单击"编辑栏"中的"插入函数"按钮 f_x，或单击"公式"选项卡下"函数库"组的"插入函数"按钮，出现如图 4.99 所示"插入函数"对话框。

图 4.99　"插入函数"对话框

③ 在"类别"列表中选择函数类型（如"常用函数"），在"选择函数"列表框中选择函数名（如 Average），单击"确定"按钮，出现如图 4.100 所示"函数参数"对话框。

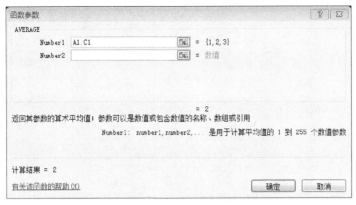

图 4.100　"函数参数"对话框

④ 在参数框中输入参数，一般系统会给出系统默认的参数。如果对单元格或区域无把握时，可单击参数右侧"折叠对话框" ⬚ 按钮，如图 4.100 所示，以暂时折叠起对话框，显露出工作表，用户可选择单元格区域（如 E4：G4），最后单击折叠后的输入框右侧 ⬚ 按钮，如图 4.101 所示，恢复参数输入对话框。

图 4.101　区域选择

⑤ 输入完参数后，单击"确定"按钮。在单元格中显示计算结果，编辑栏中显示公式。

用户也可以直接在单元格中输入函数。先选中要插入函数的单元格，若设置了"公式记忆式键入"功能，则当输入=和函数前几个字母后，Excel 会在单元格的下方显示一个动态下拉列表，该列表中包含与这几个字母想匹配的函数名称和参数提示，如图 4.102 所示。

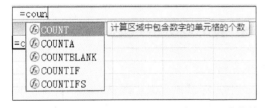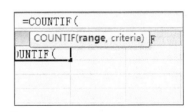

图 4.102　直接输入函数

在图 4.99"插入函数"对话框中，如果选中了某个函数，则该函数的格式与功能说明就显示在"选择函数"下拉框的下面，阅读其内容，可以学习和掌握该函数的格式、功能及参数。如果要进一步掌握函数的详细用法，可按 F1 键或单击帮助按钮，在"帮助"窗口中选择"函数参考"，例如，选择"统计函数"中 COUNTIF 函数，帮助系统将显示 COUNTIF 函数的格式、功能、详细的用法介绍及应用举例，如图 4.103 所示。

（3）函数嵌套

函数嵌套是将某一函数作为另一函数的参数使用，函数嵌套不得超过 64 层。如果要将嵌套函数作为函数参数时，该嵌套函数返回值的类型必须与参数值的类型一致，否则 Excel 会显示错误提示 "#VALUE!"。

图 4.103 "Excel 帮助"窗口

例如，=IF(G3="博士研究生","博士",IF(G3="硕士研究生","硕士",IF(G3="本科","学士","无")))，该函数嵌套是根据 G3 单元格的学历来确定学位，如果学历是"博士研究生"，则学位是"博士"；学历是"硕士研究生"，则学位是"硕士"；学历是"本科"，则学位是"学士"；其他学历无学位。

上例中，外层 IF 函数（判断条件 G3 与博士研究生比较）为第一层函数；内层 IF 函数（判断条件 G3 与硕士研究生比较）为第二层函数；最内层 IF 函数（判断条件 G3 与本科比较）为第三层函数。

（4）公式复制和单元格引用

公式的复制可避免大量重复输入公式的工作，如上例中已求出第一个同学的总分、平均分，则可用公式复制的方式求出其余同学的总分、平均分，而不需要重复输入公式。

① 公式的复制。公式的复制可使用传统的"复制"、"粘贴"的组合实现。也可用拖动填充柄的方式实现。具体步骤如下。

• 单击已输入公式的单元格。
• 将鼠标指针移到该单元格的填充柄上。
• 拖动填充柄至欲填充公式的最后一个单元格。

② 单元格引用。在复制公式时，若在公式中使用了单元格或区域，则在复制过程中应根据不同的情况使用不同的单元格引用。单元格引用有相对引用、绝对引用和混合引用等。

• 相对引用

Excel 中默认的单元格引用为相对引用。相对引用是当公式在复制或移动时会根据移动的位置自动调整公式中引用单元格的地址。例如，在图 4.98 中可单击"H4"单元格，用填充柄向下拖出其余同学的总分。其实这就是复制公式，单击"H5"单元格，在编辑栏会发现公式自动变为"=E5 + F5 + G5"。这样的引用为相对应用。

• 绝对引用

在行号和列号前加"$"符号（按功能键 F4 可添加"$"，再按一次可去掉"$"）则代表绝对引用。公式复制时，绝对引用单元格将不随公式位置变化而改变。如图 4.104 所示，其中求"合计"时用相对引用，而求"比例"时其分母则必须使用绝对引用"$D$9"。

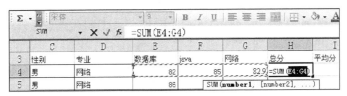

图 4.104　单元格的引用

- 混合引用

混合引用是指单元格的行号或列号前加上"$"符号，如 D$3，其中的"列"相对引用，而"行"绝对引用。当公式单元格因复制或插入而引起行列变化时，公式的相对地址部分会随之改变，而绝对地址仍不变化。

（5）不同工作表间数据引用

在公式中如果要引用同一工作簿其他工作表中的数据，应在单元格地址前加工作表名。

格式为：<工作表名!><列标><行号>

（6）不同工作簿数据引用

在公式中如果要引用其他工作簿中的数据，应在单元格地址前加相应工作簿名与工作表名。

格式为：<[工作簿名.xlsx]><工作表名!><列标><行号>

（7）自动求和

对经常进行的运算如求和、平均值等操作，系统提供了自动求和的功能。使用时可先选中数据列的下方单元格或数据行的右侧单元格，然后单击"开始"选项卡下"编辑"组中的"自动求和"Σ 按钮，在下拉菜单中选择计算的方式，系统会默认一个计算的范围，如图 4.105 所示，用户也可改变其范围，最后按回车键。

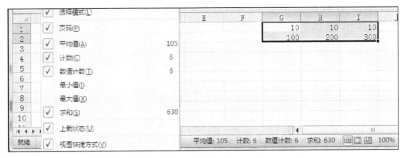

图 4.105　自动求和示例

（8）自动计算

Excel 的自动计算功能可以自动计算选定单元格的总和、平均值、计数、最大值、最小值等。操作方法是：在状态栏内右击，在弹出的快捷菜单中选择要执行的自动计算功能，然后选定要计算的区域，计算结果将在状态栏中显示出来，如图 4.106 所示。

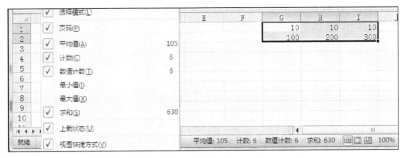

图 4.106　自动计算

注意

"自动计算"和"自动求和"功能的区别是，"自动计算"的结果不能保留，取消所选区域后计算结果自动消失；而"自动求和"的计算结果保存在所选的单元格中，不会自动消失。

（9）数组公式

数组就是单元格的集合或是一组数据的集合。可以用一个数组公式，即输入一个公式，执行多个输入操作并得到多个结果，每个结果显示在一个单元格中。数组公式可以看成有多重数值的公式，与单值公式不同之处在于它可以得到一个以上的结果。一个数组公式可以占用一个或多个单元格。

对数组公式的使用，最基本的就是怎样输入数组公式。下面以考试成绩为例，使用数组公式将每个考生的笔试成绩和面试成绩相加，计算出每个考生的总成绩。操作步骤如下。

① 选定要输入数组公式的单元格区域，本例中选择为"E2：E6"。

② 在单元格"E2"中输入公式"=C2:C6+D2:D6"后，此时不能按 Enter 键，而应按 Shift+Ctrl+Enter 组合键。用户可以看到从"E2"单元格到"E6"单元格中都会出现用"{}"括住的公式，即数组公式"{=C2:C6+D2:D6}"，如图 4.107 所示。这表示"E2"到"E6"单元格被作为整体来进行处理，所以不能对"E2"到"E6"中的任意一个单元格作单独处理，必须针对整个数组进行处理。

图 4.107　输入数据公式

从上面例子可以看出，数组公式是对两组或两组以上被称为数组参数的数值进行计算。每个数组参数必须有相同数量的行和列。除用 Ctrl+Shift+Enter 组合键生成数组公式外，创建数组公式的方式与创建其他公式的方式相同。

如果不想在单元格中输入每个常量值，可用数组常量来代替引用。数组常量可以包含数字、文本、逻辑值和错误值等，数组常量中的数字可以是整数、小数或科学计数型，文本型必须用双引号括起来；数组常量中不能包括公式、单元格引用、长度不等的行或列、括号及%（百分号）等。

输入数组常量的格式：用大括号"{}"将数组常量括起来，用逗号","将不同列值分开，用分号";"将不同行的值分开。例如，{10,20,30;TRUE,FALSE,TRUE;"星期一","星期二","星期三"}，即输入了一个 3 行 3 列的数组常量。

（10）Excel 错误值

用户在输入数据或公式计算时，可能会出现一些错误，此时，在单元格中会显示相应的错误值，表 4.6 列出了常用的错误值及其错误原因。

表 4.6　　　　　　　　　　　　　　　　错误值及错误原因

错误值	原　　因
#####	单元格中的数值、日期时间比单元格宽，或单元格日期时间公式结果为负值
#DIV/0!	表示有空白单元格或零值出现在除数中
#N/A	表示函数或公式中没有可用的数值
#NAME?	表示在公式中使用了 Excel 不能识别的文本

续表

错误值	原　因
#NULL!	表示为两个并不相交的区域指定交叉点
#NUM!	表示公式或函数中某个数字有问题
#REF!	表示单元格的引用内容无效
#VALUE!	表示使用错误的参数或运算对象类型，或者公式自动更正功能不能更正公式

【综合实例 1】

结合以上内容，完成以下操作。

（1）启动 Excel 后在第一张工作表中输入数据，建立如图 4.108 所示的表格，并以 E1.XLSX 保存在硬盘上。

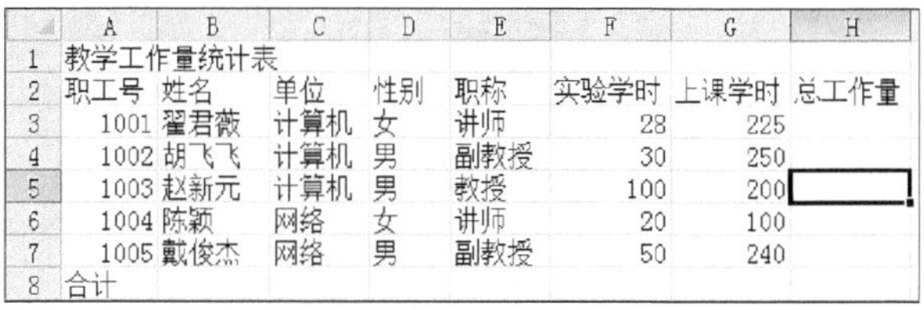

	A	B	C	D	E	F	G	H
1	教学工作量统计表							
2	职工号	姓名	单位	性别	职称	实验学时	上课学时	总工作量
3	1001	翟君薇	计算机	女	讲师	28	225	
4	1002	胡飞飞	计算机	男	副教授	30	250	
5	1003	赵新元	计算机	男	教授	100	200	
6	1004	陈颖	网络	女	讲师	20	100	
7	1005	戴俊杰	网络	男	副教授	50	240	
8	合计							

图 4.108　E1.XLSX 数据

（2）求每个职工的总工作量（总工作量=实验学时*0.80+上课学时）。

操作步骤如下。

① 单击“H3”单元格。

② 输入公式“=F3*0.80+G3”，按“回车”键。

③ 将鼠标移至 H3 的右下角，出现实心十字光标时，按鼠标左键拖至“H6”。

（3）求“实验学时”、“上课学时”、“总工作量”的合计。

操作步骤如下。

① 单击“F8”单元格。

② 单击“自动求和”按钮，按“回车”键。

③ 用拖动填充柄的方式求出“上课学时”、“总工作量”的合计。

4. 格式化工作表

（1）行高和列宽的设置

① 鼠标拖动方式。对于表格中行高、列宽的设置，与 Word 中表格的操作基本相同。可以将鼠标移动到行（列）标头之间，当光标指针变成上下或左右带有两箭头的十字时，拖动鼠标以改变行高、列宽。

② 按钮方式。单击“开始”选项卡下“单元格”组中的“格式”按钮，在下拉列表中选择“行高”、“列宽”选项，在“行高”或“列宽”对话框中进行精确设置。也可以在打开“格式”按钮下拉列表中选择“自动调整行高”或“自动调整列宽”选项，让 Excel 自动设置行高、列宽。

（2）表中数值的格式化

由于电子表格中的内容大部分是数字，所以 Excel 提供了丰富的数字的样式，例如，货币样式、百分比样式、千位分隔样式等。选定需要设置的区域，使用“开始”选项卡下“数字”组中的各种按钮；或者单击“开始”选项卡下“单元格”组中的“格式”按钮，在下拉列表中选择“设置单元格格式”选项，打开“设置单元格格式”对话框，单击“数字”标签，从中挑选样式。数字在没有进行任何设置时，系统使用的是"常规"格式，它没有指定数字格式。

（3）字型、字体的设置

关于表中字体、字型、大小、颜色的设置，也与 Word 没有大的区别。选定要设置的区域，使用"开始"选项卡下"字体"组中的字体、字号、添加下划线等按钮，设置字体效果。这些功能也可以在"设置单元格格式"对话框中的"字体"标签中进行设置。

（4）单元格内容的对齐

表格中数据的对齐方式的调整，可以使用"开始"选项卡下"对齐方式"组中的左对齐、居中、右对齐、增加缩进量、减少缩进量等按钮。也可以使用"设置单元格格式"中的"对齐"标签，如图 4.109 所示，在这里可以进行更丰富的设置。当然在进行各种设置的时候，还是需要首先选择操作的区域。

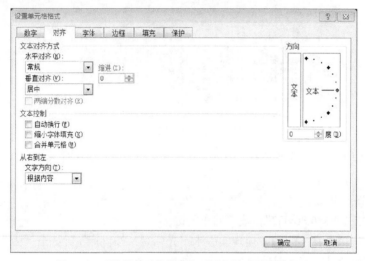

图 4.109 "设置单元格格式"对话框的"对齐"标签

（5）边框与底纹的设置

可以对某个单元格、某个区域或整个表格使用不同的边框、添加底纹和颜色，使表格更具有美感。可使用"设置单元格格式"对话框中的"边框"和"填充"选项卡进行设置。也可以使用"开始"选项卡下"字体"组中的按钮设置边框和底色。

（6）条件格式

使用"开始"选项卡下"样式"组的"套用表格格式"按钮可快速设置格式。还可以将表格中一些满足一定条件的数据进行统一格式设置，这项功能称为"条件格式"。条件格式可以突出显示所关注的单元格或单元格区域，强调异常值，使用数据条、色阶和图标集直观地显示数据。条件格式基于条件更改单元格格式，如果条件为真，则基于该条件设置单元格区域的格式；如果条件为假，则不基于该条件设置单元格区域的格式。

例如要将成绩表中成绩低于 60 分的单元格字体设置为"浅红填充色深红色文本"，操作步骤如下。

① 先选定成绩区域 C2：F6。

② 单击"开始"选项卡下"样式"组中的"条件格式"按钮，在下拉列表中选择"突出显示单元格规则"项下的"小于"选项，如图 4.110 所示。

③ 在打开的"小于"对话框中输入"60"，最后按"确定"按钮。

图 4.110　设置条件格式

如果要删除条件格式，单击"开始"选项卡下"样式"组中的"条件格式"按钮，在下拉列表中选择"清除规则"项，然后根据需要选择"清除所选单元格的规则"或"清除整个工作表的规则"。也可以在"条件格式"下拉列表中选择"管理规则"选项，打开如图 4.111 所示的"条件格式规则管理器"对话框，在此对话框中可以删除规则、编辑规则和新建规则。

图 4.111　"条件格式规则管理器"对话框

【综合实例 2】

（1）打开 E1.XLSX。

操作步骤（略）。

（2）将列标题设置为加粗 12 号字，其他数据设置为 9 号字。

操作步骤如下。

① 选中"A2：H2"。

② 单击"开始"选项卡下"单元格"组中的"格式"按钮，在下拉列表中选择"设置单元格格式"选项，打开"设置单元格格式"对话框，单击"字体"标签进行设置，如图 4.112 所示。

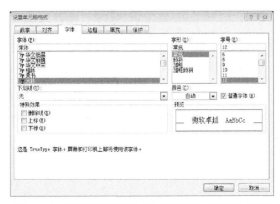

图 4.112　"设置单元格格式"对话框的"字体"标签

③ 选中"A3：H8"区域，重复②。

（3）设置表格外边框线为最粗的单线，内边框线为最细的单线，列标题的下边框为双线。

操作步骤如下。

① 选中整个表格区域。

② 在"设置单元格格式"对话框中，单击"边框"标签，对话框如图 4.113 所示。

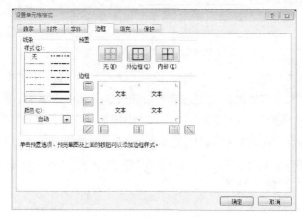

图 4.113 "设置单元格格式"对话框的"边框"标签

③ 在"线条"栏的"样式"框中选择最粗的单线，单击"预置"中的"外边框"。

④ 在"线条"栏的"样式"框中选择最细的单线，单击"预置"中的"内部"。

⑤ 选中"A2：H2"。

⑥ 在"线条"栏的"样式"框中选择双线，单击"边框"中的"下线"。

（4）选中 A1 单元格，将该单元格跨列居中于"A1：H1"。

操作步骤如下。

① 选择"A1：H1"。

② 单击"开始"选项卡下"对齐方式"组中的"合并后居中"按钮。

（5）合并"A8：E8"单元格。

操作步骤如下。

① 选中"A8：E8"区域。

② 单击"开始"选项卡下"对齐方式"组中的"合并后居中"按钮。

经过以上操作后工作表如图 4.114 所示。

图 4.114 设置后的效果

4.3.3 数据清单

Excel 作为电子表格处理软件，它的功能远远不在于只是制作一个简易的表格，而在于如何有效地对表中的数据进行管理。

　　所谓数据清单（数据表）是指以一定方式组织存储在一起的相关数据的集合，有一类计算机软件是专门用来对数据进行管理和操作的，称为数据库管理系统。Excel 不是一个专门的数据库管理系统，但如果工作表中的一个矩形区域内的数据符合数据库的要求，则 Excel 也能将它看作一个数据库，并提供相应的操作，如数据的浏览、添加、删除、检索、排序、汇总等。

　　通常，数据清单由若干个记录（表中的行）组成，每个记录都包含若干个字段（表中的列），且各个记录中的相应字段都有相同的数据类型和同一字段名。Excel 工作表中的一个矩形区域，如果满足下列条件：

　　（1）第一行必须为字段名；

　　（2）每行形成一个记录；

　　（3）数据区域不能有空行或空列；

　　（4）同一列数据类型相同。

　　该区域可看作数据清单。

1. 数据清单的建立

　　在 Excel 中建立一个数据清单非常简单，只要在某一行输入每个字段的字段名即可。此时的数据清单只有字段名，没有记录，称为空数据清单。有了空数据清单就可以逐条输入记录了。当然，如果原来的数据表中已经有了可以看作记录的若干行数据，也可以通过在顶行补上字段名形成。

2. 数据记录的操作

　　（1）记录的编辑、浏览、添加和删除

　　既然记录只是看作数据清单区域中的一行，其输入、编辑和增删就很简单，可以利用前面的对单元格的操作来完成记录的输入、浏览、添加、删除等。不过 Excel 还提供了其他数据库管理系统常见的把记录看作一个整体，一次只对一个记录进行输入、编辑和增删的操作。

　　首先单击"文件"菜单下"选项"菜单项，打开"Excel 选项"对话框，在该对话框中选择"快速访问工具栏"，在"从下列位置选择命令"框中选择"不在功能区中的命令"，随后找到"记录单"命令，单击"添加"按钮，将其添加到"自定义快速访问工具栏"，最后单击"确定"按钮，此时在快速访问工具栏中找到"记录单"按钮。

　　将光标放置在工作表的任意位置，单击"快速访问工具栏"中的"记录单"按钮后，在弹出的如图 4.115 所示的对话框中按"新建"按钮来完成。图中的"新建"按钮用于向数据清单中添加记录，新记录将被放置在数据清单的尾部。而删除记录的操作则是先选定需要删除的记录，然后使用该图中的"删除"按钮。在这里要注意的是，删除操作将永久删除记录。

　　在对记录进行操作的时候，一个字段输入结束后，可使用 Tab键进入下一个字段的输入；一条记录输入结束后，使用 Enter 键可进入下一条记录的输入；全部输入完毕按"关闭"按钮。

图 4.115　"记录单"对话框

　　（2）记录的排序

　　在输入数据的时候，记录的排列可能是无序的，而在实际应用中，往往希望数据按一定的顺序排列，便于查询和分析。

　　如果希望按数据清单中某个字段进行排序，首先用鼠标激活表格中该列的任意一个单元格。然后，使用"数据"选项卡下"排序和筛选"组中的"升序"按钮 或"降序"按钮 对该列进行排序。若实现复杂的排序，可利用"排序和筛选"组中的"排序"  按钮，在打开的"排序"对话框中进行设置，如图 4.116 所示。

图 4.116 "排序"对话框

Excel 可提供多个字段的排序，即当第 1 个字段值相同时，可以按第 2 个字段排序，甚至第 n 个字段（只有当第 1 个字段值有相同的时候才会考虑第 2 个字段、第 3 个字段）。在"排序"对话框中选择需要排序的字段名称，并选择是升序排列，还是降序排列。

3. 数据的筛选

数据筛选是指将工作表中符合要求的数据显示出来，将其他不符合要求的数据隐藏起来，这样可以快速查找工作表中用户需要的数据。筛选包括自动筛选和高级筛选两种方式。

（1）自动筛选

自动筛选可以创建按值列表、按格式或按条件 3 个筛选类型。对每个单元格区域这 3 种筛选类型是互斥的，例如，不能既按单元格颜色又按数字列表进行筛选。而高级筛选则适用于复杂条件。

首先，单击数据清单中的任一单元格，然后选择"数据"选项卡下"排序和筛选"组中的"筛选"按钮，此时在每个字段名旁边，都出现一个下拉箭头，如图 4.117 所示，使用下拉出的列表框，从中挑选需要满足的筛选条件，Excel 就将不满足条件的记录剔除（注：此时其他的记录不是删除，只是不显示），表格中保留的记录就是完全符合条件的记录。

图 4.117 设置自动筛选

单击图 4.117 中的某个字段的下拉菜单，可选择某一数值或按"数字筛选"某一个条件，如图 4.118 所示。

图 4.118 设置筛选条件

如果要设置多个筛选条件，选择图 4.118 中"自定义筛选"，打开如图 4.119 所示的"自定义自动筛选方式"对话框，设置筛选条件后单击"确定"按钮即可。

图 4.119　"自定义自动筛选方式"对话框

"自动筛选"后，如果希望恢复到原来的表格状态，可以再次单击"数据"选项卡下"排序和筛选"组中的"筛选"按钮，此时，在每个字段名旁边的下拉箭头又取消了，表格中的记录又会恢复原来的显示。

（2）高级筛选

有时筛选的条件比较复杂，需要进行多个条件的筛选，使用高级筛选就比较方便了，而且使用高级筛选还可以将筛选结果存在指定区域。

例如，在"教学工作量统计表"中筛选职称是副教授、总工作量大于 250 学时的女教师。操作步骤如下。

① 首先在表的任意一个空白区域输入筛选条件，如图 4.120 所示。

② 单击"数据"选项卡下"排序和筛选"组中的"高级"按钮，打开如图 4.121 所示的"高级筛选"对话框。

性别	职称	总工作量
女	副教授	>250

图 4.120　设置筛选条件　　　　　　　　图 4.121　"高级筛选"对话框

③ 在"高级筛选"对话框的"列表区域"文本框中设置筛选的数据区域，在"条件区域"文本框中设置图 4.120 所在的区域；如果要将筛选结果存放在其他位置，可以选中"将筛选结果复制到其他位置"，然后再"复制到"文本框指定要复制到的位置，最后单击"确定"按钮完成高级筛选。

在图 4.120 的"条件区域"中，如果 3 个条件处于同一行中，说明设置的 3 个条件是"与"的关系；若 3 个条件不在同一行中，说明所设条件是"或"的关系。在图 4.122 中，筛选条件的含义是"筛选职称是副教授的教师或者总工作量大于 250 学时的女教师"，其筛选结果将会发生变化。另外，还可以多次使用自动筛选操作来实现高级筛选功能。

4. 分类汇总

对记录按某些条件进行统计、汇总是经常进行的操作。Excel 中提供了许多用于统计的函数，例如，求平均值、最小值、最大值、统计记录个数等。除了使用函数外，Excel 还提供了分类汇总功能。

性别	职称	总工作量
女		>250
	副教授	

图 4.122　设置筛选条件

分类汇总是按某个字段分类，把该字段相同的记录放在一起，再对这些记录的数值字段进行求和、求平均值、统计个数等汇总运算。

（1）建立分类汇总

例如，对"教学工作量统计表"按职称汇总每个职称的总工作量，操作步骤如下。

① 排序。先按分类汇总依据排序，选定"职称"列中任意单元格，选择"数据"选项卡下"排序和筛选"组中的"升序"或"降序"按钮，即可实现按职称排序。

图 4.123　"分类汇总"对话框

② 分类汇总。单击"数据"选项卡下"分级显示"组中的"分类汇总"按钮，打开如图 4.123 所示的"分类汇总"对话框，在"分类字段"中选择"职称"，"汇总方式"中选择"求和"，"选定汇总项"中选择"总工作量"，最后单击"确定"按钮完成汇总操作，汇总结果如图 4.124 所示。

可以看到，分类汇总分别求出教授、副教授和讲师的总工作量之和。如果只显示分类汇总和总计的汇总，可单击行编号旁边的分级显示符 ①②③，使用"＋"和"－"符号显示或隐藏各个分类汇总的数据行。分类汇总的数据是随着数据的变化而自动更新的。

	A	B	C	D	E	F	G	H
1	职工号	姓名	单位	性别	职称	实验学时	上课学时	总工作量
2	1002	胡飞飞	计算机	女	副教授	30	250	274.00
3	1005	戴俊杰	网络	男	副教授	50	240	280.00
4					副教授 汇总			554.00
5	1001	翟君薇	计算机	女	讲师	28	225	247.40
6	1004	陈颖	网络	女	讲师	20	100	116.00
7					讲师 汇总			363.40
8	1003	赵新元	计算机	男	教授	100	200	280.00
9	1006	王海波	物联网	男	教授	40	180	212.00
10					教授 汇总			492.00
11					总计			1409.40

图 4.124　分类汇总结果

（2）删除分类汇总

选择包含分类汇总区域的任意单元格，打开如图 4.123 所示的"分类汇总"对话框，单击其中的"全部删除"按钮即可。

注意　进行分类汇总计算的每列的第一行都必须具有一个标题，每列中都包含同类型数据，并且该区域不包含任何空白行或空白列。

5. 数据透视表

前面介绍的分类汇总适合于按一个字段进行分类汇总。如果要求按多个字段进行分类并汇总，则用分类汇总就有困难了。Excel 为此提供了一个有力的工具——数据透视表来解决此问题。

（1）建立数据透视表

如果要求统计各单位男女职工的人数，此时既要按单位又要按性别分类，可利用数据透视表完成。建立的步骤如下。

① 选择数据源。如果要将工作表中的数据作为数据源，单击数据清单中的任一单元格即可。

② 单击"插入"选项卡下"表格"组中的"数据透视表"按钮，打开如图 4.125 所示的"创建数据透视表"对话框。

③ 在"请选择要分析的数据"选项中，选中"选择一个表或区域"；在"选择放置数据透视表的位置"下指定数据透视表的放置位置，如选择"新工作表"，就会插入一张新工作表来放置数据透视表，如选择"现有工作

图 4.125　"创建数据透视表"对话框

表"，则将数据透视表放在当前表中，此时，还要指定放置数据透视表单元格区域的第一个单元格，最后单击"确定"按钮。

④ Excel 将空的数据透视表添加到一个指定位置，并显示数据透视表字段列表，以便用户添加字段、创建布局及自定义数据透视表。如果选中数据透视表任何位置，则在功能区显示"数据透视表工具"，包括"选项"和"设计"两个选项卡，如图 4.126 所示。

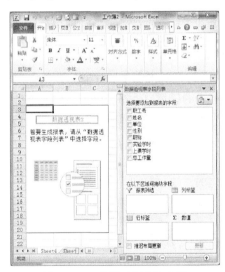

图 4.126　"数据透视表"布局

在图 4.126 中，将要分类的字段可拖入行、列位置，成为透视表的行、列标题。要汇总的字段拖入数据区。本例中将"单位"拖入行标签、"性别"拖入列标签，"职工号"拖入数值区域，并单击数值区域"求和项：职工号"右侧的下拉列表，选中"值字段设置"，打开"值字段设置"对话框，如图 4.127 所示，将"计算类型"设置为"计数"，单击"确定"按钮完成设置。图 4.128 为建立好的数据透视表的效果。

（2）修改数据透视表

① 更改数据透视表的布局。数据透视表的布局常常需要修改，透视表结构的行、列、数据字段都可能被更替、增加。例如，先选中数据透视表，然后将"总工作量"拖入数据区域将增加一个汇总项目。

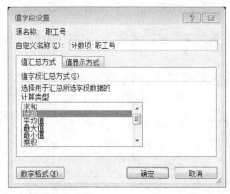

图 4.127 "值字段设置"对话框

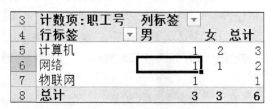

图 4.128 数据透视表效果

② 改变汇总方式。选中数据透视表,利用"数据透视表工具-选项"选项卡下"活动字段"组中的"字段设置"按钮,可调整值字段的汇总方式。

(3)删除数据透视表

① 单击要删除的数据透视表的任意单元格。

② 单击"数据透视表工具-选项"选项卡下"操作"组中的"选择"按钮,在下拉列表中选中"整个数据透视表"选项。

③ 按 Delete 键删除数据透视表,而建立数据透视表时的数据源不会被删除。

(4)切片器

切片器是易于使用的筛选组件,它包含一组按钮,使用户能够快速地在数据透视表中筛选数据,无需打开筛选下拉列表以查看要筛选的项目。

① 插入切片器。切片器通常与在其中创建切片器的数据透视表相关联,用户不能在普通表格中插入切片器。选中数据透视表的任意单元格,单击"数据透视表工具-选项"选项卡下"排序和筛选"组中的"插入切片器"按钮,在下拉列表中单击"插入切片器"选项。在打开的"插入切片器"对话框中,选中创建切片器的数据透视表字段的复选框,例如,选中"单位"字段,最后单击"确定"按钮。

图 4.129 为数据透视表创建的"单位"切片器,单击切片器中的某个单位,即在数据透视表中按选定的单位进行筛选。清除筛选可单击"切片器"窗格右上角 按钮。

图 4.129 切片器示例

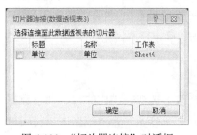

图 4.130 "切片器连接"对话框

② 断开切片器。如果不需要某个切片器,可以断开它与数据透视表的连接。单击断开与切片器连接的数据透视表任意单元格,再单击"数据透视表工具-选项"选项卡下"排序和筛选"组中的"插入切片器"按钮,然后选中"切片器连接"选项,在打开的"切片器连接"对话框中,取消断开与切片器连接的数据透视表字段的复选框,如图 4.130 所示,最后单击"确定"按钮。

③ 删除切片器。首先单击要删除的切片器，然后按 Delete 键；或右击切片器，在快捷菜单中单击"删除<切片器名>"。

4.3.4　数据图表

图表以图形形式显示数值数据系列，可以更好地表示数据的变化趋势或差异情况，具有较好的视觉效果。Excel 2010 提供了丰富的图表功能，可以将工作表中的数据直观地表现出来。

如果将图表插入工作表数据的附近，可以创建嵌入图表；在工作簿的其他工作表上插入图表，应创建图表工作表。嵌入的图表和图表工作表与创建它们的工作表数据相链接。当工作表数据改变时，这两种图表都会随之更新。还可以选择不相邻的单元格区域创建图表，但此时非相邻区域必须是一个矩形。

通常情况下，一个完整的图表包括图表区、图表标题、绘图区、图例、垂直轴、水平轴和数据系列等，如图 4.131 所示。

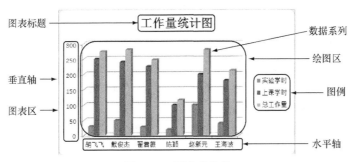

图 4.131　图表的组成

Excel 提供的图表包括柱形图、折线图、饼图、条形图、面积图、散点图、股价图、曲面图、圆环图、气泡图和雷达图共 11 大类标准图表，此外还可分二维图表和三维图表。

1. 创建图表

（1）创建嵌入图表

这种图表与数据在同一工作表之中，位置和图表大小可以由用户自己设置。假设要根据前面例子中的工作表生成图表，以查看每个教师工作量对比情况。创建的步骤如下。

① 选择要建立图表的数据区域，在"教学工作量统计表"选定"姓名"、"实验学时"、"上课学时"和"总工作量"列。

② 在"插入"选项卡下"图表"组中，选择图表类型，然后单击要使用图表的子表类型，例如，选择柱形图中的三维柱形图。

③ 调整生成图表的大小和位置，双击图表，鼠标变成十字箭头，此时拖动图表或移动图表，将鼠标指向图表的边框，可以调整图表的大小。

④ 增加图表标题、坐标轴标题，选中图表后，单击"图表工具-布局"选项卡下"标签"组中的"图表标题"、"坐标轴标题"下拉按钮中所需的标题形式，如输入"工作量统计图"、"课时"和"姓名"等。

经过上述过程，创建所需图表工作已生成。

（2）创建图表工作表

图表工作表是将图表放置在一个新的工作表中，不与数据同时显示。创建图表工作表也非常简单，仍以前面的教学工作量统计表为例，选定已经生成的嵌入式图表，在"图表工具-设计"选项卡下"位置"组中，单击"移动图表"按钮，打开"移动图表"对话框，如图 4.132 所示，选中"选择放置图表的位置"下的"新工作表"单选按钮并输入新的表名，最后单击"确定"按钮。

图 4.132 "移动图表"对话框

如果要基于默认图形类型快速创建图表，先选择用于图表的数据；然后按 Alt+F1 组合键，可创建嵌入式图表；而如果按 F11 键，则图表显示在单独的工作表上。

如果要删除图表，单击该图表将其选中，再按 Delete 键。

（3）选择不连续区域数据制作图表

可以选择一些不连续的区域制作图表，选择的方法就是在选择了第一块区域之后，按住 Ctrl 键，再继续选择其他的一块或多块数据区域。至于创建图表的方法与前面讲述的一样。

当修改工作表中数据的时候，图表中相关图示就会跟随变化。

2. 更改数据图表数据源

选中图表，单击鼠标右键，在弹出的快捷菜单中选择"选择数据"，打开如图 4.133 所示的"选择数据源"对话框。

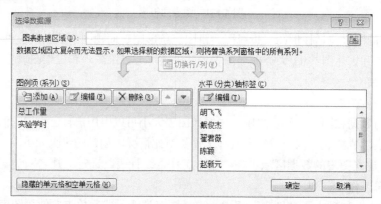

图 4.133 "选择数据源"对话框

在"选择数据源"标签可以添加、编辑或删除系列。

3. 为数据系列添加趋势线

单击欲加趋势线的系列，单击鼠标右键，选择其中的"添加趋势线"命令，出现如图 4.134 所示的对话框，通过该对话框可为不同系列添加或设置趋势线。

4. 迷你图

迷你图是 Excel 2010 提供的一个新功能，迷你图不是对象，它是一个嵌入在单元格中的微型图表，可提供数据的直观表示。使用迷你图可以显示一系列数据的趋势，或者可以突出显示最大值和最小值。在数据旁边放置迷你图可以达到最佳效果，用户可以在单元格中输入文本并使用迷你图作为背景，当数据发生变化时，迷你图自动随之变化。

图 4.134　"设置趋势线格式"对话框

（1）创建迷你图

创建迷你图的方法与创建图表的方法相似，只要选择适当的迷你图类型，然后选择迷你图数据源即可创建。

切换到"插入"选项卡，在"迷你图"组中单击选中的迷你图类型，打开"创建迷你图"对话框，然后在"数据范围"文本框中选择制作迷你图的数据源区域，在"位置范围"文本框中设置迷你图的位置范围，单击"确定"按钮完成创建，"迷你图"对话框及迷你图效果，如图 4.135 所示。

图 4.135　"迷你图"对话框及迷你图效果

（2）更改迷你图

选中创建的迷你图，功能区会出现"迷你图工具-设计"选项卡，在该选项卡下有"迷你图"、"类型"、"显示"、"样式"和"分组"等多个选项组，使用这些选项组中的按钮可以对创建的"迷你图"进行修改。

（3）删除迷你图

选中迷你图所在的单元格，单击"迷你图工具-设计"选项卡下"分组"组中的"清除"按钮即可删除。

4.3.5　打印工作表

1．页面设置

与 Word 的操作相似，在打印数据和图表之前，一般先要进行页面设置，页面设置包括纸张大小、方向、页边距和打印标题的设置等。

（1）页面布局视图

单击"视图"选项卡下"工作簿视图"组中的"页面布局"按钮，在该视图方式下可以添加或修改页眉和页脚、显示或隐藏行和列标题、修改打印页面的页面方向、修改数据的布局和格式、使用标尺调整数据宽度和高度，以及设置页边距，如图 4.136 所示。

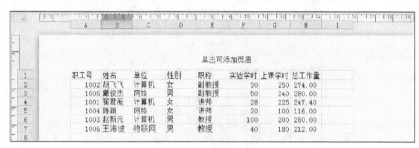

图 4.136 "页面布局"视图

（2）页面设置

单击"页面布局"选项卡，在"页面设置"组中，可以对页边距、纸张方向、纸张大小、背景等进行设置。如果要进行精确设置，单击"页面设置"右下角功能扩展按钮 ，打开"页面设置"对话框进行设置，在该对话框中可以进行"页面"、"页边距"、"页眉/页脚"和"工作表"等设置，这里主要介绍"页眉/页脚"和"工作表"设置。

① "页眉/页脚"标签

在"页面设置"对话框中单击"页眉/页脚"标签，如图 4.137 所示，可以在"页眉"、"页脚"列表框中选择页眉页脚的内容，也可以单击"自定义页眉"或"自定义页脚"按钮，打开"页眉"或"页脚"对话框进行自定义设置。

图 4.137 "页面设置"对话框之"页眉/页脚"标签

② "工作表"标签

在"页面设置"对话框中单击"工作表"标签，如图 4.138 所示，需要设置的内容如下。

• "打印标题"文本框：如果一张表分几页打印时，每一页都打印标题，"顶端标题行"和"左端标题列"用来设置每页上端和左端要打印的行标题或列标题。

• "网格线"复选框：用于设置工作表是否带表格线输入。

• "草稿品质"复选框：可快速打印但会降低打印质量。

图 4.138　"页面设置"对话框之"工作表"标签

2. 预览和打印

预览是在打印之前模拟显示打印预设的结果。单击"文件"菜单下的"打印"选项，然后设置"打印机属性"和"打印"设置；右侧可以预览打印效果。如果对设置效果满意，单击"打印"就可以开始打印了。

4.4　PowerPoint 2010

PowerPoint 是一款功能强大的演示文稿制作软件，使用 PowerPoint 可以制作、编辑和播放演示文稿，还可将文本、图片、声音和动画插入到演示文稿中，增强演示效果。

4.4.1　PowerPoint 2010 的界面组成

从图 4.139 看出，PowerPoint 窗口界面主要由以下部分组成：最上面几栏分别是标题栏、快速访问工具栏、选项卡、功能区；中间的大块区域为主要操作区，该区域的显示样式会随选择的视图不同而不同；窗口的最下面为状态栏和视图切换按钮，用于显示当前的一些状态信息和在不同视图之间切换。

图 4.139　PowerPoint 窗口组成

PowerPoint 有 4 种主要视图：普通视图、幻灯片浏览视图、阅读视图和幻灯片放映视图。

1. 普通视图

普通视图是最常用的一种视图，可用于撰写或设计演示文稿。单击 PowerPoint 的窗口界面右下角的 按钮，可进入普通视图界面。该视图有 3 个工作区域：左边是大纲和幻灯片选项卡，可以在幻灯片文本的大纲（"大纲"选项卡）和以缩略图显示的幻灯片（"幻灯片"选项卡）之间交替切换；当窗格变窄时，"大纲"和"幻灯片"选项卡变为显示图标。可通过拖动分隔条改变窗格的大小。

右边是幻灯片窗格，用来显示当前幻灯片的一个大视图。在大视图中显示当前幻灯片，可以添加文本，插入图片、表格、图表、绘图对象、文本框、电影、声音、超链接和动画。

右下角是备注窗格，用来添加备注，一般是对幻灯片相关内容作一些注释，这些内容供演示者参考，播放幻灯片时不会显示。

2. 幻灯片浏览视图

单击界面右下角的 按钮，进入幻灯片浏览视图界面。幻灯片浏览视图是以缩略图形式显示幻灯片的专有视图。结束创建或编辑演示文稿后，幻灯片浏览视图可以浏览演示文稿中的所有幻灯片整体布局，可以对幻灯片进行插入、移动、复制和删除等操作。但是，在这种视图下不能修改幻灯片的内容，如果需要修改某张幻灯片的内容，双击该幻灯片就可以切换到普通视图下进行修改了。

3. 阅读视图

单击界面右下角的 按钮，进入阅读视图界面。阅读视图只显示标题栏、状态栏和幻灯片放映效果，一般用于幻灯片的简单预览。

4. 幻灯片放映视图

单击界面右下角的 按钮，进入幻灯片放映视图界面。幻灯片放映视图占据整个计算机屏幕，就像真实播放幻灯片一样。在这种全屏幕视图中，所看到的演示文稿就是将来观众会看到的。该视图下可以看到文字、图片、影片、动画元素以及切换效果等，能够及时检查和发现错误，以便及时修改完善。演示文件播放结束或按 Esc 键，可退出幻灯片放映视图。

5. 备注页视图

单击"视图"选项卡下"演示文稿视图"中的"备注页"按钮，幻灯片内容和备注信息将以页面形式显示，用户可以给幻灯片添加备注内容，供演讲者在演讲时参考，也可以打印出来。

虽然在普通视图的备注窗格中可以添加备注内容，但备注窗格只能添加文本内容，不能添加图片。如果要在备注中添加图片，需要在备注页视图中进行。

4.4.2 演示文稿的基本操作

1. 演示文稿的建立、保存与打开

演示文稿是指包含了要演示的内容并且可在计算机上播放的文件，其扩展名为.pptx。演示文稿是 PowerPoint 最先引入的概念，它是由一系列组成在一起的幻灯片组成，每个幻灯片又可以包括醒目的标题、详细的说明文字、形象的数字和图表、生动的图片图像以及动感的多媒体组件等元素，从而通过幻灯片的各种切换和动画效果向观众表达观点、演示成果及传达信息。而且，由于 PowerPoint 软件同时为用户提供了一个强大的模板库，它涵盖各个领域的多种专业演示文稿的外观式样，因此，即使用户不具备专业的绘画知识，也可以轻松地制作出具有专业水平视觉效果的演示文稿。

（1）演示文稿的建立

① 建立空白演示文稿。启动 PowerPoint 后，系统自动创建一个名为"演示文稿 1"的空白演示文稿，用户可以根据自己的需要来设计演示文稿。默认的版式是"标题幻灯片"版式，如果要使用其他幻灯片版式，可以通过单击"开始"选项卡下"幻灯片"组中的"版式"按钮进行设置。

② 使用设计模板创建演示文稿。PowerPoint 2010 提供了比以往更加丰富的模板供用户快速创建演示文稿。如果要在 PowerPoint 中使用模板，具体的操作步骤如下。

● 单击"文件"菜单下"新建"选项，在弹出的"可用的模板和主题"窗格中列出了 PowerPoint 内置的各种模板，如图 4.140 所示。

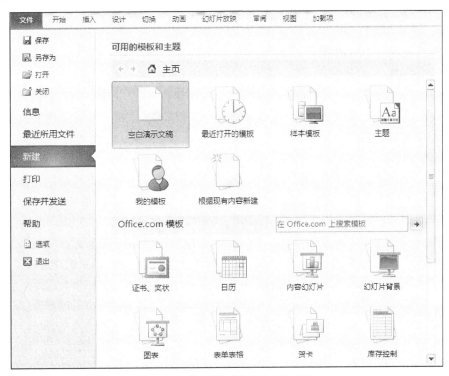

图 4.140 "可用的模板和主题"窗格

● 单击图 4.140 中"样式模板"选项，在打开的列表框中选择需要的模板，在右侧的预览框中可以看到使用该模板的预览效果，最后单击"创建"按钮，PowerPoint 会创建一个包含若干张幻灯片的演示文稿，用户只需用自己的内容去替换演示文稿中相应内容即可。

如果用户对内置的模板不满意，可以从网络上获取模板。在"Office.com 模板"中选择模板类别，再选择所需的模板，然后单击"下载"按钮将模板文件下载到本地计算机中，然后再用该模板创建演示文稿即可。

③ 创建包含主题的演示文稿。单击图 4.140 中的"主题"选项，在展开的"主题"列表框中选择一个主题，在预览窗格中预览满意后单击"创建"按钮，便可把该主题应用到当前幻灯片上。

此外单击"设计"选项卡下"主题"组中的某个主题，也可以对当前演示文稿的所有幻灯片应用这个主题。

④ 根据现有演示文稿创建演示文稿。当用户需要创建的演示文稿与现有的某个演示文稿在类型和格式相似时，可以直接在现有演示文稿的基础上进行内容和版式的修改，快速生成新的演示文稿。

单击图 4.140 中的"根据现有内容新建"选项，打开"根据现有演示文稿新建"对话框，选择现有的演示文稿文件，最后单击"打开"按钮，创建了一个新的演示文稿，在此基础上进行修改即可。

（2）演示文稿的保存

演示文稿的保存与其他 Office 文件的保存一样，单击"快速访问工具栏"上的"保存"按钮或选择"文件"菜单中的"保存"选项，在弹出的对话框中选择保存的位置、名称、类型，然后单击"保存"命令按钮。

（3）演示文稿的打开

单击"快速访问工具栏"上的"打开"按钮或选择"文件"菜单中的"打开"选项，在弹出的对话框中，选择需要打开的文件的位置、名称，然后单击"打开"命令按钮。

2. 演示文稿的浏览与编辑

（1）视图的切换

同其他 Office 组件一样，PowerPoint 为了建立、编辑、浏览、放映幻灯片的需要，提供了 4 种不同的视图，视图间切换可以用状态栏右端的 4 个按钮来实现，也可以通过单击"视图"选项卡下"演示文稿视图"组的相应按钮实现。

（2）编辑幻灯片

编辑幻灯片指对幻灯片进行删除、复制、移动等操作，一般在"幻灯片浏览"视图下用户可方便地进行。

① 选择幻灯片。在"幻灯片浏览"视图下，所有幻灯片都会以缩小的图形形式在屏幕上显示出来，在进行删除、移动或复制幻灯片之前，首先选择要进行操作的幻灯片。如果是选择单张幻灯片，用鼠标单击它即可，此时被选中的幻灯片周围的边框变粗。如果要选择连续多张幻灯片，首先单击第 1 张幻灯片，再按住 Shift 键单击要选择的最后一张幻灯片。如果要选择不连续的多张幻灯片，首先单击第 1 张幻灯片，再按住 Ctrl 键单击其他幻灯片。用户也可以单击"开始"选项卡下"编辑"组中的"选择"按钮，在下拉列表中选择"全选"选项来选择所有幻灯片。

② 插入新幻灯片。单击"开始"选项卡下"幻灯片"组中的"新建幻灯片"按钮，或选中一张幻灯片后单击鼠标右键，在快捷菜单中选择"新建幻灯片"选项，系统会在选定的幻灯片后面插入一张新幻灯片。插入新幻灯片后，可以重新设置该幻灯片的版式。

③ 幻灯片删除。用鼠标单击要删除的幻灯片再按"Delete"键，或单击鼠标右键，在快捷菜单中选择"删除幻灯片"选项，即可删除该幻灯片，后面的幻灯片会自动向前排列。如果要删除两张以上的幻灯片，可选择多张幻灯片再按"Delete"键。

④ 幻灯片复制。选择要复制的幻灯片，单击"开始"选项卡下"剪贴板"组中的"复制"按钮，或从快捷菜单中选择"复制幻灯片"选项，指针定位到要粘贴的位置，单击"开始"选项卡下"剪贴板"组中的"粘贴"按钮即可完成幻灯片的复制。

⑤ 幻灯片移动。可以利用"剪切"和"粘贴"命令来改变幻灯片的排列顺序，其方法和复制操作相似。也可用鼠标直接拖动的方法。

3. 放大和缩小幻灯片的显示比例

为了从整体上把握幻灯片的布局，需要缩小显示比例；反之，当需要观察局部细节时，就需要放大显示比例。改变显示比例时，先选中要改变显示比例的幻灯片，然后拖动状态栏右侧"显示比例"工具栏上的滑块调整显示比例。通常系统默认的显示比例是 100%，放大显示时取>100，缩小显示时取<100%。还可以单击状态栏右侧"缩放级别"，弹出如图 4.141 所示的"显示比例"

对话框，在对话框的单选框中选中显示比例，或者在"百分比"的数字框中键入数字，选定后单击"确定"按钮。

图 4.141　"显示比例"对话框

4.4.3　演示文稿的格式化与美化

制作好的幻灯片可以用文字格式、段落格式、对象格式来进行格式化和美化。通过合理地使用母版和模板，可以避免重复制作，并且在最短的时间内制作风格统一、画面精美的幻灯片来。

1. 幻灯片格式化

用户在幻灯片中输入标题、正文之后，这些文字、段落格式仅限于模板所指定的格式。为了使幻灯片更加美观、便于阅读，可以重新设定文字和段落的格式。其实这些格式化操作与前面介绍的 Word、Excel 文档格式化操作一样，所以这里只做简单介绍。

（1）文字格式化

利用"开始"选项卡下"字体"组中的按钮可以改变文字的格式设置，例如字体、字号、加粗、倾斜、字体颜色等。用户也可以通过单击"字体"组右下角的功能扩展按钮，在弹出的"字体"对话框中进行设置。

（2）段落格式化

① 段落对齐设置：演示文稿中输入的文字均有文本框，设置段落的对齐方式主要用来调整文本在文本框中的排列方式。先选择文本框或文本框中的某段文字，再单击"开始"选项卡下"段落"组中的"左对齐"、"居中对齐"、"右对齐"、"两端对齐"或"分散对齐"等按钮可设置对齐方式。

② 段落缩进设置：对于每个文本框，用户可以先选择要设置缩进的文本，再拖动标尺上的缩进标记，为段落设置缩进。

③ 行距和段落间距的设置：通过单击"开始"选项卡下"段落"组右下角的功能扩展按钮，在弹出的"段落"对话框中对选中的文字或段落行距或段落间距进行设置。

④ 项目符号设置：在默认情况下，单击"开始"选项卡下"段落"组中的"项目符号"按钮，插入一个圆点作为项目符号；用户也可以单击"项目符号"按钮右侧的下拉箭头，在下拉选项的"项目符号"中进行重新设置。

（3）对象格式化

在 PowerPoint 中除了可对文字和段落这些对象进行格式化外，还可以对插入的文本框、图片、自选图形、表格、图表等其他对象进行格式化操作。对象的格式化包括填充颜色、边框、阴影等，格式化操作主要是通过"绘图工具-格式"选项卡下的对应按钮来实现的。

（4）对象格式的复制

在对象处理过程中，有时对某个对象作了上述格式化后，希望其他对象有相同的格式，这时并不需要作重复的工作，只要用"开始"选项卡下"剪贴板"组中的"格式刷"按钮就可以复制。

2. 应用幻灯片版式

"版式"指的是幻灯片内容在幻灯片上的排列方式。版式由占位符组成，而占位符可放置文字（例如，标题和项目符号列表）和幻灯片内容（例如表格、图表、图片、形状和剪贴画）。每次添加新幻灯片时，都可以在"幻灯片版式"下拉列表中为其选择一种版式。版式涉及所有的配置内容，但也可以选择一种空白版式。

（1）切换到"开始"选项卡。

（2）单击"幻灯片"组中的"版式"按钮。

（3）在弹出的下拉列表中，指向所需的版式并单击它即可。

3．应用母版

母版是一种特殊的幻灯片，用于设置文稿中每张幻灯片的预设格式，这些格式包括每张幻灯片的标题以及正文文字的位置和大小、项目符号的样式、背景图案等。母版可以使演示文稿中所有应用了该母版的幻灯片具有统一的外观，如果修改了母版样式，将改变所有基于该母版建立的演示文稿的样式。

PowerPoint 的母版类型包括幻灯片母版、讲义母版和备注母版 3 种。单击"视图"选项卡下"母版视图"组中的相应按钮，便可选择不同的母版。

（1）幻灯片母版

幻灯片母版控制得是整个演示文稿中所有幻灯片的格式。如果在"母版视图"组中选择了"幻灯片母版"按钮，就进入了如图 4.142 所示的"幻灯片母版"视图。它有 5 个占位符，用于确定幻灯片母版的版式。

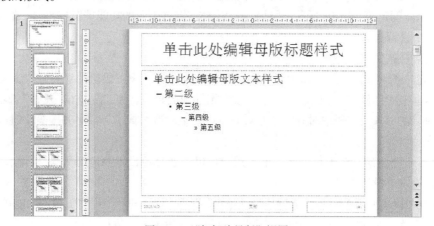

图 4.142 "幻灯片母版"视图

① 选中"单击此处编辑母版标题样式"区，然后可以利用"开始"选项卡下"字体"按钮设置标题的字体、字号、颜色以及效果等。还可以对母版进行美化，比如插入图片、绘制图形等。

② 选中"单击此处编辑母版文本样式"区，可以对其进行文本格式的设置和美化。

③ 关闭幻灯片母版：只需单击"幻灯片母版"选项卡下"关闭"组中的"关闭母版视图"即可。

④ 设置页眉、页脚。幻灯片中经常需要在页眉、页脚位置显示日期、时间、幻灯片编号等对象，母版为这些对象预留了占位符，但默认情况下在幻灯片中并不显示这些对象。

如果用户要在页眉、页脚处显示日期、时间等信息，单击"插入"选项卡下"文本"组中的"页眉和页脚"按钮，弹出如图 4.143 所示的"页眉和页脚"对话框，在该对话框中对幻灯片的页眉和页脚进行设置。

（2）讲义母版

演示文稿可以以讲义的形式打印出来，讲义母版主要用于设置讲义的格式，单击"视图"选项卡下"母版视图"组中的"讲义母版"按钮，即可切换到讲义母版视图，如图 4.144 所示。

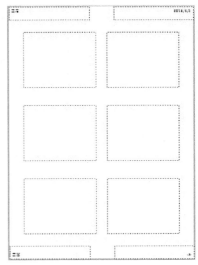

图 4.143　"页眉和页脚"对话框　　　　　　图 4.144　"讲义母版"视图

（3）备注母版

单击"视图"选项卡下"母版视图"组中的"备注母版"按钮，即可切换到备注母版视图，该视图主要用于设置备注页的格式。

备注信息在幻灯片放映并不显示出来，但可以将备注信息打印出来。如果要打印备注信息，单击"文件"菜单下"打印"选项，在展开"打印"窗格的"设置"选项下设置打印项为"备注页"。

4. 插入多媒体信息

为了更好地传达演示文稿的主题及内容，用户可以在演示文稿中添加图片、表格、音频和视频信息，使观众不仅从视觉上能看到作者想要表达的观点，还能从听觉上来加深接收内容的印象。

（1）插入图像

① 插入图片文件。单击"插入"选项卡下"图像"组中的"图片"按钮，在弹出的"插入图片"对话框中选择要插入的图片文件，再单击"插入"按钮右侧的下拉箭头，选择插入方式，完成图片的插入操作，如图 4.145 所示。

图 4.145　"插入图片"对话框

图 4.145 所示的插入方式有 3 种，其差别是"插入"方式在幻灯片中插入的是图片的副本；"链接到文件"方式在幻灯片是插入一个指向图片的链接，如果图片被删除或图片位置变化，图片将显示"×"；"插入和链接"方式既插入图片的副本，同时也链接到图片。

② 插入剪贴画。单击"插入"选项卡下"图像"组中的"剪贴画"按钮，在弹出的"剪贴画"窗格中单击要插入的剪贴画即可实现插入操作。

屏幕截图、形状、SmartArt 图形、文本框和艺术字的插入方法与 Word 中相同，这里就不介绍了。

（2）插入表格和图表

① 插入表格。单击"插入"选项卡下"表格"组中的"表格"按钮，在下拉列表中可使用 3 种插入表格的方法：

- 在表格预览区移动鼠标，当出现所需行列的表格时单击鼠标完成表格插入。

- 单击"插入表格"选项，在"插入表格"对话框中设置表格的行数和列数，最后单击"确定"按钮。

- 单击"绘制表格"选项，在幻灯片中手动绘制所需的表格。

选中插入的表格，使用"表格工具-设计"和"表格工具-布局"选项卡下的工具按钮，可以设置表格的样式、边框、行列插入和删除、合并与拆分单元格和对齐方式等。

② 插入图表。单击"插入"选项卡下"插图"组中的"图表"按钮，在弹出的"插入图表"对话框中选择所要插入的图表类型，单击"确定"按钮后启动 Excel，在 Excel 中修改数据后关闭 Excel，即可完成图表的插入操作。

（3）插入音频和视频

幻灯片中可插入来自文件或录制的音频文件，音频文件的类型可以是 wav、mid、mp3 和 wma 等；插入的视频文件类型可以是 wmv、avi、swf 和 mpeg 等。

① 插入音频和视频。选中要插入音频或视频的幻灯片，单击"插入"选项卡下"媒体"组的"音频"或"视频"按钮，弹出如图 4.146 所示的下拉列表，从中选择要插入音频和视频的来源。例如要插入计算机中存放的视频文件，选择"文件中的视频"选项，在打开的"插入视频文件"对话框中选择所需的视频文件，然后单击"插入"按钮右侧的下拉箭头选择插入方式。

图 4.146　插入音频和视频

- 插入：将视频文件本身插入到幻灯片中，演示文稿的文件比较大，但在复制演示文稿文件时，不需要另外再复制视频文件。

- 链接到幻灯片：在幻灯片中插入得是视频文件的地址而不是视频文件本身，演示文稿的文件比较小，但在复制演示文稿文件时，往往需要同时复制视频文件。

音频插入到幻灯片后，显示为 ◀ 图标；视频文件插入到幻灯片中显示的是第一幅画面。单击音频图标或视频画面，在其下面自动显示播放控制条 ▶ 　　　◀ 00:00.00 ◀)。

② 录制声音。PowerPoint 2010 还支持用户在演示文件中录制自己的声音，步骤如下。

· 选中幻灯片，单击图 4.146 中"录制音频"选项，打开图 4.147 所示的对话框。

图 4.147　"录音"对话框

· 在"录音"对话框中单击"录音"按钮开始录音，单击"停止"按钮停止录音。

· 单击"录音"对话框中的"播放"按钮可以试听录音效果，满意后单击"确定"按钮，声音图标就插入到当前幻灯片上了。

③ 设置音频和视频。PowerPoint 2010 不仅可以方便地插入音频和视频，还可以对插入的音频和视频进行简单的编辑。视频编辑方法：首先选中要编辑的视频，切换到"视频工具-播放"选项卡下，该选项卡的功能区如图 4.148 所示。

图 4.148　"视频工具-播放"选项卡

· 添加和删除书签：借助"书签"来标识某个时刻，在剪辑视频时可以快速准确地跳转到该时刻。添加书签的方法是先播放视频，当播放希望添加书签的地方时暂停，单击图 4.148"书签"组中的"添加书签"按钮即可完成添加。

删除书签时先选中播放控制条中的书签，再单击"书签"组中的"删除书签"按钮。

· 视频选项：在图 4.148"视频选项"组中可以根据需要设置视频的"全屏播放"、"未播放时隐藏"、"循环播放，直到停止"和"播完返回开头"等视频播放选项。

④ 视频编辑

· 剪裁视频：单击图 4.148"编辑"组中的"剪裁视频"按钮，弹出"剪裁视频"对话框，通过设置"开始时间"和"结束时间"截取视频，如图 4.149 所示。

图 4.149　"剪裁视频"对话框

- 淡化持续时间：以秒为单位，输入"淡入"和"淡出"时间，控制画面效果。

5. 添加幻灯片动画效果

PowerPoint 提供了动画技术，为幻灯片的制作和演示锦上添花。用户可以为幻灯片中的文本、插入的图片、表格、图表等设置动画效果，这样就可以突出重点、控制信息的流程、提高演示的生动性和趣味性。

在设计动画时，有两种不同的动画设计：一是幻灯片内，二是幻灯片间。

（1）幻灯片内动画设计

幻灯片内动画设计指在演示一张幻灯片时，随着演示的进展，逐步显示片内不同层次、对象的内容。如首先显示第一层次的内容标题，然后，一条一条显示正文，这时可以用不同的切换方法如飞入法、打字机法、空投法来显示下一层内容，这种方法称为片内动画。

① 添加动画。自定义动画的操作步骤如下。

- 在普通视图中，选择要添加动画的幻灯片。
- 在该幻灯片中选择要设置动画的对象。
- 切换到"动画"选项卡下，单击"动画"组右侧的"其他"按钮，展开"动画效果"列表，如图 4.150 所示。

图 4.150 "动画效果"列表

图 4.151 "更多进入效果"对话框

从图 4.150 中可以看出，动画效果分为"进入"、"强调"和"退出" 3 类，单击所需动画效果，即可完成动画添加。选中带动画的对象，单击动画效果中的"无"，则可以取消动画。

如果要更加丰富的动画效果，以"进入"效果，可单击图 4.150 下方的"更多进入效果"选项，在弹出的"添加进入效果"对话框中设置，如图 4.151 所示。也可以通过单击"动画"选项卡下"高级动画"组"添加动画"按钮实现。

② 设置动画效果。添加动画后，可以设置动画的效果。先选中添加了动画的对象，单击"动画"选项卡下"动画"组中的"效果选项"，在下拉列表中选择需要的效果即可。

③ 设置动作路径。在 PowerPoint 不仅可以设置动画效果，

还可以为对象设置动作路径，使对象按照动作路径指定的路线移动。用户可以使用内置的动作路径，也可以自己绘制动作路径。

要绘制动作路径，单击"动画"选项卡下"高级动画"组中的"添加动画"按钮，在下拉列表中选择"动作路径"下的"自定义路径"选项，然后在幻灯片上拖动鼠标绘制就可以了。

④ 其他动画设置。

- 动画刷：这是 PowerPoint 2010 新增的功能，与前面介绍的格式刷功能类似，可将一个对象的动画效果复制到另一个对象上，使动画设计的效率更高。

首先选中已设置好动画效果的对象，单击"动画"选项卡下"高级动画"组下的"动画刷"按钮，再用鼠标在需设置该动画效果的目标对象上单击一下，该动画效果就被设置到目标对象上了。

- 动画窗格：单击"动画"选项卡下"高级动画"组下的"动画窗格"按钮，可以打开"动画窗格"，该窗格以列表的形式显示当前幻灯片上所有的动画效果，包括先后顺序、对象名称、动画类型等。选中"动画窗格"中的某一项右侧的下拉箭头，在弹出的下拉列表中可以重新设置动画的开始方式、效果选项、计时和删除等操作。

- 触发器：单击"动画"选项卡下"高级动画"组下的"触发"按钮，可以设置高级动画的触发条件。

（2）添加切换效果

幻灯片间的切换效果是指移走屏幕上已有的幻灯片，显示新幻灯片时如何变换。切换效果可应用于单张幻灯片，也可应用于多张或全部幻灯片。幻灯片切换主要在"切换"选项卡下实现，如图 4.152 所示。

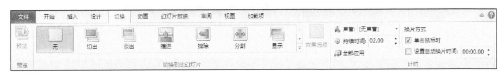

图 4.152 "切换"选项卡

① 添加切换效果。添加时先选定幻灯片，单击图 4.152 中"切换到此幻灯片"组中"切换效果"右侧的下拉箭头，弹出图 4.153 所示的"切换效果"列表框。单击所需的切换效果，该效果自动应用到当前幻灯片上；如果要将选中的切换效果应用到所有幻灯片上，可在选中切换效果后，单击"计时"组中的"全部应用"按钮。单击"效果选项"按钮，在弹出的下拉列表中可以设置切换的方向、形状等。

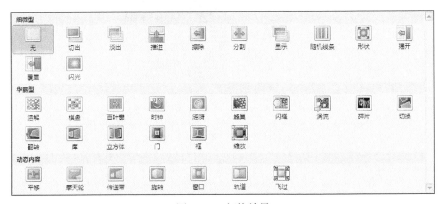

图 4.153 切换效果

② 设置切换计时。图 4.152 中的"计时"组可以设置幻灯片切换的声音、换版方式、持续时间等。

6. 添加超链接和动作

用户可以在演示文稿中添加超链接，然后利用它跳转到不同的位置。例如，跳转到演示文稿的某一张幻灯片、其他演示文稿或 Word、Excel 文档等。

（1）创建超链接

创建超链接的起点可以是文本或对象，激活超链接最好用单击鼠标的方法。设置了超链接，代表超链接起点的文本会添加下划线，并且显示成系统配色方案指定的颜色。

创建超链接的方法有两种：使用"超链接"和"动作按钮"。

① 使用"超链接"。下面以图 4.154 为例介绍插入超链接的方法，例如将图 4.154 中"1.2 软件工程"文本设置相应的超链接，在播放幻灯片时单击该文本就可跳转到相应幻灯片上。

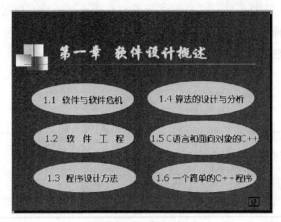

图 4.154　幻灯片

操作步骤如下。

- 在幻灯片视图中选择代表超链接起点的文本对象。

- 选择"插入"选项卡下"链接"组中的"超链接"按钮或单击鼠标右键在快捷菜单中选择"超链接"选项，弹出如图 4.155 所示"插入超链接"对话框。

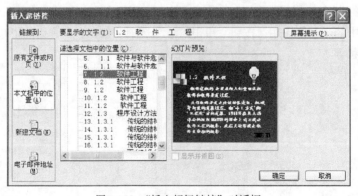

图 4.155　"插入超级链接"对话框

- 单击左边"链接到"中"本文档中的位置（A）"选项。

- 在"请选择文档中的位置"列表框中选择需链接到的幻灯片"7.1.2 软件工程"，超链接设置完毕。

在"插入超链接"对话框中，也可设置跳转到文档、应用程序或 Internet 地址等。

② 使用动作按钮。PowerPoint 提供了一组动作按钮，其实质就是添加了超链接功能的图形对象。使用动作按钮可以实现幻灯片跳转、运行程序和宏、播放声音及突出显示等功能。使用动作按钮的步骤如下。

图 4.156　"动作设置"对话框

- 选中要插入动作按钮的幻灯片。

- 单击"插入"选项卡下"插图"组中的"形状"按钮，在弹出下拉列表的最下面是"动作按钮"选项区域，提供了 12 种动作按钮，单击所需的动作按钮。

- 按鼠标左键在幻灯片合适的位置拖出一个动作按钮，松开鼠标键的同时自动弹出如图 4.156 所示的"动作设置"对话框。

- 在对话框中单击"单击鼠标"标签，并选择"超链接到（H）"，在下拉列表框中选择相应幻灯片。

- 选中动作按钮后单击鼠标右键，在快捷菜单中选择"编辑文字"选项，可以给动作按钮添加文本，最后单击"确定"按钮完成设置。

（2）超链接的操作

在幻灯片放映过程中，若当前幻灯片中有作为超链接载体的按钮、文本框、图形等，只要用鼠标单击该载体，系统即跳转到超链接所指定的幻灯片或其他应用程序中去。要返回当前幻灯片，可分 3 种情况。

① 若是本演示文件中的幻灯片，则在放映幻灯片的空白处单击鼠标右键，在弹出菜单中点击"上次查看过的"选项即可。

② 若是别的演示文件，同样用右键单击空白处，在弹出的菜单中单击"结束放映"命令或按 Esc 键。

③ 若是其他应用程序，如 Word 等，只要结束该应用程序，就可以使系统退回到原放映处。

（3）编辑和删除超链接

编辑超链接的方法：指向欲编辑超链接的对象，按右键弹出快捷菜单，在快捷菜单中选择"编辑超链接"选项，则弹出"编辑超链接"对话框或"动作设置"对话框（与创建时使用的超链接方法有关），进行超链接的位置改变。

删除超级链接操作方法同上，可以在"编辑超链接"对话框选择"删除链接"按钮或在"动作设置"对话框选择"无动作"选项，也可以在快捷菜单中直接选择"取消超链接"。

4.4.4　演示与打包

制作演示文稿的目的是播放（放映），欲放映演示文稿可选择"幻灯片放映"视图，也可在"幻灯片放映"选项卡下"开始放映幻灯片"组中选择"从头开始"或"从当前幻灯片开始"按钮进行放映。

1．设置放映方式

演示文稿可以通过计算机屏幕或投影仪进行放映，放映时幻灯片占据整个屏幕，工具栏、菜单等都暂时被清除。通过幻灯片放映，可以将精心创建的演示文稿展现给观众，以表达自己想要说明的问题。为了更好地使用幻灯片，在放映前还应该对放映方式进行必要的设置。单击"幻灯片放映"选项卡下"设置"组中的"设置幻灯片放映"按钮，弹出如图 4.157 所示的"设置放映方式"对话框，可以在该对话框中设置放映类型、放映范围和换片方式等。

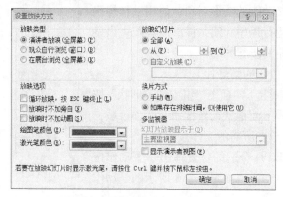

图 4.157 "设置放映方式"对话框

2．控制放映过程

（1）手动放映

在图 4.157 所示的对话框中选择"换片方式"为"手动"，则在放映幻灯片时需要单击鼠标，或按空格键、按回车键、按 n 键都可以放映下一张幻灯片；利用光标移动键也可以播放上一张或下一张幻灯片。

（2）自动放映

如果希望幻灯片在放映过程中能自动播放，在图 4.157 对话框中的"换片方式"一栏中，选择"如果存在排练时间，则使用它"，然后可以采用以下两种方法之一。

① 首先设置一种切换方式，然后在"切换"选项卡下"计时"组中选中"设置自动换片时间"复选框，并同时指定换片的时间。

② 单击"幻灯片放映"选项卡下"设置"组中的"排练计时"按钮，弹出如图 4.158 所示的工具条。

工具条中间显示的时间为本幻灯片的放映时间，右边显示的时间为总的放映时间，单击工具条左边的第一个按钮可排练下一个对象的放映时间。单击工具条的关闭按钮，弹出如图 4.159 所示的对话框。

图 4.158 "录制"工作条

图 4.159 "是否保留排练时间"对话框

可在对话框中选择保留排练时间，自动放映时即可按排练时间放映演示文稿，同时在"幻灯片浏览"视图方式下，还会在每张幻灯片下方显示该幻灯片的播放时间。

另外在保存演示文稿时如果将保存类型设置为"PowerPoint 放映（*.ppsx）"，则幻灯片的放映设置为自动放映，当在 Windows 下双击该文件时自动进入放映状态。

（3）隐藏幻灯片

如果在放映时不想放映某张幻灯片，可以把这张幻灯片隐藏起来。方法是选中要隐藏的幻灯片，单击"幻灯片放映"选项卡下"设置"组中的"隐藏幻灯片"按钮，则该幻灯片就被隐藏起来。选中被隐藏的幻灯片，再次单击"隐藏幻灯片"按钮可以取消隐藏。

在普通视图下，被隐藏的幻灯片缩略图左侧的幻灯片编号上加了一个带对角线的矩形框，以便与其他幻灯片区别开来。

（4）放映时在幻灯片上书写或画图

在幻灯片放映过程中，可以使用鼠标在画面上书写或画图，方法是：在放映屏幕上单击鼠标右键，在弹出的快捷菜单中选择"指针选项"，再选择一种笔，就可以把鼠标当画笔，按住鼠标左键，就可以在屏幕上画图或书写了。还可以使用快捷菜单中"指针选项"下的"墨迹颜色"选项来更改绘图笔的颜色。

在需要播放幻灯片时，按住 Alt 键不放，依次按 D、V 键激活播放操作，这时启动幻灯片放映模式是一个带标题栏和菜单栏的形式，这样可以将幻灯片的播放模式像一个普通窗口一样操作，例如最小化，非常方便。

3. 演示文稿的输出

演示文稿制作完成后，不仅可以保存为默认扩展名为.pptx 的文档，也可以另存为.ppt、.pdf、.xml 等多种格式文档。下面介绍几种演示文稿常用的输出方法。

（1）保存为视频

单击"文件"菜单下"保存并发送"选项，在打开的"保存并发送"窗格的"文件类型"区域中选择"创建视频"选项，如图 4.160 所示。根据播放要求设置"放映每张幻灯片的秒数"，然后单击"创建视频"按钮，演示文稿将导出为视频文件，默认扩展名为.wmv。

图 4.160　创建视频

（2）演示文稿打包

做好的演示文稿要在其他计算机上演示时，可以将演示文稿复制到目标机器上。PowerPoint还提供了另一种方法：打包。该方法相对于直接复制有不可替代的优点。打包可以将演示文稿以及所需的链接文件、多媒体文件、字体等整合成一个独立的文件包，从而方便用户复制到移动存储设备上以便携带。

打包步骤如下。

① 打开欲打包的演示文稿。

② 单击"文件"菜单下"保存并发送"选项，在打开的"保存并发送"窗格的"文件类型"

区域中选择"将演示文稿打包成 CD"选项，再单击"打包成 CD"按钮。

③ 在弹出如图 4.161 所示的"打包成 CD"对话框中添加要打包的演示文稿；单击"选项"按钮，可以在"选项"对话框中设置将要链接的文件、嵌入的 TrueType 字体打包到 CD 中，还可设置演示文稿的打开和修改密码等。设置完成后单击"复制到文件夹"或"复制到 CD"即可进行打包操作。

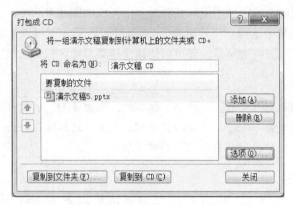

图 4.161　"打包成 CD"对话框

PowerPoint 2010 并不打包 PowerPoint 播放器，要运行打包后的 PowerPoint 2010 演示文稿，需要先下载 PowerPoint 播放器安装程序。打开打包生成的 PresentationPackage 文件夹，打开文件夹中的 PresentationPackage.html 文件，单击 Download Viewer 即可下载 PowerPoint 播放器安装程序。安装 PowerPoint 播放器后，启动播放器并打开要放映的演示文稿即可播放幻灯片了。

4.5　Office 2010 与 Office 2003 的文件兼容

Office 2010 相对 Office 2003 等早期微软办公软件来说增加了很多新的特征和功能，例如，在 Office 2010 中引进了的一种基于 XML 的默认文件格式，因此，Office 2010 也发生了一些与早期版本兼容方面的问题。如果要在 Office 2010 与早期版本的 Office 程序之间共享文档，可采用下面介绍的方法来实现。

4.5.1　在 Office 2003 或更早版本中打开 Office 2010 文档

用 Office 2010 默认格式保存的文件，在安装 Office 2003 版本的计算机上打开时，会出现如图 4.162 所示的对话框，提示必须通过安装相应的"Microsoft Office 兼容包"才可以打开并编辑 Office 2010 文件。

图 4.162　下载兼容包

在该对话框中单击"确定"按钮,或打开微软软件官方网站上的页面"http://www.microsoft.com/downloads/zh-cn/details.aspx?displaylang=zh-cn&FamilyID=941B3470-3AE9-4AEE-8F43-C6BB74CD1466"下载"Microsoft Office Word、Excel 和 PowerPoint 文件格式兼容包(文件名 FileFormat Converters.exe)",然后在安装有 Office 2003 的计算机上直接安装这个工具即可,安装后就可以在文件夹选项中看到已经添加了.DOCX、.XLSX、.PPTX、.PPSX 几种常见的 Office 2010 文档格式,并且可以用旧版的 Word、Excel 和 PowerPoint 打开、编辑和保存这些新格式的文档文件了。

4.5.2　在 Office 2010 中打开 Office 2003 或更早版本的文档

Office 2010 提供了良好的向下兼容能力,能支持打开或保存先前版本的文档,无需额外设置。如果要在 Office 2010 中打开由 Office 2003 创建的文档,则会开启"兼容模式",而且会在文档窗口的标题栏中看到"兼容模式"。在"兼容模式"下,可以打开、编辑和保存文件。"兼容模式"可确保在处理文档时,无法使用 Office 2010 中新增或增强的功能,以便使用 Office 早期版本的用户能拥有完全的编辑功能,如图 4.163 所示。

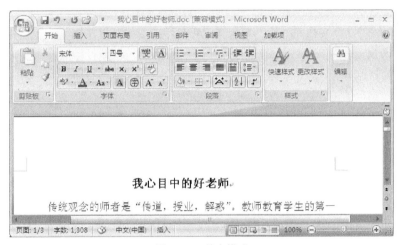

图 4.163　兼容模式

用户可以在"兼容模式"下工作或将文档转换为 Office 2010 文件格式。转换后的文档可以使用 Office 2010 中新增和增强的功能。但使用 Office 2003 的用户可能无法或很难编辑该文档中使用 Office 2010 的新增或增强的功能创建的特定部分。

如果在 Office 2010 下要将 Office 2010 文档格式与 Office 2003 文档格式相互转换,可以使用"文件"菜单下"另存为"选项,打开"另存为"对话框,通过在"保存类型"下拉列表框中选择相应文档格式来实现。

本章小结

Office 2010 是微软公司推出的一套办公自动化集成软件,在日常工作与办公中应用十分广泛。本章介绍了 Office 2010 的组成以及各组件的功能,并详细介绍了 Word 2010、Excel 2010 和 PowerPoint 2010 的使用方法,主要内容包括 Word 的基本操作、文档编辑与排版;Excel 电子表格的数据录入技巧、公式与函数的使用、工作表的格式化操作、数据清单的建立、数据筛选、数据汇总、数据透视表、数据图表创建；PowerPoint 演示文稿的创建、编辑、切换及动画设置等操作。

通过本章的学习，读者可以掌握常用的办公自动化软件的使用方法，可以熟练地对 Word 文档进行编辑排版、通过 Excel 电子表格处理数据和分析数据、通过 PowerPoint 制作或放映演示文稿。

习　题

一、单项选择题

1. Word 提供了多种执行 Word 命令的方法，除了可以使用已有的菜单、工具栏按钮和快捷菜单外，还可以使用_____。

    A. 窗口命令 　　　　　　　　　　　B. 对话框命令

    C. 快捷键 　　　　　　　　　　　　D. 任务栏

2. Word 在编辑一个文档完毕后，要想知道它打印的效果，可使用_____功能。

    A. 打印预览 　　　　　　　　　　　B. 模拟打印

    C. 提前打印 　　　　　　　　　　　D. 屏幕打印

3. 在 Word 窗口的工作区里，闪烁的小垂直条表示_____。

    A. 光标位置 　　　　　　　　　　　B. 按钮位置

    C. 鼠标图标 　　　　　　　　　　　D. 拼写错误

4. 快捷键 Ctrl+A 的作用是_____。

    A. 剪切 　　　　　　　　　　　　　B. 粘贴

    C. 全选 　　　　　　　　　　　　　D. 帮助

5. 在 Word 文档操作中，经常利用_____操作过程相互配合，用以将一段文本内容移动到另一处。

    A. 选取、复制、粘贴

    B. 选取、剪切、粘贴

    C. 选取、剪切、复制

    D. 选取、粘贴、复制

6. Word 在_____选项卡下提供了查找与替换功能，可以用于快速查找信息或成批替换信息。

    A. 开始 　　　　　　　　　　　　　B. 插入

    C. 视图 　　　　　　　　　　　　　D. 文件

7. 改变插入与改写状态的方法是_____。

    A. 按 Insert 键 　　　　　　　　　　B. 按 Shift 键

    C. 按 Ctrl 键 　　　　　　　　　　　D. 按 Alt 键

8. 打开的 Word 文件名可在窗口的_____找到。

    A. 标题栏 　　　　　　　　　　　　B. 选项卡

    C. 功能区 　　　　　　　　　　　　D. 状态栏

9. 在 Word 的编辑状态下，可以按 Delete 键来删除插入点右边的一个字符，按_____键删除光标左面的一个字符。

    A．Backspace
    B．Insert
    C．Alt
    D．Ctrl

10. 双击格式刷按键，使格式刷处于_____复制格式状态。

    A．不能
    B．一直
    C．只能一次
    D．只能两次

11. 分节符的类型有_____几种。

    A．1
    B．2
    C．3
    D．4

12. 在 Word 中，插入图片可通过_____选项卡下的"图片"进行操作。

    A．文件
    B．开始
    C．插入
    D．引用

13. 在 Word 中，要给文档编页码，需要_____。

    A．选择"文件"选项卡下的"选项"
    B．选择"页面布局"选项卡下的"页面设置"
    C．选择"视图"选项卡下的"页面视图"
    D．选择"插入"选项卡下的"页码"

14. 在表格制作中，Word_____。

    A．可以划斜线
    B．不可以划斜线
    C．不可以改变表格线的线型和粗细
    D．不可以清除表格内部的格子线

15. 在 Word 文档编辑中，能显示出分页符但不能显示页眉和页脚的视图是_____。

    A．大纲视图
    B．草稿视图
    C．页面视图
    D．Web 版式视图

16. Excel 2010 中的乘方运算符用_____表示。

    A．*
    B．**
    C．^
    D．\

17. Excel 2010 中，若想在活动单元格中输入系统时间，可以_____。

    A．同时按下 Ctrl 键和"；"键
    B．同时按下 Ctrl 键和"："键
    C．同时按下 Ctrl+Shift 组合键和"，"键
    D．同时按下 Ctrl+Shift 组合键和"："键

18. 在 Excel 2010 中建立的文档通常被称为_____。

    A．工作表
    B．单元格
    C．二维表格
    D．工作簿

19. Excel 2010 使用_____来定义一个区域。

    A．( )
    B．:
    C．;
    D．|

20. 一般情况下，Excel 2010 文件的扩展名是_____。

    A．docx   B．xlsx

    C．bmp   D．txt

21. Excel 2010 中工作表底部的_____显示出活动工作簿中的工作表名。

    A．状态栏   B．编辑栏

    C．工作表标签   D．工具栏

22. 执行自动筛选后，不符合筛选条件的行被_____。

    A．删除

    B．隐藏

    C．显示

    D．与筛选前相同

23. Excel 2010 中，如果光标在单元格地址 C4 中，那么光标位于工作表的_____地方。

    A．第 C 行、第 4 列   B．第 C 列、第 4 行

    C．第 3 列和第 4 行   D．接近顶部

24. Excel 2010 中，如果单元格 B2 中为"星期一"，那么向下拖动填充手柄到 B4，则 B4 中应为_____。

    A．星期一   B．星期二

    C．星期三   D．#REF

25. Excel 中，选取大范围区域，先单击区域左上角的单元格，将鼠标指针移到区域的右下角，然后_____。

    A．按"Shift"键，同时单击对角单元格

    B．按"Shift"键，同时用方向键拉伸欲选区域

    C．按"Ctrl"键，同时单击单元格

    D．按"Ctrl"键，同时双击对角单元格

26. _____表示工作表中第三行，第四列的绝对地址。

    A．$D$3   B．R3C4

    C．$3$4   D．R[3]R[4]

27. 在 Excel 2010 中，所选单元格的右下方有一个黑色的小方块，我们将其称为_____。

    A．窗口角落   B．最小化按钮

    C．恢复按钮   D．填充柄

28. 要对表中数据按某个关键字分类汇总，首先要做的操作是按此关键字_____。

    A．排序   B．筛选

    C．合并计数   D．求和

29. 在 Excel 2010 的工作表中，若单元 C5=1 000，D5=50，C6=6 000，D6=40，当在单元格 E5 中填入公式"=C5*D5"，将此公式复制到 F6 单元格中，则 F6 单元格的值为_____。

    A．2 500 000   B．2 400 000

    C．1 050   D．0

30. 在 Excel 2010 的工作表中，若单元 C5=1 000，D5=50，C6=6 000，D6=40，当在单元格 E5 中填入公式"=C5*D5"，将此公式复制到 E6 单元格中，则 E6 单元格的值为_____。

    A．2 500 000   B．2 400 000

C. 1 050　　　　　　　　　　　D. 6 040

31. 在 Excel 2010 中，"Sheet2!A6"中的 Sheet2 表示_____。

    A. 工作表名　　　　　　　　　B. 工作簿名

    C. 字段名　　　　　　　　　　D. 公式名

32. Excel 2010 中，以下_____操作会在字段单元格内加入一个向下箭头。

    A. 自动筛选　　　　　　　　　B. 记录单

    C. 数据透视表报告　　　　　　D. 分类汇总

33. Excel 2010 中，选择"开始"选项卡下"数字"组中的"千位分隔样式"按钮后，Excel 2010 将显示为_____。

    A. RMB2，000　　　　　　　　B. 2000

    C. 2，000　　　　　　　　　　D. 2，000.00

34. Excel 中，以下有关工作表中数据输入的叙述正确_____。

    A. 所有的公式必须以等号（＝）开头

    B. 所有的文本输入项在单元格中必须为左对齐

    C. 所有日期均以文字形式输入在单元格中

    D. 所有数值在单元格中为右对齐

35. 在 Excel 中，其运算符优先级最低的是_____。

    A. 算术运算符　　　　　　　　B. 字符运算符

    C. 逻辑运算符　　　　　　　　D. 比较运算符

36. 在单元格内可显示数据变化的工具是_____。

    A. 条件格式　　　　　　　　　B. 图表

    C. 迷你图　　　　　　　　　　D. SmartArt 图形

37. Excel 工作表行号和列标交叉处框的作用是_____。

    A. 没作用　　　　　　　　　　B. 选中行号

    C. 选中列标　　　　　　　　　D. 选中整个工作表

38. PowerPoint 文档的默认扩展名是_____。

    A. xlsx　　　　　　　　　　　B. docx

    C. ptpx　　　　　　　　　　　D. pptx

39. 下列不属于 PowerPoint 2010 视图是_____。

    A. 普通视图　　　　　　　　　B. 幻灯片浏览视图

    C. 幻灯片母版　　　　　　　　D. 大纲视图

40. 在幻灯片放映过程中，结束放映可以按_____键。

    A. Esc　　　　　　　　　　　B. Break

    C. Shift　　　　　　　　　　D. Tab

二、填空题

1. Excel 中名称为 E5 的单元格处于第_____列第_____行。

2. 为使 Word 文档显示的每一页面都与打印后的相同，应选择的视图方式是_____。

3. Word 中复制的快捷键是_____，剪切的快捷键是_____，粘贴的快捷键是_____。

4. Word 2010 文档默认的扩展名为_____，Excel 2010 文档的默认扩展名为_____。

5. 单元格 C1=A1+B1，将公式复制到 C2 时，C2 的公式是_____；单元格 C1=$A$1+B1，

将公式复制到 C2 时，C2 的公式是_____。

6. 在 Excel 工作表的公式中，"AVERAGE（B3∶C4）"的含义是_____。

7. 在 Sheet1 中引用 Sheet3 中的 B3 单元格，引用格式是_____。

8. 用来表示两个区域相交的部分的运算符是_____。

9. PowerPoint 2010 演示文稿默认的扩展名为_____，PowerPoint 中新幻灯片的放映方式分为人工放映方式和_____。

10. 在 PowerPoint 中能够对幻灯片进行复制、移动等操作，但不能对幻灯片内容进行编辑操作的_____视图。

三、操作题

1. 用 Word 2010 设计一份个人简历，内容和格式自行排版设计。

2. 以班级同学各门课程成绩制作一个电子表格，并对成绩进行计算、排序和生成图表。

3. 请设计一个展示自我的演示文稿"自我介绍"，内容自拟。

4. 请为一厂家设计一个推销某一新产品的演示文稿，内容自拟。

5. 在演示文稿中建立自定义放映，然后建立一个超级链接，链接到该自定义放映。

第5章
Internet 网络应用技术

【本章重点】计算机网络的定义与功能；计算机网络的组成与分类；OSI 参考模型与 TCP/IP 参考模型；Internet 基础知识；物联网技术。

【本章难点】OSI 参考模型与 TCP/IP 参考模型；计算机网络拓扑结构；IP 地址的构成与分类；物联网技术原理与体系结构。

【学习目标】掌握计算机网络的定义与功能；掌握计算机网络的分类与拓扑结构；掌握计算机网络的体系结构；掌握 IP 地址的构成与分类；熟悉 Internet 基础知识；掌握 IE 的使用与设置。

5.1　计算机网络概述

在信息化社会中，计算机已经从单一使用发展成集群使用，越来越多的应用领域需要计算机在一定的地域范围内协同工作，从而促进了计算机技术和通信技术紧密地结合，形成了计算机网络这门学科。

随着计算机技术的快速发展，计算机网络的应用也越来越普及和广泛，已渗透到国民经济和人们日常生活的各个领域。我们可以通过计算机网络来获取所需要的各种信息，也可以通过它向全社会发布各种经济信息、科研情报、技术资料等。当今的时代就是一个以网络为核心的信息时代，它最主要的特征就是数字化、信息化与网络化。

现在人们的生活、工作、学习都已离不开计算机网络。没有网络我们无法到银行存钱或者取钱，没有网络我们无法预订火车票、飞机票，没有网络我们无法上网查询自己需要的相关资料，没有网络我们更无法在网上与朋友及时交流信息。由此可见人们已经越来越依赖于网络，那么计算机网络到底是什么？它由哪些部分组成？为什么我们可以使两台相距那么远的主机进行通信，它的工作原理又是什么呢？接下来，我们一点点来看。

5.1.1　计算机网络的定义及功能

什么是计算机网络？计算机网络的精确定义并未统一，最简单的定义就是：一些互相连接的、自治的计算机的集合。

从定义中看出一个计算机网络涉及 3 个方面的问题。

（1）至少两台计算机互联。

（2）通信设备与线路介质。

（3）包括相应的网络软件，通信协议。

按照此定义两台计算机和连接它们的一条链路，就可以构成一个最简单的计算机网络，世界上最大、最复杂的网络就是我们通常所说的因特网 Internet。

计算机网络就是为了使众多的计算机连接后，可以方便地互相传递信息，共享数据资源。具体地说，计算机网络可以实现以下 3 个基本功能。

1. 数据通信

数据通信就是在计算机之间和计算机用户之间进行的数据传输，是计算机网络的最基本的功能。比如，我们可以通过网络来收发电子邮件（E-mail），这样既快捷、又方便；而且我们还可以不必使用 U 盘或者软盘直接利用网络来将文件从一个地方传送到世界上的另外一个地方。

2. 资源共享

资源共享是计算机网络最吸引人的地方，是建立计算机网络的目的，它包括硬件、软件和数据资源的共享。网上的用户通过网络能够部分或全部地使用计算机网络的资源，使计算机网络中的资源互相共享，分工协作，从而大大提高各种硬件、软件和数据资源的利用率。比如，从投资考虑，若干台机器互连起来组成了一个网络，我们只需要配置一台机器装有光驱、打印机、扫描仪即可，其他的几台机器若想使用这些资源的话，可以通过网络来共享这些硬件资源，从而可以节省资金。其次，我们现在经常上网查资料，这就是最显然的一种数据资源共享的例子。还有，现在计算机软件层出不穷，在这些浩如烟海的软件中，不少是免费共享的，我们就不需要再花钱购买了，这是网络上的宝贵财富。任何连入网络的人，都有权利使用它们。资源共享为用户使用网络提供了方便。

3. 实现分布式处理

网络技术的发展，使得分布式计算成为可能。分布式处理即是在计算机之间或计算机用户之间的协同工作。对于大型的课题，可以分为许许多多的小题目，先由不同的计算机分别完成，再集中起来解决问题。这样各个人员只需要负责自己的那一块小项目即可，不需要全盘进行操作。计算机网络支持下的协同工作是计算机应用的一个重要研究方向。这些都离不开计算机网络环境。

随着技术的进步，计算机网络也提供着越来越多的功能，比如像上面所说的允许一个地点的用户与另一个地点的计算机进行交互对话、实现网上信息查询和自己信息的发布、传送电子邮件（E-mail）。而且像现在正在兴起的电子商务，也要依靠网络来实现网上商贸交易。还有国家所提倡的联机会议，就是利用计算机网络来参加召开会议或讨论。可见，计算机网络的应用范围已经非常广泛了，它已经深入到社会的方方面面。

5.1.2　计算机网络的发展

计算机网络是现代通信技术与计算机技术相结合的产物。实际上，现代计算机网络是 20 世纪 60 年代冷战时期的产物。在 1969 年为了能在爆发核战争时保障通信联络，美国国防部高级研究计划署 ARPA 资助建立了世界上第一个分组交换试验网 ARPANET，连接美国 4 个大学。ARPANET 的建成和不断发展标志着计算机网络发展的新纪元。在 20 世纪 70 年代末到 20 世纪 80 年代初的时候，计算机网络蓬勃发展，各种各样的计算机网络应运而生，如 MILNET、USENET、BITNET、CSNET 等，在网络的规模和数量上都得到了很大的发展。1986 年美国国家科学基金会 NSF 资助建成了基于 TCP/IP 技术的主干网 NSFNET，连接美国的若干超级计算中心、主要大学和研究机构，世界上第一个互联网产生并且迅速连接到世界各地。20 世纪 90 年代，随着 Web 技术和相应的浏览器的出现，互联网的发展和应用出现了新的飞跃。1995 年，NSFNET 开始商业化运行，使得网络技术发展更加迅速，从而产生了现在的 Internet 网络。

总体来看，计算机网络的发展过程大致可以分为下面几个阶段，在这里需要注意的是：对于网络发展过程的划分，没有一个严格的年代界线，它们之间是一个逐渐发展，相互迭代的过程。

早期的计算机系统是高度集中的，所有的设备安装在单独的大房间中，后来出现了批处理和分时系统，分时系统所连接的多个终端必须紧接着主计算机。20 世纪 50 年代中后期，许多系统将地理上分散的多个终端通过通信线路连接到一台中心计算机上，这样就出现了第一代计算机网络。

第一代计算机网络是以单个计算机为中心的远程联机系统，如图 5.1 所示。典型应用就是大家所熟悉的全国范围内的火车订票系统，它就是由一台计算机和全国范围内多个终端组成的。

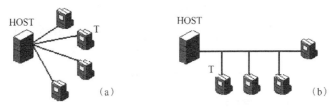

图 5.1　第一代网络（Host：主机，T：终端）

终端为一台计算机的外部设备包括 CRT 控制器和键盘，无 CPU 内存。

随着远程终端的增多，在主机前增加了前端机 FEP。当时，人们把计算机网络定义为"以传输信息为目的而连接起来，实现远程信息处理或近一步达到资源共享的系统"，这样的系统已具备了通信的雏形。

随着计算机技术的发展，各种软、硬件的价格大幅度下降，在此基础上形成了第二代计算机网络。它是以多个主机通过通信线路互联起来，为用户提供服务，如图 5.2 所示，第二代计算机网络兴起于 20 世纪 60 年代后期，在 20 世纪 70 年代至 20 世纪 80 年代中期得到迅猛的发展。典型代表就是美国国防部高级研究计划局协助开发的 ARPANet。

图 5.2　第二代以通信子网为中心的网络

在这里，主机之间已经不是简单的直接通过通信线路来共享硬件和软件资源了，第二代网络主要是由通信子网和用户资源子网组成。通信子网，是第二代网络的中心，由各种传输协议与通信线路组成；用户资源子网，是由通信子网互联的主机负责运行程序，提供共享的资源。在这里用户不仅共享通信子网的资源，而且还可共享用户资源子网的许多硬件和各种丰富的软件资源。这个时期，网络概念为"以能够相互共享资源为目的互联起来的具有独立功能的计算机之集合体"，形成了计算机网络的基本概念。

第三代计算机网络是具有统一的网络体系结构并遵循国际标准的开放式和标准化的网络。ISO 在 1984 年颁布了开放系统互连参考模型 OSI/RM，该模型分为 7 个层次，也称为 OSI 七层模型，被公认为新一代计算机网络体系结构的基础，为普及局域网做出了巨大的贡献。但是在这里需要补充说明的是，OSI 参考模型只是理论上的模型，可是在事实上我们现有的网络所采用的都是 TCP/IP 模型，这在后面会详细地介绍。

第四代计算机网络从 20 世纪 80 年代末开始，局域网技术发展成熟，出现光纤及高速网络技术，多媒体，智能网络，整个网络就像一个对用户透明的大的计算机系统，发展为以 Internet 为代表的互联网。我们现在所处的就是第四代计算机网络。

据预测，今后计算机网络将朝着下面几个方向发展。

（1）开放式的网络体系结构，使不同软硬件环境、不同网络协议的网络可以互连，真正达到资源共享、数据通信和分布处理的目标。

（2）向高性能发展。追求高速、高可靠性和高安全性，采用多媒体技术，提供文本、声音和图像等综合性服务。

（3）计算机网络的智能化，多方面提高网络的性能和综合的多功能服务，更加合理地进行网络各种业务的管理，真正以分布和开放的形式向用户提供服务。

随着社会及科学技术的发展，对计算机网络的发展提供了更加有利的条件。计算机网络与通信网的结合，可以使众多的个人计算机不仅能够同时处理文字、数据、图像、声音等信息，而且还可以使这些信息共享，及时地与全国乃至全世界的信息进行交换。

5.1.3　计算机网络的组成

如前所述，计算机网络主要是为了完成数据通信与资源共享的，它的组成非常的复杂，从物理上来看网络的组成可以分为两方面：一为硬件方面，另一个为软件方面。在网络系统中，硬件的选择对网络起着决定性作用，而网络软件则是挖掘网络潜力的工具。

1.　网络软件

在网络系统中，网络上的每个用户，都可享有系统中的各种资源，系统必须对用户进行控制。否则，就会造成系统混乱、信息数据的破坏和丢失。为了协调系统资源，系统需要通过软件工具对网络资源进行全面的管理、调度和分配，并采取一系列的安全保密措施，防止用户不合理地对数据和信息的访问，而造成数据和信息的破坏与丢失。网络软件是实现网络功能不可缺少的软件环境。

通常网络软件包括以下几种。

（1）网络协议和协议软件：它是通过协议程序实现网络协议功能。

（2）网络通信软件：通过网络通信软件实现网络工作站之间的通信。

（3）网络操作系统：网络操作系统是用以实现系统资源共享、管理用户对不同资源访问的应用程序，它是最主要的网络软件。

（4）网络管理及网络应用软件：网络管理软件是用来对网络资源进行管理和对网络进行维护的软件。网络应用软件是为网络用户提供服务并为网络用户解决实际问题的软件。

这里需要强调说明的是，网络软件最重要的特征是：网络管理软件所研究的重点不是在网络中互连的各个独立的计算机本身的功能，而是如何实现全网络特有的功能。

2.　网络硬件

网络硬件是计算机网络系统的物质基础。要构成一个计算机网络系统，首先要将计算机及其附属硬件设备与网络中的其他计算机系统连接起来。不同的计算机网络系统，在硬件方面是有差别的。随着计算机技术和网络技术的发展，网络硬件日趋多样化，功能更加强大，更加复杂，但是基本组成应该包括下面几部分。

（1）若干个计算机系统，它们根据所承担的任务不同，在网络中分别充当不同的角色，如服务器、客户端等。

（2）共享的外部设备，包括连接在网络上的共享打印机、投影仪等。

（3）网络互连设备，是指计算机与通信线路之间按照一定通信协议传输数据的设备。包括网络适配器（网卡）、调制解调器、集线器、中继器、交换机、网桥、路由器和网关等。

（4）传输介质，它负责连接网络中的各种主机与设备，为数据传输提供通道。网络中常用的传输介质有双绞线、光缆及光纤。此外，无线传输介质（如微波、激光和红外线等）在计算机网络中也显示出它的广泛用途。

这些硬件的互连就构成了网络所需的基本，随着计算机网络技术的发展和网络应用的普及，网络结点设备会越来越多，功能也更加强大，设计也会更加复杂。

除此之外，我们还可以从逻辑上将网络划分为通信子网和资源子网两部分。

通信子网由通信控制处理机、通信线路与其他通信设备组成，负责全网数据传输、通信处理工作。通信子网完成信息分组的传递工作，每个通信结点具有存储转发功能，当通信线路繁忙时，每个分组能在结点存储、排队，当线路空闲时分组被转发送出，从而提高了线路的利用率和整个网络的效率。

资源子网由主计算机系统、终端控制器、联网外设、各种软件资源与信息资源组成，代表着网络的数据处理资源和数据存储资源，负责全网数据处理和向网络用户提供网络资源和网络服务工作。

5.1.4　计算机网络的分类

由于计算机网络的广泛使用，目前世界上已出现了各种形式的计算机网络，下面我们从不同的角度来对它进行分类。

（1）按计算机网络的作用范围进行分类，有广域网 WAN（Wide Area NetWork）、城域网 MAN（Metropolitan Area NetWork）、局域网 LAN（Local Area NetWork）。局域网是一种在小范围内实现的计算机网络，一般在一个建筑物内，或一个工厂、一个事业单位内部，为单位独有。它的特点就是结构简单，布线容易。广域网作用范围很广通常为几十到几千公里，可以分布在一个省内、一个国家或几个国家。城域网的作用范围是在广域网和局域网之间，基本上是在一个城市内部组建的计算机信息网络，提供全市的信息服务。

（2）按网络的交换功能分类有电路交换、报文交换、分组交换及综合交换网络。电路交换最早出现在电话系统中，早期的计算机网络就是采用此方式来传输数据的，数字信号经过变换成为模拟信号后才能在电路上传输。报文交换是一种数字化网络，当通信开始时，源机发出的一个报文被存储在交换器里，交换器根据报文的目的地址选择合适的路径发送报文，这种方式称做存储-转发方式。分组交换也采用报文传输，但它不是以不定长的报文做传输的基本单位，而是将一个长的报文划分为许多定长的报文分组，以分组作为传输的基本单位。这不仅大大简化了对计算机存储器的管理，而且也加速了信息在网络中的传播速度。由于分组交换优于电路交换和报文交换，具有许多优点，因此，它已成为计算机网络的主流。综合交换是在一个数据网中同时采用电路交换和分组交换。

（3）按网络拓扑结构可分为星形网、树形网、总线网、环形网及网状网等，如图 5.3 所示。

最后我们还可以按照网络的使用范围来进行分类，划分为公用网和私有网。公用网一般是国家的邮电部门建造的网络。"公用"的意思就是所有愿意按邮电部门规定交纳费用的人都可以使用，因此，公用网又称为公众网。专用网是某个部门为本单位的特殊业务工作的需要而建造的网络。这种网络不向本单位以外的人提供服务。例如军队、铁路、电力等系统均有本系统的专用网。

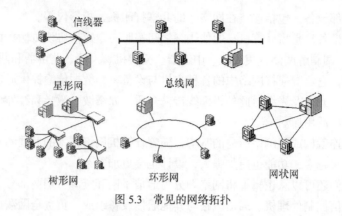

图 5.3　常见的网络拓扑

5.2　计算机网络的体系结构

5.2.1　计算机网络体系结构的形成

计算机网络是由多种计算机和各类终端通过通信线路连接起来的非常复杂的系统。在这个系统中，由于计算机型号不一，终端类型各异，加之线路类型、连接方式、同步方式、通信方式的不同，给网络中各结点的通信带来许多不便。比如，现在假设一种最简单的情况，有两台连接在网络上的计算机要互相传送文件，为了达到此目的，整个网络传输过程需要完成哪些工作呢？

首先，需要有一条连接线路，这是最基本的。但是有了这个基本的连接线路还不够，我们还必须要考虑，这两台机器是否能够建立连接？连接是怎样建立的？在此线路上发送端又是如何能够将文件准确地传送到目的地？如果这两台机器的文件格式不兼容，它们之间又是如何进行相互沟通的？还有，如果文件在传输的过程中，出现了一些差错，如数据文件传送错误、丢失了或者网络中某个结点出现了问题，那么又该如何处理以保证对方可以正确地接收呢？等等，诸如此类的问题，都是需要我们相互通信的两个计算机系统高度协调工作才行，而这种协调，毋庸置疑，是非常复杂的。

为了设计这样复杂的计算机网络，早在最初的 ARPANET 设计时即提出了分层的方法。"分层"可将庞大而复杂的问题，转化为若干较小的局部问题，而这些较小的局部问题总是比较易于研究和处理。这种结构化设计方法是工程设计中常见的手段，也是系统分解的最好方法之一。

从分层的方法，产生了层次体系。层次体系就是利用分层的方式来处理复杂的功能，层次系统要求上层子系统可以使用下层子系统的功能，而下层子系统不能够使用上层子系统的功能。一般下层每个程序接口执行当前的一个简单的功能，而上层通过调用不同的下层程序，并按不同的顺序来执行这些下层程序，层次体系就是以这种方式来完成多个复杂的业务功能的。

1974 年，美国的 IBM 公司宣布了它研制的系统网络体系结构 SNA（System Network Architecture），这个著名的网络标准就是按照分层的方法制定的。不久后，其他一些公司也相继推出针对它们自己的一套体系结构，并都采用了不同的名称。

但是因为那时还没有一套标准出来，所以各个不同的公司都只使用它们自己的体系结构来研发网络产品，而它们之间又不能兼容，所以使用不同体系结构的用户就没有办法交换信息了。然而全球经济的发展迫切要求不同的用户都能够互相交换信息，进行资源共享，为了使不同体系结构的计算机网络都能互连，国际标准化组织（ISO）于 1977 年成立了一个专门的机构来研究该问题。不久，他们就提出一个试图使各种计算机在世界范围内互连成网的标准框架，即著名的开放系统互连基本参考模型 OSI/RM（Open Systems Interconnection Reference Model），简称为 OSI。

5.2.2　OSI 参考模型

开放系统互连基本参考模型 OSI 是由国际标准化组织（ISO）制定的标准化开放式计算机网络层次结构模型，又称 ISO's OSI 参考模型。"开放"这个词表示能使任何两个遵守 OSI 标准的系统进行互连，不管它们位于世界上的任何地方。

OSI 包括了体系结构、服务定义和协议规范三级抽象。OSI 的体系结构定义了一个七层模型，由低层至高层分别是物理层、数据链路层、网络层、运输层、会话层、表示层和应用层，如图 5.4 所示，每一层使用下层提供的服务，并向其上一层提供服务。

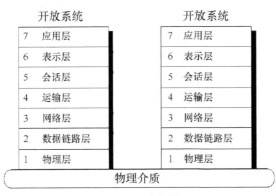

图 5.4　OSI 参考模型

各层功能简要介绍。

（1）物理层：定义了为建立、维护和拆除物理链路所需的机械的、电气的、功能的和规程的特性，其作用是使原始的数据比特流能在物理媒体上传输。具体涉及接插件的规格、"0"、"1"信号的电平表示、收发双方的协调等内容。在这一层，数据还没有被组织，仅作为原始的位流或电气电压处理。

（2）数据链路层：比特流被组织成数据链路协议数据单元，通常称为帧，并以其为单位进行传输，帧中包含地址、控制、数据及校验码等信息。数据链路层的主要作用是通过校验、确认和反馈重发等手段，将不可靠的物理链路改造成对网络层来说无差错的数据链路。数据链路层还要协调收发双方的数据传输速率，即进行流量控制，以防止接收方因来不及处理发送方来的高速数据而导致缓冲器溢出及线路阻塞。

（3）网络层：将数据链路层提供的帧组成数据包或者报文分组进行传输。网络层关心的是通信子网的运行控制，主要解决如何使数据分组跨越通信子网从源站传送到目的地的问题，这就需要在通信子网中进行路由选择。另外，为避免通信子网中出现过多的分组而造成网络阻塞，需要对流入的分组数量进行控制。当分组要跨越多个通信子网才能到达目的地时，还要解决网际互连的问题。

（4）运输层：是 OSI 的中间一层，运输层提供的是端到端的透明数据运输服务，使高层用户不必关心通信子网的存在，由此用统一的运输原语书写的高层软件便可运行于任何通信子网上。运输层还要处理端到端的差错控制和流量控制问题。

（5）会话层："进程—进程"的层次，其主要功能是组织和同步不同的主机上各种进程间的通信（也称为对话），目的是完成正常的数据交换。会话层负责在两个会话层实体之间进行对话连接的建立和拆除。会话双方要确定通信方式，即允许信息双方进行全双工的通信还是半双工的通信。若在半双工情况下，会话层提供一种数据权标来控制某一方何时有权发送数据。会话层还提供在数据流中插入同步点的机制，使得数据传输因网络故障而中断后，可以不必从头开始而仅重传最近一个同步点以后的数据。

（6）表示层：为上层用户提供共同的数据或信息的语法表示变换。为了让采用不同编码方法的计算机在通信中能相互理解数据的内容，可以采用抽象的标准方法来定义数据结构，并采用标准的编码表示形式。表示层管理这些抽象的数据结构，并将计算机内部的表示形式转换成网络通信中采用的标准表示形式。数据压缩和加密也是表示层可提供的表示变换功能。

（7）应用层：是开放系统互连环境的最高层，提供网络与用户应用软件之间的接口服务。在因特网中的应用层协议很多，如支持万维网应用的 HTTP 协议，支持电子邮件的 SMTP 协议，支持文件传送的 FTP 协议等。

那么数据又是如何在 OSI 中进行实际传送的呢？如图 5.5 所示，可以明了地看到整个数据的传输过程。图中发送进程送给接收进程和数据，实际上是经过发送方各层从上到下传递到物理媒体；通过物理媒体传输到接收方后，再经过从下到上各层的传递，最后到达接收进程。

在发送方从上到下逐层传递的过程中，每层都要加上适当的控制信息，即图中和 H7, H6, …, H1，统称为报头。到最底层成为由 "0" 或 "1" 组成和数据比特流，然后转换为电信号在物理媒体上传输至接收方。接收方在向上传递时过程正好相反，要逐层剥去发送方相应层加上的控制信息。

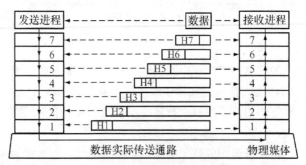

图 5.5　数据的实际传递过程

当源设备（主机 A）上的用户利用某一应用程序将数据发送到应用层时，应用层将它自己的信息（报头）附加在数据信息上并送至下一层。表示层接到该信息后并不将原始数据与应用层的报头分离，而认为接收到的信息都是有用的数据，而且还将本层的报头附加在该"数据"上并送到会话层……，这样的过程沿 OSI 模型自上而下进行，直至传到物理层，在这一层，"数据"将被转变为由 1 和 0 组成的比特流。

当该比特流通过传输介质到达目标设备（主机 B）时，上述的过程将反过来进行。在每一层，该层的报头被剥去，将其中的数据送到上一层。最后，数据被传递到相关的应用程序。

虽然 OSI 在 20 世纪 90 年代初期，整套的 OSI 国际标准都已经制定出来了，但是 OSI 却没有得到广泛的应用，现今规模最大的、覆盖全世界的计算机网络因特网并未使用 OSI 标准，而使用的是非国际标准 TCP/IP。因此，TCP/IP 就常被称为事实上的国际标准。从这种意义上可以说，能够占领市场的就是标准。在过去制定标准的组织中往往以专家、学者为主，但现在许多公司都纷纷挤进各种各样的标准化组织，使得技术标准具有浓厚的商业气息。一个新标准的出现，有时不一定反映出其技术水平是最先进的，而是往往有着一定的市场背景。接下来，我们就来看看事实上的这个国际标准即 TCP/IP。

5.2.3　TCP/IP 参考模型

TCP/IP 体系共分 4 个层次，分别是：网络接口层、网络层、运输层和应用层，如图 5.6 所示。

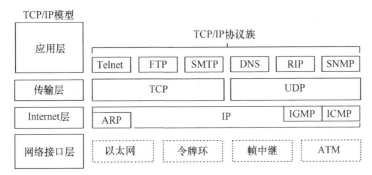

图 5.6　TCP/IP 模型及 TCP/IP 协议族

1. 网络接口层

网络接口层与 OSI 参考模型的数据链路层和物理层相对应，它不是 TCP/IP 协议的一部分，但它是 TCP/IP 赖以存在的与各种通信网之间的接口，所以，TCP/IP 对网络接口层并没有给出具体的规定。

2. 网络层

有 4 个主要的协议：网际协议 IP、Internet 控制报文协议 ICMP、地址解析协议 APR 和逆地址解析协议 RARP。网络层的主要功能是使主机可以把分组发往任何网络并使分组独立地传向目标（可能经由不同的网络）。这些分组到达的顺序和发送的顺序可能不同，因此，如果需要按顺序发送及接收时，高层必须对分组排序。这就像一个人邮寄一封信，不管他准备邮寄到哪个国家，他仅需要把信投入邮箱，这封信最终会到达目的地。这封信可能会经过很多的国家，每个国家可能有不同的邮件投递规则，但这对用户是透明的，用户不必知道这些投递规则。另外，网络层的网际协议 IP 的基本功能是无连接的数据报传送和数据报的路由选择，即 IP 协议提供主机间不可靠的、无连接数据报传送。互连网控制报文协议 ICMP 提供的服务有测试目的地的可达性和状态、报文不可达的目的地、数据报的流量控制、路由器路由改变请求等。地址转换协议 ARP 的任务是查找与给定 IP 地址相对应主机的网络物理地址。反向地址转换协议 RARP 主要解决物理网络地址到 IP 地址的转换。

3. 运输层

TCP/IP 的运输层提供了两个主要的协议，即传输控制协议 TCP 和用户数据报协议 UDP，它的功能是使源主机和目的主机的对等实体之间可以进行会话。其中 TCP 是面向连接的协议。所谓连接，就是两个对等实体为进行数据通信而进行的一种结合。面向连接服务是在数据交换之前，必须先建立连接。当数据交换结束后，则应终止这个连接。面向连接服务具有连接建立、数据传输和连接释放 3 个阶段。在传送数据时是按序传送的。用户数据协议是无连接的服务。在无连接服务的情况下，两个实体之间的通信不需要先建立好一个连接，因此，其下层的有关资源不需要事先进行预定保留。这些资源将在数据传输时动态地进行分配。无连接服务的另一特征就是它不需要通信的两个实体同时是活跃的（即处于激活态）。当发送端的实体正在进行发送时，它才必须是活跃的。无连接服务的优点是灵活方便和比较迅速。但无连接服务不能防止报文的丢失、重复或失序。无连接服务特别适合于传送少量零星的报文，还适合进行对于实时性要求比较高的通信。

4. 应用层

在 TCP/IP 体系结构中并没有 OSI 的会话层和表示层，TCP/IP 把它都归结到应用层。所以，应用层包含所有的高层协议，如远程访问协议（TELNET）、文件传输协议（FTP）、简单邮件传送协议（SMTP）和域名服务（DNS）等。

OSI 是国际标准，而 TCP/IP 是事实上的标准，那么两者之间到底有什么异同？各有什么优缺点呢？

这两个模型要做的工作是一样的，所以在本质上方法相同。例如，都采用了分层结构，有的地方定义了相同或者相似的功能。但是，由于各自互相独立地提出，在层次的划分和使用上又有很大区别。

我们再来看一下它们各自的优点，OSI 参考模型是由专家们经过仔细研究以后提出来的，比较系统、全面，所以得到了几乎所有人的重视，通过学习它可以更深入地了解网络的体系结构，有不少人试图将其实现，也取得了不少成就。TCP/IP 模型则是在实践中逐步摸索发展而得到的结果，TCP/IP 协议的成功推动了因特网的发展，反之，因特网的成功也推动了 TCP/IP 协议的推广。

最后来看一下它们的缺点，OSI 参考模型是脱离开具体实施而提出的一个参考模型。它对于具体实施有一定的指导意义，但是和具体实施还有很大差别。它过于庞大复杂，有些地方考虑不够周到。到目前为止，还没有任何一个组织能够把 OSI 参考模型付诸实现。TCP/IP 协议由于是逐渐发展起来的，缺乏统一规划，所以有些混乱。例如，网络接口层实际上是由物理层和数据链路层组成的。随着应用的发展，各种新的协议的加入，使得这个层次有必要重新划分。另外有些地方定义不清，使得它的指导意义受到影响，这都是它们需要今后再进一步需要调整的方面。

5.3 Internet 基础

Internet 是一个最大的互联网，它将全球的机器都互连在了一起，一旦用户将自己的计算机连入 Internet，那么他就可以通过 Internet 来共享分布在世界各地的大大小小站点中的资源了，因此，可以说 Internet 是全球范围的信息资源宝库。在一些发达国家，一个受过良好教育的人不会使用因特网就像不会开汽车一样令人惊讶。在我国，进入因特网成为国家电信部门近年来主要抓的大事之一，成为组建 CHINANET 的主要目标。由于 Internet 还在不断扩大之中，这些统计数字几乎每天都在变更。从 20 世纪末到下世纪初，Internet 将连接近亿台计算机，达到以十亿计的用户。

5.3.1 Internet 概念

什么是 Internet？在英语中 "Inter" 的含义是 "交互的"，"net" 是指 "网络"。简单地讲，Internet 是一个计算机交互网络，又称网络中的网络。它是一个全球性的巨大的计算机网络体系，它把全球数万个计算机网络，数千万台主机连接起来，包含了难以计数的信息资源，向全世界提供信息服务，它的出现是世界由工业化走向信息化的必然和象征，但这并不是对 Internet 的一种定义，仅仅是对它的一种解释，事实上目前很难给出一个准确的定义来概括 Internet 的特征和全部内容。

从网络通信的角度来看，Internet 是一个以 TCP/IP 网络协议连接各个国家、各个地区、各个机构的计算机网络的数据通信网。从信息资源的角度来看，Internet 是一个集各个部门，各个领域的各种信息资源为一体，供网上用户共享的信息资源网。

今天的 Internet 已经远远超过了一个网络的涵义，它是一个信息社会的缩影。虽然至今还没有一个准确的定义来概括 Internet，但是这个定义应从通信协议、物理连接、资源共享、相互联系、相互通信等角度来综合加以考虑。一般认为，Internet 的定义至少包含以下 3 个方面的内容。

（1）Internet 是一个基于 TCP/IP 协议簇的国际互联网络。

（2）Internet 是一个网络用户的团体，用户使用网络资源，同时也为该网络的发展壮大贡献力量。

（3）Internet 是所有可被访问和利用的信息资源的集合。

对个人用户而言，Internet 最大的魅力在于用廉价的投入（只需拥有一台 PC，一个调制解调器，一根电话线）即可连通 Internet，享受世界上最大的计算机信息网络服务，获取和交流各类信息。蓬勃发展的计算机技术和信息技术随 Internet 的普及，又一次给社会带来了巨大的影响，Internet 以超越几千年科学技术发展进程的速度席卷着世界，冲击着各行各业，改变着人们的工作、学习和生活。总之，Internet 已经成为我们与外部世界连接的纽带，与我们的生活息息相关。

5.3.2　Internet 的相关概念

本小节将介绍 Internet 中常用的名词术语和基本概念。理解这些概念，可以更灵活地使用 Internet。

1. TCP/IP 协议

TCP/IP 模型在前面已经介绍过它是我们网络互连的事实上的国际标准，具体层次结构如图 5.6 所示，下面我们看一下它的协议指的是什么。

TCP 是 Transmission Control Protocol（传输控制协议）的缩写，IP 是 Internet Protocol（网际协议）的缩写，TCP/IP 即传输控制与网际协议，这是 Internet 得以存在的理论基础。TCP/IP 是由美国国防部所制定的通信协议，但是这里需要注意的是 TCP/IP 协议是一个协议簇的概念，而不是单纯的就只一个协议，它共包括 100 多种具体协议（最常用的协议见图 5-6），如支持 E-mail 功能的 SMTP（Simple Mail Transfer Protocol，简单邮件传输协议）和 POP（Post Office Protocol，邮局协议）、支持文件传输功能的 FTP（File Transfer Protocol，文件传输协议）、支持 WWW 功能的 HTTP（Hypertext Transport Protocol，超文本传输协议，协议允许文字、图画、声音等同时传输）等。Internet 实际上就是靠这些协议维持运行的，任何连入 Internet 的计算机都必须遵循至少一种这样的协议，如果计算机遵守了 TCP/IP 的规范，便能在互联网上通行无阻。目前大部分具有网络功能的计算机系统都支持 TCP/IP 协议。

2. IP 地址

我们把整个 Internet 看成一个单一的、抽象的网络。那具体如何来定位每个连接在网络上的主机呢？这就必须要依赖于这里所介绍的 IP 地址。我们给网络上的每台主机都分配一个全世界范围内都是唯一的一个 32bit 的标识符，即所说的 IP 地址。通过它，我们就可以在网络上迅速地进行寻址，定位目的主机。IP 地址是由两部分组成的：网络号 Net-id 与主机号 Host-id，所以 IP 地址不只是一个计算机的号，而是指出了连接到某网络上的某计算机，它是由因特网名字与号码指派公司 ICANN 进行分配的。

在这里将 IP 地址的 32bit 共分为两部分，即网络号与主机号，然后根据网络号的不同将因特

大学计算机应用技术

网的 IP 地址分为 5 类，即 A 类到 E 类，如图 5.7 所示。

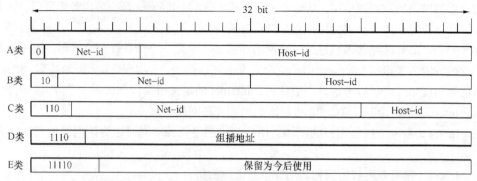

图 5.7　IP 地址的 5 种类型　Net-id：网络号　Host-id：主机号

目前大量使用的地址仅 A 至 C 类 3 种。A 类因为 IP 地址网络号数不多，所以已经不能申请到了，现在能够申请到的 IP 地址只有 B 类和 C 类。注意：当某个单位申请到一个 IP 地址时，实际上只是申请的 Net-id，具体的各个主机号则由该单位自行分配，只需要做到在该单位内没有重复的主机号即可。

5 种类型 IP 地址的主要区别在于网络号和主机号所占的位数不同，这样就可以照顾到不同的情况。例如 A 类地址，由于可供分配的网络号少而主机号多，因此，适用于网络数较少而网内配置大量主机的情况；B 类地址用于中等规模网络配置的情况，而 C 类地址用于主机数较少的地方。

在使用 IP 地址的时候，对于一些特殊的 IP 地址已经规定了特殊的用途，这些地址对于用户来说是无效的，它们分别如下。

（1）主机号的各个位同时全为 0 或 1。

（2）网络编号各个位同时全为 0 或 1。

（3）IP 保留地址：使用了保留地址的网络，只能用这些保留地址在网络内部进行通信，不能与其他网络互联（如 192.168.0.0）。

3. IPv6

IPv6 是"Internet Protocol Version 6"的缩写，它是 IETF（互联网工程任务组：Internet Engineering Task Force）设计的用于替代现行版本 IP 协议 IPv4 的下一代 IP 协议。

目前，全球因特网所采用的协议族是 TCP/IP 协议族，IP 是 TCP/IP 协议族中网络层的协议，是 TCP/IP 协议族的核心协议。随着 Internet 的不断发展，IP 地址的分配问题变得越来越紧张。目前 32 位二进制地址格式虽然可提供 40 亿个 IP 地址，但使用时由于组网的原因，使得 IP 地址有很大的浪费。现在正在研究与实践的 IPv6 格式将现在的 32bit 位改成了 128bit，即将网络地址扩大了 2^{96} 倍，达到了 3.4×10^{38}。如果按照地址分配速率是每微秒分配 100 万个地址，则需要 10^{19} 年的时间才能将所有可能的地址分配完毕。

当然，IPv6 并非十全十美、一劳永逸，不可能解决所有问题，IPv6 只能在发展中不断完善，过渡需要时间和成本，但从长远看，IPv6 有利于互联网的持续和长久发展。目前，国际互联网组织已经决定成立两个专门工作组，制定相应的国际标准。IPv6 正处在不断发展和完善的过程中，它在不久的将来将取代目前被广泛使用的 IPv4，每个人将拥有更多 IP 地址。

4. 域名 DN（Domain Name）

在 Internet 上，定位每台机器可以采用 IP 地址，但是对于现有的 32bit 的二进制来说，记一系列的枯燥的数字，是很麻烦的。针对这一缺点，提出了域名的概念。Internet 域名是 Internet 网络上的一个服务器或一个网络系统的名字，在全世界，域名都是唯一的。通俗地讲，域名就相当于每台服务器或者主机的别名。全世界接入 Internet 的人都能根据域名准确无误地访问到所需要的目的地址。从商界看，域名已被誉为"企业的网上商标"，没有一家企业不重视自己产品的标识——商标，而域名的重要性和其价值也已经被全世界的企业所认识。

当以域名方式访问某台远程主机时，域名系统首先将域名"翻译成对应的 IP 地址"，通过 IP 地址与该主机联系，且随后的所有通信都以 IP 地址作为网络通信地址。所以，在网上当你登录访问某台主机时，既可以使用域名作为登录名，也可以使用其 IP 地址，二者效果一样。

域名是一个层次结构的名称，由若干个英文字母和数字组成，由"."分隔成几部分，一般的域名格式为：

名称.三级域名.二级域名.顶级域名

如：jsjxy.aust.edu.cn 表示安徽理工大学计算机科学与工程学院的一个域名。jsjxy 反映的是计算机科学与工程学院的一台服务器，aust 是安徽理工大学的域名，edu 是教育部域名，cn 是顶级域名，代表中国。

顶级域名一般分为两类，组织性顶级域名（见表 5.1）和地理性顶级域名（见表 5.2）。

组织性顶级域名指明这个网站是属于什么性质的，而地理性顶级域名则指明这个网站的地理位置在什么地方，是属于哪个国家的。

表 5.1　　　　　　　　　　　　　　　　组织性顶级域名

域名缩写	机构类型	域名缩写	机构类型
com	商业系统	firm	商业或公司
edu	教育系统	store	提供购买商业的业务部门
gov	政府机关	web	主要活动与 www 有关的实体
mil	军队系统	arts	以文化为主的实体
net	网管部门	rec	以消遣性娱乐活动为主的实体
org	非盈利性组织	inf	提供信息服务的实体

表 5.2　　　　　　　　　　　　　　　　地理性顶级域名

域名缩写	国家或地区	域名缩写	国家或地区
cn	中国	ca	加拿大
au	澳大利亚	es	西班牙
de	德国	hk	中国香港
fr	法国	tw	中国台湾
iIt	意大利	sg	新加坡
jp	日本	nl	荷兰
uk	英国	us	美国

通过上面两张表，我们基本上就可以知道一个域名大概的性质了，比如对于 www.ah.gov.cn（安徽省政府网站）这个网站，从名称上来看，就知道它应该是属于中国的一个政府机关网站。而 www.aust.edu.cn（安徽理工大学网站）则应是属于中国的一所教育系统的网站。

需要注意的是：域名与 IP 不是一一对应关系，有两个域名对一个 IP 的，也有域名不变而 IP

改变的情形。而且还有一点需要提出来的就是注册了域名的主机一定有 IP 地址，但不一定每个 IP 地址都在域名服务器中注册了域名。

5．URL 地址

URL（Uniform Resource Locators）是"统一资源定位符"的缩写，用来指示某一项资源或者信息的所在位置及访问方法。这里的"资源"是指在因特网上可以被访问的任何对象，包括文件目录、文件、文档、图像、声音等，以及与因特网相连的任何形式的数据。

URL 是一个简单的格式化字符串，由于所访问对象的不同，所以访问方式也不相同（如通过WWW，FTP 等），所以 URL 还指出读取某个对象时所使用的访问方式。这样 URL 的常用形式如下（即由以冒号隔开的两大部分组成，并且在 URL 中的字符对大写或小写没有要求）：

访问协议：//<主机名>[：端口号]/路径/文件名

其中，"访问协议"是指获取信息的通信协议。最常用的是两种，即 ftp（文件传送协议）、http（超文本传送协议）。此外，还可以是 news（USENET 新闻）和 Telnet 等协议中的某一种，由主机提供的服务类型而定。此外，每种访问都有一个默认网络端口，通常在 URL 中不给出。

"主机名"表示主机（服务器）名。它可以是域名，如 linux.aust.edu.cn，对应安徽理工大学的 linux 服务器；也可以是主机的 IP 地址，如 210.45.144.110，linux 服务器相应的 IP 地址。

"路径文件名"是指信息资源在服务器上具体存放的文件目录与文件名。Internet 上许多 URL 都不包含路径或文件名，只用"/"来代替。

例如，安徽理工大学 WWW 服务器中的一个页面的 URL 为：

http://www.aust.edu.cn/index.html

其中"http"指明所采用的协议为 HTTP；"www.aust.edu.cn"指明要访问的服务器的主机名；"index.html"指明所访问的页面的文件名。

如果用户希望访问某台服务器中的某个页面，只要在浏览器的地址栏中输入该页面的 URL，便可以浏览到该页面。

6．ISP

ISP（Internet Service Provider）是指互联网服务提供商，即向广大用户综合提供互联网接入业务、信息业务和增值业务的电信运营商。ISP 是经国家主管部门批准的正式运营企业，享受国家法律保护。

要想成为 Internet 的合法用户，就应该向 ISP 提出申请（可根据需要选择不同的 ISP），甚至可以向 ISP 代理商提出申请，让对方提供 Internet 服务。像现在流行的 ADSL，就是我们向电信这个 ISP 提出的申请，然后向其付费，电信就会给我们提供连接到 Internet 上的服务。

5.3.3　Internet 提供的信息服务

计算机联网的目的是共享网络资源，在 Internet 上有着极为丰富的信息资源，人们几乎可以利用 Internet 来获取任何想得到的信息。目前，Internet 提供的信息服务非常多，下面只介绍几个主要的方面。

1．远程登录服务 Telnet

远程登录是 Internet 提供的最基本的信息服务之一。Internet 用户的远程登录，是一个在网络通信协议 Telnet 的支持下使自己的计算机暂时成为计算机终端的过程。用户使用这种服务时，首先要在远程服务器上登录，输入用户账号和密码，使自己成为该服务器的合法用户，一旦登录成功，用户就可以像使用自己的计算机一样使用该远程服务器对外开放的各种资源。国外有许多大学图书馆都通过 Telnet 对外提供联机检索服务。

2. 文件传输服务 FTP

文件传输（FTP）也是 Internet 提供的基本功能，它向所有的 Internet 用户提供了在 Internet 上传输任何类型的文件：文本文件、二进制文件、图像文件、声音文件、数据压缩文件等。

FTP 服务可以分为两种类型：普通 FTP 服务和匿名 AnonymousFTP 服务。普通 FTP 在 FTP 服务器向用户提供文件传输功能，但是要求用户在登录 FTP 服务器时需要用相应的用户名和口令。而匿名 FTP 可向任何 Internet 用户提供核定的文件传输功能。

当用户不希望在远程联机的情况下浏览存放在 Internet 联网的某一台计算机上的文件时，可以先将这些文件取回到用户自己在本地的联网计算机中，这样不但能为用户节省实时联机的长时间通信费用，还让用户认真阅读和处理这些取来的文件。Internet 提供的文件传输服务 FTP 正好能满足用户的这一需求。

3. 电子邮件 E-mail

电子邮件（Electronic Mail）亦称 E-mail，它是用户或用户组之间通过计算机网络收发信息的服务。通过电子邮件，网络用户能够发送或接收文字、图像和话音等多种形式的信息。电子邮件已成为网络用户之间快速、简便、可靠且低成本的现代通信手段，也是 Internet 上使用最广泛、最受欢迎的服务之一。目前 Internet 网上 60%以上的活动都与电子邮件有关。

和普通的信件一样，电子邮件也由信封和内容两部分组成，电子邮件的传输程序根据邮件信封上的信息来传送邮件。用户在从自己的邮箱中读取邮件时才能见到邮件的内容。

在这里，最重要的就是信封上的收信人的电子邮件地址，因为这是保证到达目的地的前提。TCP/IP 体系的电子邮件系统规定电子邮件地址的格式如下：

收信人邮箱名@邮箱所在主机的域名

符号"@"读作"at"，表示"在"的意思。

如：wbshi@aust.edu.cn 就是一个电子邮件地址，表示邮箱所在的主机的域名为 aust.edu.cn。

4. 万维网 WWW

万维网 WWW（World Wide Web）并非某种特殊的计算机网络，而是近年来发展最迅速的服务，也成为 Internet 用户最喜爱的信息查询工具。遍布世界各地的 Web 服务器，使 Internet 用户可以有效地交流信息，如新闻、科技、艺术、教育、金融、生活和医学等，几乎无所不包。这也是 Internet 迅速流行的原因之一。

WWW 上的信息以页面来组织，使用了超级链接的技术，可以从一个信息跳转到另一个信息。用户在阅读某个信息的同时转到相关的主题，而不用关心这些信息存放在何处。当然，想要使用 WWW，你必须拥有一个 WWW 的浏览器软件。目前最流行的浏览器是 Microsoft 公司的 Internet Explorer。

事实上，因特网还提供了一些其他的服务，像 Gopher 服务也是一种信息浏览服务，它与 WWW 的区别就是它是基于菜单驱动的，所以使用起来不是很方便。

还有网络新闻服务 usenet、地址服务等，因为这些服务不常用，并且限于篇幅，就不再一一详细介绍了。

介绍完这些 Internet 的基本信息后，我们来看一下 Internet 到底该如何使用。

5.4 Internet Explorer 8.0 的使用

在介绍 IE8.0 之前，先了解一些 Internet 的接入，用户想要利用 Internet 上的资源，得到 Internet 提供的服务，必须首先将自己的计算机接入 Internet。接入 Internet 的一些常用方法有：电话拨号接入、局域网接入、ADSL 接入以及 ISDN 接入，还有通过有线电视 CATV 接入，无线接入等方式。无论你采用哪种方式，想接入 Internet 的个人或者企业用户都必须首先向 ISP 提出申请，经 ISP 同意后才可以将自己的计算机连接到 Internet 上，至于到底如何连接，在这里就不再详细介绍了，ISP 会派专门的工作人员上门进行安装，感兴趣的同学，可以自己查阅相关资料。

连接到 Internet 之后，就需要一些软件，将来自 Internet 的信息位和字节解释出来，然后将其转换为图像、文本和文件输出。各种 Internet 组件均有自己的数据传输协议，所以应由一些应用程序来处理文件传输协议、电子邮件和浏览网页等。浏览器是一种访问 WWW 资源的客户端工具软件。目前市场上浏览器的产品很多，微软全新推出的新版网页浏览器 IE8（Internet Explorer 8）在网页浏览速度、安全性和隐私保护等方面有很大的提高，下面以 Internet Explorer 8.0 为例进行介绍如何使用浏览器访问 WWW 的资源。

5.4.1 初识 IE

IE 是由 Microsoft 公司提供的网络浏览器，是一种可视化图形界面的浏览软件，其主要作用是接受用户的请求，到相应的网站获取网页并显示出来。IE 可以显示传统的文本文件和超文本文件，可以播放 CD、VCD 和 MP3 等格式的多媒体播放器组件，还可以直接接收网上的电台广播、欣赏音乐和电影，功能非常强大。又由于它的安装（只要装了 Windows 操作系统后，便可以直接使用，而不需另外安装 IE）和使用都很简单，是目前最为常用的浏览器。

5.4.2 IE 8.0 的启动

Windows 7 操作系统中默认的浏览器版本为 IE 8.0，要通过 IE 浏览器进行浏览网页，首先需要将 IE 浏览器启动起来，启动 IE 浏览器通常有以下 3 种方法。

（1）双击桌面上的 IE 图标 。
（2）单击任务栏上的 IE 图标。
（3）选择[开始]→[所有程序] →[Internet Explorer]菜单命令。

5.4.3 IE 8.0 的界面介绍

正确地启动 IE 8.0 后，会打开 IE 8.0 浏览器的工作界面，如图 5.8 所示。一个典型的 IE 界面通常应由标题栏、菜单栏、工具栏、地址栏、浏览窗口、链接栏与状态栏几大部分组成。

1. 标题栏

如图 5.8 所示，屏幕的最上方是标题栏，标题栏呈深色表示该窗口处于激活状态。在标题栏的左方显示当前网页的名称，右侧的 3 个按钮分别是"最小化"、"最大化"和"关闭"按钮。

2. 菜单栏

IE 的大部分功能都是通过菜单栏的各种命令实现的。菜单栏可以实现对 Web 文档的浏览设置、保存、复制以及获取帮助信息等操作。它包括页面、安全、工具和帮助等菜单项。

标题栏　　　　地址栏　　　　工具栏　　　　菜单栏

浏览窗口 ←

状态栏 ←

图 5.8　IE 8.0 界面组成

3. 工具栏

工具栏主要提供了一些便于浏览的快捷按钮，包括后退、前进、停止、刷新、主页等按钮，将鼠标停在各按钮上几秒钟后，会在鼠标右下方自动显示该按钮的名称，单击相应的按钮可以完成相应的功能。使用工具栏中的按钮实现 IE 最常用的功能，如网页之间的跳转、刷新、返回主页、网页打印等。在地址栏中可以输入需要访问的网址。另外，如果是通过超级链接打开一个网页，该超级链接指向的网址也将在地址栏中显示。如果你安装了其他的软件的话，可能工具栏中还会多一些相对应的按钮，如上网助手等。

4. 地址栏

地址栏用来输入浏览 Web 页的地址，一般显示的是当前页的 URL 地址。单击地址栏右侧的向下箭头，将弹出一个下拉式列表框，其中列出了曾经输入的 Web 地址，单击其中一个地址即可登录到相应的 Web 站点。在地址栏中键入相应的地址，如 www.aust.edu.cn，那么 IE8.0 就会转向此链接的网址。

5. 浏览窗口

当在地址栏中，输入存在的网址 www.aust.edu.cn 后，就会在此窗口中将"安徽理工大学"的主页的内容显示出来。当网页的内容不能在主窗口中完全显示时，可以通过拖动垂直滚动条和水平滚动条浏览网页。

6. 状态栏

IE8.0 屏幕的最下方是状态栏。状态栏显示浏览器当前操作的状态信息。例如，当用户输入某一站点的地址后，状态栏首先显示"等待"，表示正在连接指定的网站，连接成功后，地址栏中则显示"完成"状态信息。

5.4.4　IE 8.0 选项的设置

IE 8.0 在使用的过程中，可以通过修改它的一些设置，来改变用它浏览的方式。

第一步，需要先将 IE 6.0 按照前述的方法启动起来。

第二步，从菜单栏中选择[工具]→[Internet 选项]菜单命令，将弹出"Internet 选项"对话框，该对话框包括常规、安全、隐私、内容、连接、程序、高级 7 个选项卡，如图 5.9 所示。

接下来我们就可以完成一系列的设置操作了，下面具体介绍一下两种最经常用的设置。

1. 设置默认页面

我们由于常需要处理很多事务，因此，争取时间很重要，如果一打开 IE 便能启动自己需要进入的 Web 网页，这样就可以不必再输入地址而直接进行链接。比如，我们需要经常访问"安徽理工大学"的网站，为了节省时间需要将默认页设置为 www.aust.edu.cn。下面就来介绍怎样通过设置 IE 浏览器实现这个功能。

如上图所示，在"主页"栏的编辑框的值为：about:black，即使用的默认页为空白页。将"地址"栏中原来的网页删除，并输入新的地址：http://www.aust.edu.cn；然后单击"使用当前页"按钮，即可把输入的网址设置成为启动主页，下次启动 IE 时将自动进入该网站的主页。

2. 清除历史记录

用户曾经访问过的主页的链接都将保存在历史文件夹中，这样任何人都可以方便地打开用户以前曾访问过的主页。用户可能会出于一些隐私原因或者安全性考虑，不想让自己浏览过的网页让别人知道，那么可以每次上网后可清除掉历史记录。步骤如下。

首先，单击在"Internet 选项"对话框中浏览历史记录下面的"删除"按钮，出现一个提示框，如图 5.10 所示。

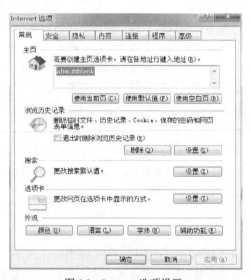

图 5.9　Internet 选项设置　　　　　　　　图 5.10　删除浏览的历史记录

根据需要选择相应的选项，然后单击"删除（D）"按钮，就会按照设定的方式删除浏览的历史记录，别人也就没有办法看到你曾经访问过的网页了。

5.4.5　浏览 Web 页

通过 IE 浏览 Internet 上的 WWW 网页以获取信息，是 IE 浏览器的一个主要功能，下面主要介绍几种浏览 Internet 的方法。

1. 使用地址栏浏览

只要是正常启动 IE，系统都将连接到用户设置的默认主页。如果需要到另一个确定的站点，可以在地址栏中输入该站点的地址，然后按回车键，IE 会直接连接到该站点，如图 5.8 所示。

2. 通过超级链接浏览

初学计算机的用户也能轻易浏览互联网的原因，就在于"超级链接"的设计。所谓"超级链接"是互联网上一种快速连接网页的方式。当鼠标移到网页中的某些区域，如文字、图片或其他对象时，鼠标的指针会变成手的形状，此时只要按鼠标左键，就可以方便地连接到其他的网页。

当我们在"百度"主页中，将鼠标移到图 5.11 的左上方的"新闻"超链接的时候，鼠标就变成了一个手形图标，然后在下方的状态栏中就会显示对应的链接地址，单击后则进入相应网址的网页。

图 5.11　超级链接界面

3. 利用导航按钮进行浏览

除了直接输入 URL 地址及运用超级链接外，还有一种可以在网页间穿梭的快速方法，就是利用工具栏中的一系列导航按钮来进行。

（1）"后退"按钮

该按钮相当于 Word 中的"撤销"命令。刚打开 IE 时，该按钮呈灰色显示，表示当前不可用，当访问了不同网页后，该按钮由灰色变成黑色显示，表示可用，单击该按钮可以返回到访问的前一个网页中。

（2）"前进"按钮

该按钮相当于 Word 中的"重做"命令。当单击了"后退"按钮回到前一网页后，该按钮变成黑色显示，表示可用。单击该按钮可以打开网页之后曾访问过的网页。

（3）"停止"按钮

在浏览网页过程中，因通信线路太忙或出现故障而导致网页在很长时间内不能完全显示，单击此按钮可以停止对当前网页的载入。

（4）"刷新"按钮

单击此按钮，可以及时阅读网页更新后的信息和浏览终止载入的网页。

（5）"主页"按钮

单击此按钮可以返回到起始网页。

4. 查看历史 Web 页面

前面曾提到过用户曾经访问过的主页的链接都将保存在历史文件夹中，对于一些曾经访问过的主页，如果还没有被清除，可以通过查看历史记录的方法快速找到曾经访问过的信息，查看历史记录的具体操作步骤如下。

（1）打开 IE 浏览器，单击工具栏上的"收藏夹"按钮，然后单击"历史记录"选项卡，将显示不同时间访问的历史记录，如图 5.12 所示。

（2）在历史记录栏上方选择需要查看的历史记录的大概时间，如选择今天，历史记录栏下方将显示出历史记录查询结果。

（3）在历史记录查询结果中，单击需要查看历史记录的 Web 地址，再单击需要查看的 Web 页，即可访问该网页。

（4）查看完毕后单击工具栏上的"收藏夹"按钮，将关闭历史记录栏。

图 5.12　通过历史记录查看 Web 页

5.4.6　保存网页

Internet 是一个庞大的资源信息库，在网上可以查看到很多有价值的信息，如 Web 页、图片、目标链接等，如果将这些有价值的信息保存到电脑上，可以方便以后在工作中使用。根据所保存内容的不同，可以分为下面几种方式。

1. 保存当前的整个网页

选择 IE 8.0 菜单栏中"页面"菜单，单击"另存为"命令，出现"保存网页"对话框。页面可以按 4 种类型保存，如图 5.13 所示。在确定文件的保存类型后，选择相应的保存路径即可保存该页面。

（1）网页，全部（*.htm；*.html）

按原始格式保存网页。在保存的目录中产生一个超文本文件和一个同名的文件夹，文件夹中通常保存图像文件。

（2）Web 档案，单一文件（*.mht）

把显示 Web 页的信息保存在一个 MIME 编码的文件中，它产生的文件比第一种大，保存的信息完整。

图 5.13　保存 Web 页面

（3）网页，仅 HTML（*.htm；*.html）

网页方式只保存页面的文字内容，不保存图像、声音、动画等。

（4）文本文件（*.txt）

文本文件方式只保存网页中的文本内容。

2. 保存网页的部分文本

对于网页中感兴趣的文章或段落，可随时用鼠标将其选定，然后利用剪贴板功能将其复制和粘贴到某个文档或需要的地方。

3. 保存图片

在需要保存的图片上单击鼠标右键，在弹出的快捷菜单中选择"图片另存为"命令，弹出"保存图片"对话框，在"保存在"列表框中选择要保存的路径，在"文件名"文本框中输入要保存的文件名，单击"保存"按钮，即可将该图片下载并保存到电脑中。

4. 直接保存网页

IE 8.0 允许在不打开网页或图片时直接保存网页。用鼠标右键单击所需保存的链接，从弹出的快捷菜单中执行"目标另存为"命令，即开始下载；在打开的"另存为"对话框中，输入所保存信息的文件名，选择该文件的类型和位置后，单击"保存"按钮。

5.4.7　收藏夹的使用

当我们在浏览网页的时候，发现一些非常好的网页，那么我们就可以将其保存到收藏夹中，但这里需要注意的是，收藏夹只用来存放网页地址，而不是网页内容。用户可把自己喜爱的网页随时添加到收藏夹中。需要查看时，可到收藏夹中打开此网页。例如，把"安徽理工大学"的网页 www.aust.edu.cn 添加到收藏夹中，操作方法如下。

（1）用鼠标单击 IE 8.0 工具栏左侧的"收藏夹"按钮，如图 5.14 所示。

图 5.14　收藏夹

（2）再单击"添加到收藏夹"命令，出现"添加到收藏夹"对话窗口，如图 5.15 所示。在"名称"编辑框中自动显示出网站的名称，用户也可以把此名称改成便于记忆的名称，单击"添加"按钮，其名称和地址保存在收藏夹的根目录中。

图 5.15　将网页添加到收藏夹中

5.5　物联网技术介绍

网络给人类生活带来了巨大的变化，无处不在的网络改变了人们的工作、学习、生活和娱乐的方式，提高了效率，提升了品质。目前，我国已有近 8 亿移动电话用户；使用互联网的人数也已超过 4.08 亿人；物联网被称为继互联网之后的第三次技术革命浪潮。物联网和互联网、无线通信一起已成为人们获取信息和人际沟通的不可或缺的基础设施。本节将介绍物联网技术的基本概念、原理、体系结构和物联网的发展状况。

5.5.1　物联网概述

物联网的概念是在 1999 年提出的，物联网的英文名称叫 "The Internet of things"，其含义为 "物物相连的互联网"。物联网技术主要包括两个方面的含义，首先，物联网的核心和基础仍然是互联网，是在互联网基础上的延伸和扩展的网络；其次，其用户端延伸和扩展到了任何物品与物品之间，进行信息交换和通信。严格来说，物联网的定义是：通过射频识别（RFID）、红外感应器、全球定位系统、激光扫描器等信息传感设备，按约定的协议，把任何物品与互联网连接起来，进行信息交换和通信，以实现智能化识别、定位、跟踪、监控和管理的一种网络。

物联网中非常重要的技术是 RFID 电子标签技术，以简单 RFID 系统为基础，结合已有的网络技术、数据库技术、中间件技术等，构筑一个由大量联网的阅读器和无数移动的标签组成的，比 Internet 更为庞大的物联网成为 RFID 技术发展的趋势。物联网用途广泛，遍及智能交通、环境保护、政府工作、公共安全、平安家居、智能消防、工业监测、老人护理、个人健康等多个领域。预计物联网是继计算机、互联网与移动通信网之后的又一次信息产业浪潮。有专家预测 10 年内物联网就可能大规模普及，这一技术将会发展成为一个上万亿元规模的高科技市场。

国际电信联盟 2005 年一份报告曾描绘 "物联网" 时代的图景：当司机出现操作失误时汽车会自动报警；公文包会提醒主人忘带了什么东西；衣服会 "告诉" 洗衣机对颜色和水温的要求等。

物联网把新一代 IT 技术充分运用在各行各业之中，具体地说，就是把感应器嵌入和装备到电网、铁路、桥梁、隧道、公路、建筑、供水系统、大坝、油气管道等各种物体中，然后将 "物联网" 与现有的互联网整合起来，实现人类社会与物理系统的整合，在这个整合的网络当中，存在能力超级强大的中心计算机群，能够对整合网络内的人员、机器、设备和基础设施实施实时的管理和控制，在此基础上，人类可以以更加精细和动态的方式管理生产和生活，达到 "智慧" 状态，提高资源利用率和生产力水平，改善人与自然间的关系。

物联网是利用无所不在的网络技术建立起来的，是继计算机、互联网与移动通信网之后的又一次信息产业浪潮，是一个全新的技术领域。早在 1999 年，在美国召开的移动计算和网络国际会议就提出，"传感网是下一个世纪人类面临的又一个发展机遇"；2003 年，美国《技术评论》提出传感网络技术将是未来改变人们生活的十大技术之首；2005 年，在突尼斯举行的信息社会世界峰会（WSIS）上，国际电信联盟（ITU）发布了《ITU 互联网报告 2005：物联网》，正式提出了 "物联网" 的概念。

5.5.2　物联网的原理

物联网是在计算机互联网的基础上，利用 RFID、无线数据通信等技术，构造一个覆盖世界上万事万物的 "Internet of Things"。在这个网络中，物品能够彼此进行 "交流"，而无需人的干预。其实质是利用射频自动识别（RFID）技术，通过计算机互联网实现物品的自动识别和信息的互联与共享。

射频自动识别（RFID）技术是能够让物品 "开口说话" 的一种技术。在 "物联网" 的构想中，RFID 标签中存储着规范而具有互用性的信息，通过无线通信网络把它们自动采集到中央信息系统，实现物品的识别，进而通过开放性的计算机网络实现信息交换和共享，实现对物品的 "透明" 管理。

"物联网" 概念的问世，打破了之前的传统思维。过去的思路一直是将物理基础设施和 IT 基础设施分开：一方面是机场、公路、建筑物，而另一方面是数据中心，个人电脑、宽带等。而在"物联网"时代，钢筋混凝土、电缆将与芯片、宽带整合为统一的基础设施，在此意义上，基础设施更像是一块新的地球工地，世界的运转就在它上面进行，其中包括经济管理、生产运行、社会管理乃至个人生活。

5.5.3　物联网的体系架构

物联网应该具备 3 个特征，一是全面感知，即利用 RFID、传感器等随时随地获取物体的信息；二是可靠传递，通过各种电信网络与互联网的融合，将物体的信息实时准确地传递出去；三是智能处理，利用云计算、模糊识别等各种智能计算技术，对海量数据和信息进行分析和处理，对物体实施智能化的控制。

物联网的体系架构大致分为 3 个层次，底层是用来感知数据的感知层，第二层是数据传输的网络层，最上面则是应用层，如图 5.16 所示。

1. 感知层

感知层包括传感器等数据采集设备，包括数据接入到网关之前的传感器网络，如图 5.17 所示。对于目前关注和应用较多的 RFID 网络来说，安装在设备上的 RFID 标签和用来识别 RFID 信息的扫描仪、感应器属于物联网的感知层。在物联网中被检测的信息是 RFID 标签内容，高速公路不停车收费系统、超市仓储管理系统等都是基于这一类结构的物联网。

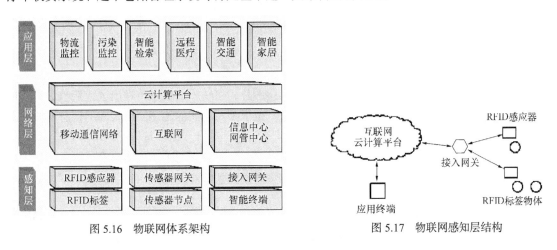

图 5.16　物联网体系架构　　　　　　　　　图 5.17　物联网感知层结构

感知层是物联网发展和应用的基础，RFID 技术、传感和控制技术、短距离无线通信技术是感知层涉及的主要技术。其中又包括芯片研发，通信协议研究，RFID 材料，智能节点供电等细分技术。

2. 网络层

物联网的网络层将建立在现有的移动通信网和互联网基础上。物联网通过各种接入设备与移动通信网和互联网相连，如手机付费系统中由刷卡设备将内置手机的 RFID 信息采集上传到互联网，网络层完成后台认证并从银行网络完成支付。

网络层也包括信息存储查询，网络管理等功能。网络层中的感知数据管理与处理技术是实现以数据为中心的物联网的核心技术。感知数据管理与处理技术包括传感网数据的存储、查询、分析、挖掘、理解以及基于感知数据决策和行为的理论和技术。云计算平台作为海量感知数据的存储、分析平台，将是物联网网络层的重要组成部分，也是应用层众多应用的基础。

在产业链中，通信网络运营商将在物联网网络层占据重要的地位，而正在高速发展的云计算平台将为物联网的发展提供技术支撑。

3. 应用层

物联网应用层利用经过分析处理的感知数据，为用户提供丰富的特定服务。物联网的应用可分为监控型（如物流监控、污染监控）、查询型（如智能检索、远程抄表）、控制型（如智能交通、智能家居、路灯控制）和扫描型（如手机钱包、高速公路不停车收费）等。

应用层是物联网发展的目的，软件开发、智能控制技术将会为用户提供丰富多彩的物联网应用。各种行业和家庭应用的开发将会推动物联网的普及，也给整个物联网产业链带来利润。

目前已经有不少物联网范畴的应用，例如，通过一种感应器感应到某个物体触发信息，然后按设定通过网络完成一系列动作。当你早上拿车钥匙出门上班，在电脑旁待命的感应器检测到之后就会通过互联网络自动发起一系列事件：通过短信或者喇叭自动报今天的天气，在电脑上显示快捷通畅的开车路径并估算路上所花时间，同时通过短信或者即时聊天工具告知你的同事相关的工作事项。例如，已经投入试点运营的高速公路不停车收费系统，基于 RFID 的手机钱包付费应用等都属于物联网应用层的应用。

5.5.4　物联网在我国的发展和面临的挑战

物联网是新兴事物，它的发展时间很短，但发展速度很快。目前广泛认为物联网最早是由麻省理工于 1999 年提出的，2005 年 11 月，国际电信联盟（ITU）发布了《ITU 互联网报告 2005：物联网》报告，将这个概念推向了世界。物联网在我国的发展也面临一些挑战，主要表现为以下几个方面。

1. 标准统一问题

物联网其实就是利用物体上的传感器和嵌入式芯片，将物质的信息传递出去或接收进来，通过传感网络实现本地处理，并联入到互联网中去。由于涉及不同的传感网络之间的信息解读，所以必须有一套统一的技术协议与标准，而且主要是集中在互联上，而不是传感器本身的技术协议。现在很多所谓的物联网标准，实际上还是将物联网作为一种独立的工业网络来看待的具体技术标准，而应对互联需要的技术协议，才是真正实现物联网的关键。

2. 安全、隐私问题

在物联网中所有"事物"都连接到全球网络，彼此间相互通信，这也带来了新的安全和隐私问题，例如，可信度、认证、以及事物所感知或交换到的数据的融合。人和事物的隐私应该得到有效保障，以防止未授权的识别和攻击。安全与隐私这个问题，是人类社会的问题，不论是物联网技术还是其他技术，都面临这两个问题。因此，不仅要从物联网内部的技术上做出一定的控制，而且要从外部的法规环境上做出一定的司法解释和制度完善。

3. 资金和成本问题

实现物物相联，形成物联网络，首先必须在所有物品中嵌入电子标签，并需安装众多读取和识别设备以及庞大的信息处理系统，而这必然导致大量的资金投入。而电子标签的嵌入也将导致物品成本的上升，在成本尚未降至能普及的前提下，物联网的发展将受到限制。

4. 技术问题

物联网的发展在技术方面主要涉及 3 个方面。

（1）关于通信距离瓶颈

目前传感器所能连接的距离在 100～1000m 范围内，也就是说，超过 1000m 之后，传感器发射信号将不足以支撑数据的传输。

（2）关于外部环境指标

目前的传感器对外部环境指标要求比较高，特别是对湿度、温度的要求，一旦外部环境发生较大变化，其工作效率可能就要大打折扣。

（3）关于网络安全。

由于很多时候是无线传输，因此，信号在传输中被窃取的危险系数就高，系统的安全和隐私性难以得到有效保障。

5．产业化问题

物联网的产业链复杂庞大，其产业化必然需要芯片商、传感设备商、系统解决方案厂商、移动运营商等上下游厂商的通力配合，甚至是政府的大力扶持。而在各方利益机制及商业模式尚未统一的背景下，物联网产业发展将不会一帆风顺。

物联网有着广阔的发展前景，但目前还仅仅是开始，可以说是方兴未艾。发展物联网一方面要积极促进，另一方面要保持平和的心态，稳健地发展，切不可急功近利一哄而上。关键是要由应用驱动，重在效益，只要有应用效益就有需求，有需求才能带动物联网的发展。

本章小结

计算机网络是一些相互连接的、自治的计算机的集合，可以方便地实现信息传递与资源共享。本章主要介绍了计算机网络的基础知识，包括计算机网络的定义、计算机网络的功能、计算机网络的发展状况以及网络的分类与组成、物联网技术等。

计算机网络的体系结构包括 OSI 参考模型和 TCP 参考模型，本章对这两种层次模型进行了详细说明，同时介绍了 Internet 的基础知识，包括 IP 地址、域名、URL、ISP 等；Internet Explorer 是 Microsoft 公司提供的网络浏览器，本章对 IE 浏览器的基本使用方法与设置进行了详细介绍，最后本章对物联网技术的基本原理、体系结构和发展状况进行了论述。通过本章的学习，读者可以掌握计算机网络的基础知识，使用 IE 浏览器浏览与发布网络信息，方便网络信息的传递与资源共享。

习　　题

一、单项选择题

1．LAN 是_____的英语缩写。

    A．城域网　　　　　　　　　　　B．网络操作系统

    C．局域网　　　　　　　　　　　D．广域网

2．计算机网络是按照_____相互通信的。

    A．信息交换方式　　　　　　　　B．传输装置

    C．分类标准　　　　　　　　　　D．网络协议

3．常见的局域网络拓扑结构有_____。

    A．总线结构、关系结构、逻辑结构

    B．总线结构、环形结构、星形结构

C. 总线结构、逻辑结构、网状结构

D. 逻辑结构、层次结构、总线结构

4. Internet 使用的协议是_____。

A. IPX/SPX   B. TCP/IP   C. NetBIOS   D. PPP

5. 下面 IP 地址中，正确的是_____。

A. 205.15.90.24   B. DX.81.24.08

C. 204.211.110.302.67   D. 210.164.23.C

6. Internet 域名中的域类型"gov"代表的单位性质一般是_____。

A. 通信机构   B. 商业机构

C. 教育科研机构   D. 政府机构

7. 中国的国家和地区地理域名是_____。

A. ch   B. cn   C. China   D. 中国

8. ISP 是指_____。

A. Internet 服务提供商   B. 一种协议

C. 一种网络   D. 网络应用软件

9. 如果电子邮件到达时，收信人的计算机没有开启，电子邮件将会_____。

A. 永远不再发送   B. 需要对方再次发送

C. 保存在服务商的主机上   D. 退回发信人

10. 正确的电子邮箱地址的格式是_____。

A. 用户名+计算机名+机构名+最高域名

B. 计算机名+机构名+最高域名+用户名

C. 用户名+@+计算机名+机构名+最高域名

D. 计算机名+@+机构名+最高域名+用户名

二、填空题

1. _____是一些相互连接的、自治的计算机的集合，可以方便地实现信息传递与资源共享。

2. 计算机网络从不同的角度有不同的分类，按计算机网络的作用范围进行分类，可以分为_____、_____、_____。

3. 目前规模最大的、覆盖全世界的计算机网络使用的是 TCP/IP 参考模型的标准，共分为 4 个层次，分别是_____、_____、_____ 和_____。

4. IP 地址由两部分组成，分别是_____和_____。

5. URL（Uniform Resource Locators）是_____的缩写，用来指示某一项资源或者信息的所在位置及访问方法。

三、简答题

1. 什么是计算机网络？计算机网络功能可归纳为哪些？

2. 什么是 Internet？它提供了哪些服务？

3. 什么是 IP 地址和域名？简述两者之间的关系。

4. 什么是 URL？它由哪几部分组成？

5. TCP/IP 参考模型包括哪几个层次？每个层次的主要功能是什么？

6. 什么是物联网技术？物联网的技术架构大致包括哪几个层次？

第6章
多媒体技术

【**本章重点**】掌握多媒体技术的基础知识，理解多媒体技术的特征，了解多媒体技术的组成，理解多媒体计算机技术。

【**本章难点**】数字音频技术、图像和图形技术、视频和动画技术、多媒体技术的压缩与编码。

【**学习目标**】理解和掌握多媒体技术，能够独立完成多媒体作品。

在本章我们将进入生动活泼、多姿多彩的多媒体世界。首先通过了解多媒体的技术的基础知识，掌握多媒体操作方法，然后亲手制作一些多媒体作品。

6.1　多媒体技术概述

6.1.1　多媒体的基本概念

1．什么是多媒体？

何谓多媒体呢？"多媒体"一词译自英文单词"Multimedia"，即"Multiple"和"Media"的合成，其核心词是媒体。

媒体（medium）在计算机领域有两种含义：一是指用以存储信息的载体，如磁盘、光盘、磁带、半导体存储器等。一是指传递信息的载体，如数字、文字、声音、图形和图像等。多媒体技术中的媒体是指后者。

人类感知信息的途径有以下几种。

（1）视觉：是人类感知信息最重要的途径，人类从外部世界获取信息的 70%～80%是从视觉获得。

（2）听觉：人类从外部世界获取信息的 10%是从听觉获得。

（3）嗅觉、味觉、触觉：通过嗅、味、触觉获得的信息量约占 10%。

2．多媒体计算机技术

多媒体计算机技术（Multimedia Computing Technology）是指计算机综合处理多种媒体信息，如文本、图形、图像、动画、音频和视频等，使多种信息建立逻辑连接，集成为一个系统并具有交互性。

简单地说，多媒体计算机具有综合处理声、文、图等信息的能力以及具有集成性和交互性。

3．多媒体技术的特性

多媒体所涉及的技术较为广泛，一般来说，其主要特性如下。

（1）信息载体的多样性

信息载体的多样性是多媒体的主要特征之一，也是多媒体研究需要解决的关键问题。信息载体的多样性是相对于计算机而言的，即指信息媒体的多样性。多媒体就是要把计算机处理的信息多样化或多维化，而不再局限于文本、数值等，从而改变计算机信息处理的单一模式，使人们能交互地处理多种信息。

（2）交互性

交互性是多媒体第二个关键特性，所谓交互性就是用户可以对计算机应用系统进行交互式操作，从而更有效地控制和使用信息，交互性可以增加用户对信息的注意力和理解，延长信息的保留时间，交互性改变了以往单向的信息交流方式，用户可以主动地与计算机进行交流，获得自己感兴趣的信息，而不再像看电视、听广播那样被动地接收信息。

（3）集成性

集成性是指以计算机为中心综合处理多种信息媒体，它包括信息媒体的集成和处理这些媒体设备的集成。

信息媒体的集成包括信息的多通道统一获取、多媒体信息的统一组织和存储、多媒体信息表现合成等方面。多媒体设备的集成包括硬件和软件两个方面。

（4）实时性

实时性是指在多媒体系统中声音及活动的视频图像、动画之间的同步特性，即实时地反映它们之间的联系。因此，多媒体技术必须提供对这些媒体实时处理的技术，例如，支持视频会议系统和可视电话。

（5）协同性

每一种媒体都有其自身规律，各种媒体之间必须有机地配合才能协调一致。多种媒体之间的协调以及时间、空间的协调是多媒体的关键技术之一。

4. 多媒体中媒体元素及其特征

多媒体中媒体元素是指多媒体应用中可显示给用户的媒体组成。多媒体中媒体元素有文本、音频、图形、图像、动画和视频。

（1）文本

文本分为非格式化文本文件和格式化文本文件。非格式化文本文件是指只有文本信息没有其他任何有关格式信息的文件，又称为纯文本文件。如".txt"文件。格式化文本文件是指带有各种文本排版信息等格式信息的文本文件。如".doc"文件。

（2）图形

图形（Graphic）一般指用计算机绘制的画面，如直线、圆、圆弧、矩形、任意曲线和图表等。图形的格式是一组描述点、线、面等几何图形的大小、形状及其位置、维数的指令集合。在图形文件中只记录生成图的算法和图上的某些特征点，因此也称矢量图。

用于产生和编辑矢量图形的程序通常称为"draw"程序。微机上常用的矢量图形文件有".3DS"（用于3D造型）、".DXF"（用于CAD）、".WMF"（用于桌面出版）等。由于图形只保存算法和特征点，因此，占用的存储空间很小。但显示时需经过重新计算，因而显示速度相对慢些。

（3）图像

图像（Image）是指由输入设备捕捉的实际场景画面，或以数字化形式存储的任意画面。静止的图像是一个矩阵，阵列中的各项数字用来描述构成图像的各个点（称为像素点pixel）的强度与颜色等信息。这种图像也称为位图（bit-mapped picture）。

用于生成和编辑位图图像的软件通常称为"paint"程序。图像文件在计算机中的存储格式有多种，如 BMP、PCX、TIF、TGA、GIF、JPG 等，一般数据量都较大。

图像处理时要考虑 3 个因素：分辨率、图像深度和显示深度、图像文件的大小。

① 分辨率分为以下 3 种。

屏幕分辨率：显示器屏幕上的最大显示区域，即水平与垂直方向的像素个数。

图像分辨率：数字化图像的大小，即该图像的水平与垂直方向的像素个数。

像素分辨率：像素的宽和高之比一般为 1:1。

② 图像深度和显示深度。

图像深度（也称图像灰度、颜色深度）：表示数字位图图像中每个像素上用于表示颜色的二进制数字位数。

显示深度：表示显示器上每个点用于显示颜色的二进制数字位数。若显示器的显示深度小于数字图像的深度，就会使数字图像颜色的显示失真。颜色深度与显示的颜色数目之间的关系如表 6.1 所示。

表 6.1　　　　　　　　　　颜色深度与显示的颜色数目之间的关系

颜色深度	颜色总数	图像名称
1	2	单色图像
4	16	索引 16 色图像
8	256	索引 256 色图像
16	65 536	HI—Color 图像
24	16 672 216	True Color 图像

③ 用字节表示图像文件大小时，一幅未经压缩的数字图像的数据量大小计算如下：

图像数据量大小=像素总数 × 图像深度 ÷ 8

例如：一幅 640 × 480 的 256 色图像为　　　 $640 × 480 × 8 / 8 = 307\ 200$ 字节

（4）音频

数字音频（Audio）可分为波形声音、话音和音乐。

波形声音实际上已经包含了所有的声音形式，它可以将任何声音都进行采样量化，相应的文件格式是 WAV 文件或 VOC 文件。

话音也是一种波形，所以和波形声音的文件格式相同。

音乐是符号化了的声音，乐谱可转变为符号媒体形式。对应的文件格式是 MID 或 CMF 文件。

计算机音频技术主要包括声音的采集、数字化、压缩/解压缩以及声音的播放。数字化主要包括采样和量化这两个方面。采样频率（sampling rate）是将模拟声音波形转换为数字时，每秒钟所抽取声波幅度样本的次数，单位是 Hz（赫兹）。

量化数据位数（也称量化级）是每个采样点能够表示的数据范围，经常采用的有 8 位、12 位和 16 位。例如，8 位量化级表示每个采样点可以表示 256 个不同量化值，如图 6.1 所示，而 16 位量化级，如图 6.2 所示，则可以表示 65 536 个不同的量化值。记录声音时，如果每次生成一个声道数据，称为单声道；每次生成两个声波数据，称为立体声（双声道）。

数字音频的存储量：可用以下公式估算声音数字化后每秒所需的存储量（未经压缩的）

存储量=采样频率 × 量化位数 ÷ 8

若使用双声道，存储量再增加一倍。

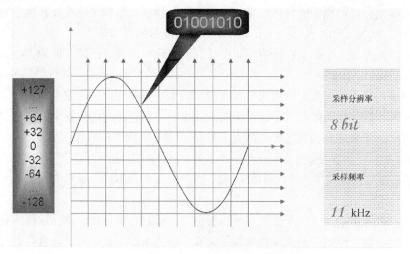

图 6.1   8 位、11.025kHz 采样量化图

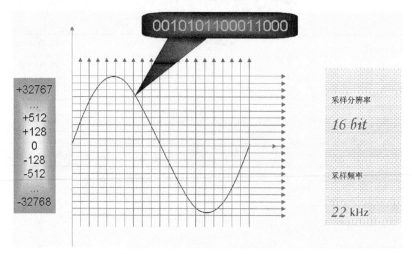

图 6.2   16 位、22.05kHz 采样量化图

例如，数字激光唱盘（CD-DA）的标准采样频率为 44.1 kHz，量化位数为 16 位，立体声。一分钟 CD-DA 音乐所需的存储量为

44.1 K × 16 × 2 × 60 ÷ 8 = 10 584 KB

（5）动画

动画是活动的画面，实质是一幅幅静态图像的连续播放。动画的连续播放即指时间上的连续，也指图像内容上的连续。计算机设计动画有两种：一种是帧动画，一种是造型动画。

帧动画是由一幅幅位图组成的连续的画面，就如电影胶片或视频画面一样要分别设计每屏幕显示的画面。造型动画是对每一个运动的物体分别进行设计，赋予每个动元一些特征，然后用这些动元构成完整的帧画面。动元的表演和行为是由制作表组成的脚本来控制。存储动画的文件格式有 FLC、MMM 等。

（6）视频

视频也称为动态图像或活动影像，由一幅幅单独的画面序列（帧 frame）组成，这些画面以一定的速率（帧/秒）连续地投射在屏幕上，使观察者具有图像连续运动的感觉。视频文件的存储格式有 AVI、MOV、MPG 等。

视频标准主要有 PAL 制和 NTSC 制两种。PAL 标准为 25 帧/秒，每帧 625 行，NTSC 标准为 30 帧/秒，每帧 525 行。

6.1.2　多媒体技术的应用与发展

1. 多媒体技术的发展历史

1984 年 Apple 公司的 Macintosh 个人计算机，首先引进了"位映射"的图形机理，并用图标（icon）作为与用户的接口。

1985 年美国 Commodore 公司推出世界上第一台多媒体计算机系统。

1990 年美国 Microsoft、荷兰 Philips 等公司成立多媒体个人计算机市场协会（Multimedia PC Maketing Council）。该协会制定了"MPC 标准"。

1991 年多媒体个人计算机市场协会提出 MPC1 标准。

1993 年多媒体个人计算机市场协会公布 MPC2 标准。多媒体个人计算机市场协会 → 多媒体个人计算机工作组（Multimedia PC Working Group）。

1995 年多媒体个人计算机工作组公布了 MPC3 标准。Windows 95 问世，用户界面全面图形化，功能更强。个人计算机占据主导地位。国际互联网络兴起，也促进了多媒体技术的发展。

2. 多媒体技术的应用

就目前而言，多媒体技术已在教育培训、电视会议、声像演示等方面得到了充分应用。

（1）在教育与培训方面的应用

多媒体技术使教材不仅有文字、静态图像，还具有动态图像和话音等。使教育的表现形式多样化，可以进行交互式远程教学。

利用多媒体计算机的文本、图形、视频、音频和其交互式的特点，可以编制出计算机辅助教学 CAI（Computer Assisted Instruction）软件，即课件。

（2）在通信方面的应用

多媒体技术在通信方面的应用主要有可视电话、视频会议、信息点播（Information Demand）、计算机协同工作 CSCW（Computer Supported Cooperative Work）。

信息点播有桌上多媒体通信系统和交互电视 ITV。

计算机协同工作 CSCW 是指在计算机支持的环境中，一个群体协同工作以完成一项共同的任务。

计算机的交互性，通信的分布性和多媒体的现实性相结合，将构成继电报电话、传真之后的第四代通信手段。

（3）在其他方面的应用

多媒体技术给出版业带来了巨大的影响，其中近年来出现的电子图书和电子报刊就是应用多媒体技术的产物。

利用多媒体技术可为各类咨询提供服务，如旅游、邮电、交通、商业、金融、宾馆等。多媒体技术还将改变未来的家庭生活，多媒体技术在家庭中的应用将使人们在家中上班成为现实。

3. 多媒体技术的发展方向

目前，多媒体主要发展方向如下。

（1）多媒体通信网络环境的研究和建立将使多媒体从单机单点向分布、协同多媒体环境发展，在世界范围内建立一个可全球自由交互的通信网。

对该网络及其设备的研究和网上分布应用与信息服务研究将是热点。

（2）利用图像理解、话音识别、全文检索等技术，研究多媒体基于内容的处理、开发能进行基于内容的处理系统是多媒体信息管理的重要方向。

（3）多媒体标准仍是研究的重点：各类标准的研究将有利于产品规范化，应用更方便。它是实现多媒体信息交换和大规模产业化的关键所在。

（4）多媒体技术与相邻技术相结合，提供了完善的人机交互环境。多媒体仿真、智能多媒体等新技术层出不穷，扩大了原有技术领域的内涵，并创造新的概念。

（5）多媒体技术与外围技术构造的虚拟现实研究仍在继续进展。多媒体虚拟现实与可视化技术需要相互补充，并与话音、图像识别、智能接口等技术相结合，建立高层次虚拟现实系统。

将来多媒体技术将向着以下 6 个方向发展。

① 高分辨化，提高显示质量。

② 高速度化，缩短处理时间。

③ 简单化，便于操作。

④ 高维化，三维、四维或更高维。

⑤ 智能化，提高信息识别能力。

⑥ 标准化，便于信息交换和资源共享。

6.1.3　多媒体技术的关键技术

要进一步推动多媒体技术的应用，加快多媒体产品的实用化、产业化和商品化的步伐，首先就要研究多媒体的关键技术，其中主要包括数据压缩与解压缩、媒体同步、多媒体网络、超媒体等关键技术。

1. 视频音频数据压缩/解压缩技术

研制 MPC 需要解决的关键问题之一是要使计算机能适时地综合处理声、文图信息。

选用合适的数据压缩技术，有可能将字符数据量压缩到原来的 1/2 左右，话音数据量压缩到原来的 1/2～1/10，图像数据量压缩到原来的 1/2～1/60。

如今已有压缩编码/解压缩编码的国际标准 JPEG 和 MPEG。

2. 多媒体专用芯片技术

专用芯片是多媒体计算机硬件体系结构的关键。为了实现音频、视频信号的快速压缩、解压缩和播放处理，需要大量的快速计算，只有采用专用芯片，才能取得满意的效果。

多媒体计算机专用芯片可归纳为两种类型：一种是固定功能的芯片；另一种是可编程的数字信号处理器（DSP）芯片。

3. 大容量信息存储技术

利用数据压缩技术，在一张 CD-ROM 光盘上能够存取 70 多分钟全运动的视频图像或者十几个小时的语言信息或数千幅静止图像。

在 CD-ROM 基础上，还开发了 CD-I 和 CD-V，可录式光盘 CD-R，高画质、高音质的光盘 DVD 以及 PHOTO CD 等。

4. 多媒体输入与输出技术

多媒体输入/输出技术包括媒体变换技术、媒体识别技术、媒体理解技术和综合技术。

媒体变换技术是指改变媒体的表现形式。如当前广泛使用的视频卡、音频卡（声卡）都属媒体变换设备。

媒体识别技术是对信息进行一对一的映像过程。例如，话音识别技术和触摸屏技术等。

媒体理解技术是对信息进行更进一步的分析处理和理解信息内容。如自然语言理解、图像理解、模式识别等技术。

媒体综合技术是把低维信息表示映像成高维的模式空间的过程。例如话音合成器就可以把话音的内部表示综合为声音输出。

5. 多媒体软件技术

多媒体软件技术主要包括以下 6 个方面的内容：多媒体操作系统、多媒体素材采集与制作技术、多媒体编辑与创作工具、多媒体数据库技术、超文本/超媒体技术、多媒体应用开发技术。

（1）多媒体操作系统

多媒体操作系统是多媒体软件的核心。它负责多媒体环境下多任务的调度、保证音频、视频同步控制以及信息处理的实时性，提供多媒体信息的各种基本操作和管理；具有对设备的相对独立性与可扩展性。

Windows、OS/2 和 Macintosh 操作系统都提供了对多媒体的支持。

（2）多媒体素材采集与制作技术

素材的采集与制作主要包括采集并编辑多种媒体数据。如声音信号的录制编辑和播放；图像扫描及预处理；全动态视频采集及编辑；动画生成编辑；音/视频信号的混合和同步等。

（3）多媒体编辑与创作工具

多媒体编辑创作软件又称多媒体创作工具，是多媒体专业人员在多媒体操作系统之上开发的，供特定应用领域的专业人员组织编排多媒体数据，并把它们连接成完整的多媒体应用系统的工具。

高档的创作工具用于影视系统的动画制作及特技效果，中档的用于培训、教育和娱乐节目制作，低档的用于商业简介、家庭学习材料的编辑。

（4）多媒体数据库技术

多媒体信息是结构型的，致使传统的关系数据库已不适用于多媒体的信息管理，需要从多媒体数据模型、媒体数据压缩和解压缩的模式、多媒体数据管理及存取方法、用户界面这 4 个方面研究数据库。

（5）超文本/超媒体技术

超文本是一种新颖的文本信息管理技术，它提供的方法是建立各种媒体信息之间的网状链接结构，这种结构由节点组成。

对超文本进行管理使用的系统称为超文本系统，也即浏览器，或称为导航图。

若超文本中的节点的数据不仅可以是文本，还可以是图像、动画、音频、视频，则称为超媒体。

（6）多媒体应用开发技术

多媒体应用的开发会使一些采用不同问题解决方法的人集中到一起，包括计算机开发人员、音乐创作人员，图像艺术家等，他们的工作方法以及思考问题的方法都将是完全不同的。

对于项目管理者来说，研究和推出一个多媒体应用开发方法将是极为重要的。

6. 多媒体通信技术

多媒体通信技术包含话音压缩、图像压缩及多媒体的混合传输技术。

宽带综合业务数字网（B-ISDN）是解决多媒体数据的传输问题的一个比较完整的方法，其中 ATM（异步传送模式）是近年来在研究和开发上的一个重要成果。

7. 虚拟现实技术

虚拟现实的定义可归纳为利用计算机技术生成的一个逼真的视觉、听觉、触觉及嗅觉等的感觉世界，用户可以用人的自然技能对这个生成的虚拟实体进行交互考察。

虚拟现实技术是在众多相关技术上发展起来的一个高度集成的技术，是计算机软硬件技术、传感技术、机器人技术、人工智能及心理学等飞速发展的结晶。

虚拟现实技术的 4 个重要特征如下。

（1）多感知性。即除了一般计算机具有的视觉感知外，还有听觉感知、触觉感知、运动感知，甚至可包括味觉和嗅觉等，只是由于传感技术的限制，目前尚不能提供味觉和嗅觉。

（2）临场感。即用户感到存在于模拟环境中的真实程度。

（3）交互性。指用户对模拟环境中物体的可操作程度和从环境中得到反馈的自然程度，其中也包括实时性。

（4）自主性。指虚拟环境中物体依据物理规律动作的程度。

根据上述 4 个特征，我们应能将虚拟现实与相关技术区分开来，如仿真技术，计算机图形技术及多媒体技术，它们在多感知性和临场性方面有较大差别。

虚拟现实是一门综合技术，但又是一种艺术，在很多应用场合其艺术成分往往超过技术成分。也正是由于其技术与艺术的结合，使得它具有艺术上的魅力，如交互的虚拟音乐会，宇宙作战游戏等，对用户也有更大的吸引力，其艺术创造将有助于人们进行三维和二维空间的交叉思维。

6.1.4　多媒体软件的种类

多媒体软件主要用于制作多媒体产品，由于多媒体软件的集成度不高，几乎没有一种集成软件能够独立完成多媒体制作的全过程，对于同一个多媒体素材，可以使用多种软件进行制作。

在多媒体制作的后期阶段，需要另外一些软件把图像、图形、动画、声音等素材有机地结合在一起，并产生交互作用，这些软件起到支撑平台的作用。在支撑平台上，所有多媒体素材、媒体和信息载体之间建立起联系，构成完整的多媒体系统。

1. 素材制作软件

素材制作软件种类很多，包括文字编辑软件、图像处理软件、动画制作软件、音频处理软件、视频处理软件等。由于素材制作软件各自的局限性，因此，在制作和处理稍微复杂一些的素材时，往往需要使用几个软件来共同完成。

（1）图像处理软件

图像处理软件专门用于获取、处理和输出图像，主要用于平面设计领域、制作多媒体产品、广告设计等领域。图像处理软件的基本功能如下：获取图像功能、输入与输出功能、加工处理图像、图像文件格式转换。

图像处理软件的主要作用是：对构成图像的数字进行运算、处理和重新编码，以此形成新的数字组合和描述，从而改变图像的视觉效果。对图像的处理通常包括 3 个方面：图像处理分寸的把握、显示状态和显示质量对图像处理的影响、选择恰当的图像文件格式。

（2）动画制作软件

动画是表现力最强、承载信息量最大、内容最为丰富、最具趣味性的媒体形式。动画所表达的内容虽然丰富、吸引人，但动画的制作却不是件易事。按照传统做法，人们花费大量的时间和精力创作动画，有些动画片需要几年才能完成。随着计算机技术的发展，在商业广告、多媒体教学、影视娱乐业、航空航天技术和工业模拟等领域，开始使用计算机制作相关的动画。

动画制作软件分为三类。

① 绘制和编辑动画软件。这类软件具有丰富的图形绘制和上色功能，并具备自动动画生成功能，是原创动画的重要工具。具有代表性的软件有：Animator Pro——平面动画制作软件；Flash——网页交互动画制作软件；3D Studio MAX——三维造型与动画软件；Maya——三维动画设计软件；Cool 3D——三维文字动画制作软件； Poser——人体三维动画制作软件。

② 动画处理软件。该类软件主要用来对动画素材进行后期合成、加工、剪辑和整理，甚至添加特殊效果，具有强大的加工处理能力。典型的软件有 Animator Studio——动画加工、处理软件；Premiere——电影影像、动画处理软件；GIF Construction Set——网页动画处理软件；After Effects——电影影像、动画后期合成软件。

③ 计算机程序。利用多媒体平台软件和各种具有多媒体功能的计算机语言，根据需要编制计算机程序，对动画、声音乃至图片等所有多媒体素材进行灵活控制。常见的软件有 Authorware——多媒体平台软件；Visual Basic——具有多媒体功能的计算机语言；Visual C——具有多媒体视窗功能的 C 语言。

（3）声音处理软件

声音是一种人们非常熟悉的媒体形式。专门用于加工和处理声音的软件通常称为"声音处理软件"。声音处理软件的作用是把声音数字化，并对其进行编辑加工、合成多个声音素材、制作某种声音效果，以及保存声音文件等。

声音处理软件按照功能划分，可以分为三大类。

① 声音数字化转换软件。为了使计算机能够处理声音，首先通过此类软件把声音转换成数字化音频文件。具有代表性的软件有：Easy CD – DA Extractor——把光盘音轨转换成 wav 格式的数字化音频文件；Exact Audio Copy——把多种格式的光盘音轨转换成 wav 格式的数字化音频文件；Real Juke book——在 Internet 互联网上录制、编辑、播放数字音频信号。

② 声音编辑处理软件。通过此类软件，可对数字化声音进行剪辑、编辑、合成和处理，还可对声音进行声道模式变换、频率范围调整、制作各种特殊效果、采样频率变换、文件格式转换等。声音编辑处理软件最后将处理过的音频信号以文件形式保存到磁盘或光盘上，并依据使用场合的不同，采用不同的文件格式进行保存，典型的软件有 Goldwave——带有数字录音、编辑、合成等功能的声音处理软件；Cool Edit Pro——编辑功能众多、系统庞大的声音处理软件；Acid WAV——声音编辑与合成器。

③ 声音压缩软件。此类软件通过某种压缩算法，把普通的数字化声音进行压缩，在音质变化不大的前提下，大幅度减少数据量，以利于网络传输和保存。常见的软件有：L3Enc——将 wav 格式的普通音频文件压缩成 mp3 格式的文件；Xingmp3 Encoder——把 wav 格式的音频文件转换成 mp3 格式的文件；WinDAC32——把光盘音轨直接转换并压缩成 mp3 格式的文件。

声音的处理不仅与软件有关，而且与硬件环境有关。高性能的声音处理软件必须与高性能的声音适配器配合使用，才能发挥真正强大的作用。而光盘驱动器的接口形式也对声音软件的正常使用有决定性的影响。例如，某些将光盘音轨转换为 wav 文件的音频处理软件。

2. 多媒体平台软件

在制作多媒体产品的过程中，通常先利用专门软件对各种媒体进行加工和制作。当媒体素材制作完成之后，再使用某种软件系统把它们结合在一起，形成一个互相关联的整体。该类软件系统还提供操作界面的生成、添加交互控制、数据管理等功能。完成上述功能的软件系统被称为"多媒体平台软件"。所谓"平台"是指把多种媒体形式置于一个平台上，进而对其进行协调控制和各种操作。

（1）多媒体平台软件的种类

完成多媒体平台功能的软件有很多种，高级程序设计语言、专门用于多媒体素材连接的专用软件，还有既能运算又能处理多媒体素材的综合类软件等都能实现平台的作用。比较常见的多媒体平台软件有如下。

① Visual Basic——高级程序设计语言。

② Authorware——专用多媒体制作软件。

③ Macromedia Director——多媒体开发专用软件。

（2）多媒体平台软件的作用

多媒体平台软件是多媒体产品开发进程中最重要的系统，它是多媒体产品是否成功的关键。其主要作用有如下。

① 控制各种媒体的启动、运行与停止。

② 协调媒体之间发生的时间顺序，进行时序控制与同步控制。

③ 生成面向用户的操作界面，设置控制按钮和功能菜单，以实现对媒体的控制。

④ 生成数据库，提供数据库管理功能。

⑤ 对多媒体程序的运行进行监控，其中包括计数、计时、统计事件发生的次数等。

⑥ 对输入、输出方式进行精确的控制。

⑦ 对多媒体目标程序打包，设置安装文件、卸载文件，并对环境资源以及多媒体系统资源进行监测和管理。

6.2　多媒体系统的组成

多媒体系统是由多媒体硬件和相应的计算机软件构成的。根据应用目的的不同，一般分为多媒体播放系统和多媒体制作系统。我们所说的多媒体计算机，通常指的是多媒体播放系统。它可以播放多媒体信息，实现与用户的交互。多媒体播放系统对软、硬件的要求不高，普通的计算机如果配上光驱、声卡、音箱就是一台多媒体计算机了。多媒体制作系统所需要的设备比较多，性能要求也相对较高：通常需要一台高性能的计算机（内存和硬盘容量较大，显卡和显示器质量较高），并且根据制作的对象不同，配备扫描仪，数码相机，视频采集卡以及其他音、视频采集和压缩设备。

6.2.1　多媒体个人计算机

多媒体个人计算机的英文缩写是 MPC（Multimedia Personal Computer），MPC 系统最具特色的硬件配置是声频卡、CD—ROM 和视频卡。在个人计算机上加上声频卡和 CD—ROM 就成为普遍意义上的多媒体个人计算机。

1. 多媒体计算机系统的结构

（1）计算机硬件。计算机硬件是多媒体系统的基础，包括计算机及附属声卡、视卡、CDROM 等；多媒体计算机硬件及板级产品多媒体计算机要能综合处理声、文、图信息、必须解决下述 4 个问题。

① 视频和音频信息的获取问题。

② 视频和音频信息的压缩和解压缩问题。

③ 视频和音频信息的实时处理和特技。

④ 视频信息的显示和音频信息立体声输出。这是建立多媒体计算机硬件支撑平台必须具备的功能，尤其是视频和音频信息的输入和输出以及压缩和解压缩功能，一定要用硬件板卡实现。

（2）多媒体信息的压缩与解压缩。一般多媒体信息需要巨大的存储空间，所以在处理这些信息时要对它们进行压缩，而且要求压缩的速度极快，一般这个层次都是在芯片中实现。而且整个 IC 界对压缩与解压缩规定了许多的标准。

（3）输入/输出控制或接口。包括对多媒体硬件设备的驱动、控制和软件调用规定。

（4）多媒体核心系统。也就是多媒体操作系统，它是界于操作系统与上层软件之间的系统，负责多媒体信息在操作系统与应用软件之间的处理。

（5）创作系统。是为开发者提供的开发工具程序包，一般创作系统除编辑多媒体的工具外，还有播放功能。多媒体创作系统的设计目标是缩短多媒体应用软件的制作开发时间，降低对制作人员素质的要求，多媒体编辑工具可分成下述 3 类：高档编辑工具：适合电影、电视系统专业编辑工具；中档编辑工具：适合教材、娱乐系统的制作编辑；低档编辑工具：适用于商业介绍资料、简报及家庭学习材料的编辑。目前世界上比较流行的，在 Windows 平台上运行的编辑工具有 Macromedia 公司的 Authorware Professional、Aimech 公司的 Icon Author，Asymetrix 公司推出的 Multimedia ToolBook，MacroMedia 公司推出的 Action 等。

（6）应用系统。应用系统就是最终与用户见面栩栩如生的各类软件。多媒体应用系统利用多媒体数据库和多媒体编辑工具，可以方便、迅速地编制出极有效益的多媒体应用系统。如多媒体办公自动化系统；多媒体工程数据库系统；多媒体人事档案管理系统；多媒体地理管理系统；各种电子出版物。

2. MPC 标准

Microsoft、IBM 等公司组成了多媒体 PC 工作组（the multimedia PC working group），先后发布了 4 个 MPC 标准，MPC 4.0 标准如表 6.2 所示。

表 6.2　　　　　　　　　　　　　　MPC 4.0 平台标准

设备	基本配置
CPU	Pentium/133～200MHz
内存容量	16MB
硬盘容量	1.6GB
CD-ROM	10～16 倍速
声卡（音频卡）	16 位精度，44.1kHz/48kHz 采样频率带波表
显卡	24 位/32 位真彩色 VGA
操作系统	Windows95、Windows NT

按照 MPC 的标准，多媒体计算机应包含主机、CD-ROM 驱动器、声卡、显卡和系统等基本单元。

3. MPC 的发展趋势

未来的 MPC 除了在多媒体功能上不断加强外，还会朝着如下 3 个方面发展。

（1）一体化，即向多媒体一体机方向发展

所谓多媒体一体机（Moniputer），简单地说，就是显示器加上 PC 再加上多媒体，当然并不是 MPC 加个显示器套在一个外壳里就可称为一体机。除了外形的一体化以外，一体机的设计与普通台式机的差别在于，Moniputer 是显示器和电脑主机一体成型的"模组化"电脑，不仅符合人体工程学的原理，而且结构简洁，安装容易，即插即用。

早期的多媒体电脑，大多是在电脑整机基础上加装多媒体硬件，使之具备多媒体功能。由于功能的不断加强和提升，不同厂商不同规格的多媒体部件堆在一部机器上，不仅破坏了 PC 原本的简洁美观，也造成了使用、维护和功能上的麻烦与损失。因此，当一些知名 PC 厂商开始推出自己的 MPC 品牌时，一体成型也成了一种趋势。

最早的是 1993 年由 PC 界的龙头老大（当时还不是）Compaq 公司推出的 Presario。目前，我们在市场上可以见到的一体化的 MPC 有：IBMAptiva2168X/Y/240、CompaqPre-sario5522、IPC 万智能及 AcerAspire 等。

从市场的角度看，多媒体电脑的很大市场在家庭，至少厂商是期望以此打破电脑进入家庭的瓶颈，而一体化的 MPC 正好可以从多方面满足家庭的需用：简洁美观、占用空间小、易装易用，如同家里的彩电或音响一样。我们注意到，Apple 电脑多年来在美国及全球家用电脑市场上经久不衰，Apple 电脑从 Apple II 到 Pertorma，十多年来均保持着一样的简洁美观，两者之间恐怕有某种必然的联系吧。可以想见，由 MPC 的市场特点，将会有更多的一体机问世，并成为 MPC 的主流。

（2）网络与通信功能成为标准配置

虽然无论是 MPC1、MPC2 还是 MPC3，都没有将网络与通信方面的要求列入，但是眼下可见的 MPC，很多都具有网络与通信的功能，并且在宣传时都竭力突出这方面的能力。Fax/Modem 及网络通信软件已经成了 MPC 不可缺少的基本配置。

这种现象与电脑发展的大趋势是一致的。我们处在一个网络时代，今天我们已能感到网络无所不在，明天我们将会感到，我们无时不在网络之中，由于网络的普及，对于各类信息来源（本地的或远程的）、多种信息类型（数字的或模拟的）及多种信息载体（话音的、数据的、图形的、图像的、视频的等）的信息的获取、存储、转发、处理，就成为电脑的一个很重要的甚至是核心的任务。

由于多媒体计算机大多用于家庭，如何引起消费者的购买热情是一个关键。一年多以前，多媒体热是由于 VCD 影碟的大量流行，如今影碟的热劲已经退去，新的热点在哪儿，厂商显然看好网络，特别是因特网的兴起。尽管国内因特网的用户还很少，而且其发展也受到诸多方面的影响，但因特网连入千家万户似乎是不可逆转的潮流。在这种情况下，多媒体电脑自然都要标榜有网络与通信功能，以争取用户的青睐。由于因特网给人们带来信息获取方式的全面改变，深深地改变着人们的生活方式和工作模式，因此，应该说把因特网作为卖点，比看几张影碟对人们更有持久的吸引力。方正卓越多媒体电脑提出，使其卓越电脑成为信息处理中心，显然比单纯的娱乐中心更具远见。

随着网络技术的飞速发展和网络建设的快速推进，未来家用电脑的主流是简单便宜的网络电脑（NC），还是功能更强大的个人电脑（PC），目前是仁者见仁、智者见智。

当上因特网、有自己的 E-mail 地址，不再是身份与地位的象征，当网上购物、远程医疗、视频点播等成为人们生活中的一部分时，网络与通信功能对于 MPC 来说，显然是不可缺少的。

（3）家电化的趋势

多媒体电脑的家电化趋势也很明显，因为家庭是它的主要市场。无论从销售渠道还是从电脑功能的设置以及外观、使用等方面，多媒体电脑还会继续呈现家电化的趋势。

6.2.2 多媒体作品的设计方法

加工完毕的文本、图形图像、动画、视频、音频都只是一个个独立的文件，而不是一个整体，必须使用多媒体编辑软件将这些元素按照需求组合在一起，同时建立各元素之间的逻辑联系，再赋予交互功能，形成完整的多媒体系统。

多媒体产品的制作要求有一个完整的设计创作的过程，在进行产品制作之前，首先要对所设计的产品有一个整体的构想，确定多媒体作品的内容，并由此确定适合的多媒体制作工具。多媒体制作的过程如下。

（1）选定多媒体产品的内容、框架和制作工具。制作多媒体产品首先要了解实际情况，根据制作的目的及应用领域确定产品的框架，并选择合适的多媒体创作工具。

（2）设计剧本、编写脚本。编写脚本实际是一个剧本创作的过程，剧本编写人员编写脚本时，应该确定目标、策略等内容，并按照这些内容的关系分出主次轻重，合理地进行安排和组织。

（3）界面设计。界面是一个窗口，它将不同的元素进行编排，并使之成为一个连贯的整体。界面的布局设计是否合理会影响整个多媒体产品的质量，要在突出主体的前提下，使各个媒体之间相互协调，强调整体的美观，可以采取重点内容闪烁或处理成热区，将它与其他信息区分开，以吸引用户的注意视线。同时，处理好背景与媒体、媒体与媒体之间的色彩协调，根据主体内容选择合适的色彩基调，围绕色彩基调突出主体，形成统一的色彩风格。

（4）各种媒体素材的准备。根据作品要求，利用各种工具软件搜集整理素材，包括文学编辑、音响效果、录制编辑旁白、动画制作及视频信号的采集处理等工序。

（5）集成制作。一旦多媒体素材和剧情构思完成，软件工程师就成为整个工作的主导者，他们的主要任务就是利用多媒体创作工具按照剧情构思编写程序和组织多媒体数据，最终实现多媒体产品，经过反复测试修改后打包形成正式产品发行。

6.3　多媒体计算机技术

6.3.1　数字音频技术

1. 音频卡

音频卡又被称为"声卡"、"声音适配器"，主要用于处理声音，是多媒体计算机的基本配置。现在，很多机器在主板上集成了音效片，取代了音频卡的功能，有效地提高了整机的性价比。

（1）音频卡的功能

计算机通过它处理音频信号。音频卡的关键技术包括数字音频、音乐合成和 MIDI。其主要功能有 4 种。

① 数字音频的播放。音频卡的主要技术指标之一是数字化量化位和立体声声道的多少。音频卡可以是 8 位、16 位，单声道、立体声，可以播放 CD-DA 唱盘及回放 WAVE 文件等。

② 录制生成 WAVE 文件。音频卡配有传声器输入、线性输入接口。数字音频的音源可以是传声器、录音机和 CD 唱盘等，可选择数字音频参数，如不同的采样率、量化位数和压缩编码算法等。在音频处理软件的控制下，通过音频卡对音源信号进行采样、量化、编码生成 WAVE 格式的数字音频文件，通过软件还可对 WAVE 文件进行进一步编辑。

③ MIDI 和音乐合成。通过 MIDI 接口可获得 MIDI 消息。多采用 FM 频率合成的方法实现

MIDI 乐声的合成以及文本——话音转换合成。

④ 多路音源的混合和处理。借助混音器可以混合和处理不同音源发出的声音信号，混合数字音频和来自 MIDI 设备、CD 音频、线性输入、传声器及扬声器等的各种声音。录音时可选择输入来源或各种音源的混合，控制音源的音量、音调。

（2）音频卡的安装和使用

音频卡通过卡上的许多插口和接口与其他设备相连。

位于卡内的主要插口和接口有以下两种。

① CD-ROM 数据接口：可与 CD-ROM 驱动器的数据接口相连。

② CD 音频数据接口：与 CD-ROM 音频线相连，音频卡接上扬声器后就可播放 CD-ROM 光盘上的声音数据。

位于音频卡后面板上的插口和接口有以下几种。

① 线路输入（Line In）：可与盒式录音机、唱机等相连进行录音。

② 传声器输入（Mic In）：可与传声器相连，进行话音录入。

③ 线路输出（Line Out）：可跳过音频卡的内置放大器，而连接一个有源扬声器或外接放大器进行音频的输出。

④ 扬声器输出（Speaker out）：从音频卡内置功率放大器连接扬声器进行输出，该插口的输出功率一般为 2～4W。

⑤ 游戏棒／MIDI 接口（Joystick/MIDI）：可连接游戏棒或 MIDI 设备，如 MIDI 键盘。

安装音频卡需要安装驱动程序，通常 Windows 的操作系统能够自动识别音频卡，并且预装一部分驱动程序，若系统无法正确安装，可上网寻找厂商提供的驱动程序下载并安装即可。

（3）音频卡芯片的技术分类

音频 CODEC 芯片一般分为 8 位单声道、8 位立体声、通常的 16 位立体声及多通道 16 位立体声，将来还会有多通道 24 位立体声（DVD 音频标准）。位数越高、采样频率越高，精度就越好。同样是 16 位 CODEC 芯片，则由信噪比、动态范围及比较专业的时基抖动等数据来区分其档次。音效芯片能够处理的数据位数自然也得与之相配合。

音效芯片的技术指标如下。

声道数：即单声道、双声道和多声道等。

采用的总线形式，包括 ISA、PCI 总线等。

MIDI 合成方式：包括简单地用几个单音（正弦波）来模拟乐器声音的 FM 合成方式、软件波表合成方式及由具有复杂频谱的接近真实乐器声音的硬件波表合成方式。

立体声（3D）音效：起初是把音频信号加加减减，以达到立体声加强和展宽的目的，但效果差，而且会让两个声道的声音串来串去，含糊不清。后来出现 SRS 和 Stabilizer 等模拟方式处理的立体声增强电路，可以输出比较宽大、清晰的音场。而真正的第一代 3D 音效出现时，才利用了多声道（双声道效果差些）系统进行 360° 的全方向、有距离的音源定位。

现在的第二代 3D 音效则引入了环境效果，可以有更完整的环绕、包围感觉，甚至会有音源高度的感觉。

音频卡系统的硬件实现方法也有很多。首先，CODEC 芯片是必不可少的，因为目前计算机处理的数字信号必须变成模拟信号才能从扬声器中播放出声音来（即使是 USB 音箱，也还是使用了音箱里的 CODEC 芯片）；其次，对于音效芯片，廉价的比较耗费 CPU 的运算能力。

音频卡采用专用芯片是较普遍的，这又分为两种，一种是由部分处理程序可升级的芯片（如

BIOS 等），其核心是较灵活的 DSP；另一种是全部程序固化，而核心是具有专门目的、专用连线的 DSP，虽不甚灵活，但速度很快。

2. 3D 音效的原理

为什么能用几个扬声器（7.1 声道、5.1 声道、4.1 声道、5 声道、4 声道，甚至 2 声道）回放出接近于真实世界的各种声音和音乐效果？简单地说，人的耳朵类似于两个拾音器。单个拾音器无法分辨声音的方向和距离，只能判断声音在各种频率下的大小（幅频特性）和声音在各个频率下的时间先后（相频特性）。在有两个拾音器的简化模型中，人只能通过两耳听到的声音的大小差异和时间差异来分辨出声源的远近和方位，而且仅仅是从左到右 180° 内的方位，所以单凭这个模型理论尚无法分辨前后方向的差异。

那么计算机是如何使人分辨出前后上下的声音呢？是头部相关传递函数算法（Head Reference Transition Function，HRTF）。该算法模拟了耳朵对从空间各个方向传来的声音的不同感受。耳廓的"奇异"形状加上外、中、内耳通道的结构和周围头部组织的各种异性结构对不同方向的声音有着不同的机械滤波作用，外来声音的幅频和相频特性的频谱结构在不同的方向上各有不同。

第一代 3D 音效芯片就是将声音信号进行数字滤波，使在后面的声音具有后面声音特有的频谱结构，使在扬声器外面的声音显得如同它就在外面一样，这样就产生了距离的感觉。因为运算能力的问题，第一代 3D 音效芯片只能做到近似的 HRTF 算法，因此效果一般，还可能因为扬声器质量或环境问题而大打折扣。

第二代 3D 音效芯片，一是使用了更复杂、更精确的 HRTF 算法，方向和距离感自然更强烈；二是添加了初步的环境因素。关于用 HRTF 算法来计算环绕声，使用几个声道最合适这个问题，可以这么考虑：在双声道时人们必须凭从前面听到的不同声音把它想象到后面去。最简单的多声道是 4 声道，这样每个扬声器只负责 90° 左右的方向，HRTF 更容易使它们的声音展宽到应有的范围，全频带的 4 声道系统是比较理想的选择。考虑到带有超低音音箱的卫星式扬声器系统的性价比更高，4.1 声道系统就比较完美了，当然 5.1 声道系统再添上了一个中置声道，处理人物对白，更适合影视迷们对效果的要求。

单声道是比较原始的声音复制形式，单声道缺乏对声音的位置定位，而立体声技术则彻底改变了这一状况。立体声声音在录制过程中被分配到两个独立的声道，从而达到了很好的声音定位效果。这种技术在音乐欣赏中显得尤为有用，听众可以清晰地分辨出各种乐器来自的方向。从而使音乐更富想象力，更加接近于临场感受。时至今日，立体声依然是许多产品遵循的技术标准。

立体声虽然满足了人们对左、右声道位置感体验的要求，而要达到好的效果，仅仅依靠两个音箱是远远不够的，随着波表合成技术的出现，由双声道立体声向多声道环绕声的发展就显得格外迫切。因为同时期的家用音响设备已经基本转向多声道环绕声的家庭影院系统，而且随着 DVD-ROM 的普及，回放 DVD 影片时的（杜比）Dolby Digital（AC-3）5.1 声道信号的解码也提上了日程。

四声道环绕规定了 4 个发音点：前左、前右，后左、后右，听众则被包围在这中间。同时还建议增加一个低音音箱，以加强对低频信号的回放处理（这也就是如今 4.1 声道音箱系统广泛流行的原因，其系统设备，就整体效果而言，四声道系统可以为听众带来来自多个不同方向的声音环绕，可以获得身临各种不同环境的听觉感受，给用户以全新的体验。如今 4 声道技术已经广泛融入各类中高档音频卡的设计中，成为未来发展的主流趋势。

6.3.2　数字图像设备及其接口

1. 摄像头

摄像头作为一种视频输入设备，已经诞生了很久了。在它被普及之前，一般用于视频会议、远程医疗及实时监控。随着摄像头成像技术的不断进步和成熟，加上 Internet 的推波助澜，它的普及率越来越高，价格也降到了普通用户所能承受的水平。

摄像头基本有两种：一种是数字摄像头，可以独立与计算机配合使用。另一种是模拟摄像头，要配合视频捕捉卡一起使用。和多媒体计算机配合使用的都是前者。

摄像头的性能指标主要体现在感光元件、像素、接口、视频捕获能力、调焦能力和其他功能（包括附带软件，摄像头外形；镜头的灵敏性，是否内置传声器等）方面。

2. 数码相机

数码相机是由镜头、CCD、A/D（模/数转换器）、MPU（微处理器）、内置存储器、LCD（液晶显示器）、PC 卡（可移动存储器）和接口（计算机接口、电视机接口）等部分组成，通常它们都安装在数码相机的内部，一些专业的数码相机的液晶显示器与相机机身是分离的。

数码相机的工作原理如下：当按下快门时，镜头将光线会聚到感光器件 CCD（电荷耦合器件）上，CCD 是半导体器件，它代替了普通相机中胶卷的位置，它的功能是把光信号转变为电信号。这样，我们就得到了对应于拍摄景物的电子图像，但是它还不能马上被送去计算机处理，还需要按照计算机的要求进行从模拟信号到数字信号的转换，A/D（模/数转换器）器件用来执行这项工作。接下来 MPU（微处理器）对数字信号进行压缩并转化为特定的图像格式，例如 JPEG 格式。最后，图像文件被存储在内置存储器中。至此，数码相机的主要工作已经完成，剩下要做的是通过 LCD（液晶显示器）查看拍摄到的照片。有一些数码相机为扩大存储容量而使用可移动存储器，如 PC 卡或者 SD 卡。此外，还提供了连接到计算机和电视机的接口。

6.3.3　视频和动画技术

进入 20 世纪 90 年代后，家用摄像机有了迅速的发展，用户在不断追求体积更小的家用摄像机的同时，也在不断追求着更高的成像质量。以计算机技术为代表的数码技术的来临，也给家用摄像机带来了一场深刻的变革。

数码摄像机 DV（Digital Video），译成中文就是"数字视频"的意思，它是由索尼（Sony）、松下（Panasonic）、胜利（JVC）、夏普（Sharp）、东芝（Toshiba）和佳能（Canon）等多家著名家电巨擘联合制定的一种数码视频格式。然而，在绝大多数场合 DV 则是代表数码摄像机。

1. 特点

清晰度高。我们知道，模拟摄像机记录本体模拟信号，所以影像清晰度（也称之为解析度、解像度或分辨率）不高，如 VHS 摄像机的水平清晰度 240 线、最好的 Hi8 机型也只有 400 线。而 DV 记录的则是数字信号，其水平清晰度已经达到了 500～540 线，可以和专业摄像机相媲美。

色彩更加纯正 DV 的色度和亮度信号带宽差不多是模拟摄像机的 6 倍，而色度和亮度带宽是决定影像质量的最重要因素之一，因此，DV 拍摄的影像的色彩就更加纯正和绚丽，也达到了专业摄像机的水平。

无损复制 DV 磁带上记录的信号可以无数次地转录，影像质量丝毫也不会下降，这一点也是模拟摄像机望尘莫及的。

2．分类

按照存储介质分为：磁带式、光盘式、硬盘式、存储卡式。

6.4 多媒体数据的压缩与编码

6.4.1 多媒体信息的计算机表示

1．声音文件的基本格式

（1）WAV 文件

扩展名为 WAV，是 Windows 所用的标准数字音频，它记录的是数字化的声波，因此，也称为波形文件，它是一种没有经过压缩的存储格式，文件相对较大。

录制话音时，几乎都是采用 WAV 格式，WAV 文件的大小一般是由采样频率、采样位数和声道数决定。

（2）MIDI 文件

扩展名为 MID，MIDI 文件是一种能够发出音乐指令的数字代码，与波形文件不同，它记录的不是声音本身，而是 MIDI 合成器发音的音调、音量和音长等，因此比较节省空间，可以满足长时间音乐的需要。

MIDI 的主要限制是缺乏重现真实自然的能力。采用波表法进行音乐合成的声音卡可以使 MIDI 音乐的质量大大提高。

（3）VOC 文件

扩展名为 VOC，VOC 文件也是一种数字声音文件，主要用于 DOS 程序。与波形文件相似，可以方便地互相转换。

（4）MOD 文件

扩展名为 MOD、ST3、XT、S3M 等，该格式的文件存放乐谱和乐曲使用的各种音色样本，具有回放效果明确、音色种类无限等优点。它主要由一些业余音乐爱好者通过网络和 BBS 支持。

（5）MP3 文件

扩展名为 MP3，MP3 是 Fraunhofer-IIS 研究所的研究成果，是第一个实用的有损音频压缩编码，可以实现 12:1 的压缩比例，且音质损失较少，是目前非常流行的音频格式。

2．图像及图像文件格式

图像是多媒体中的可视元素，也称为静态图像，在计算机中图像主要分为两类：位图和矢量图。图像文件在计算机中的存储格式有多种，如".BMP"、".PCX"、".TIF"、".TGA"、".GIF"、".JPG"等。

（1）BMP 格式

BMP 是标准的 Windows 和 OS/2 的图形和图像的基本位图格式，有压缩（RLE）和非压缩之分。BMP 支持黑白图像、16 色和 256 色的伪彩色图像以及 RGB 真彩色图像。

（2）PCX 格式

PCX 是使用游程长编码（RLE）方法进行压缩的图像文件格式文件。支持黑白图像、16 色和 256 色的伪彩色图像、灰度图像以及 RGB 真彩色图像。

（3）GIF 格式

GIF 是压缩图像存储格式，它使用 LZW 压缩方法，压缩比较高，文件长度较小。支持黑白图像、16 色和 256 色的彩色图像。

（4）TIF 格式

TIF 格式是工业标准格式，支持所有图像类型。文件分成压缩和非压缩两大类。

（5）JPG 和 PIC 格式

JPG 和 PIC 都使用 JPEG 方法进行图像数据压缩。这两种格式的最大特点是文件非常小。它是一种有损压缩的静态图像文件存储格式。支持灰度图像、RGB 真彩色图像和 CMYK 真彩色图像。

（6）PCD 格式

PCD 格式是 Photo-CD 的专用存储格式，文件中含有从专业摄影照片到普通显示用的多种分辨率的图像，所以数据量都非常大。

3. 视频和动画的文件格式

动画文件的格式主要有两种：FLIC 格式和 MMM 格式。视频文件的使用一般与标准有关，主要有 AVI、MOV、MPG、DAT、DIR 等。

（1）FLIC 动画

早期版本的 FLIC 文件只支持 $320 \times 200 \times 256$ 色模式，文件的扩展名为 ".FIY"。较新版本支持的分辨率和颜色数都有所提高，文件的扩展名也改为 ".FLC"。它使用了无损压缩方法，画面效果十分清晰，但本身不能存储同步声音。

（2）MMM 动画

MMM 格式是微软多媒体动画的文件格式。

（3）AVI 文件

AVI 文件将视频和音频信号混合交错地存储在一起。其文件扩展名为 ".AVI"，采用了 Intel 公司的 Indeo 视频有损压缩技术，较好地解决了音频信息与视频信息同步的问题。

（4）MOV 文件

MOV 是 Macintosh 计算机用的影视文件格式。也采用了 Intel 公司的 Indeo 视频有损压缩技术，以及视频与音频信息混排技术。

（5）MPG 文件

MPG 是 PC 上全屏幕活动视频的标准文件格式，它是使用 MPEG 方法进行压缩的全运动视频图像。

（6）DAT 文件

DAT 是 Video CD 或 Karaoke CD 数据文件的扩展名，也是基于 MPEG 压缩方法的一种文件格式。

（7）DIR 格式

DIR 是 Marco Media 公司使用的 Director 多媒体著作工具产生的电影文件格式。

6.4.2　多媒体数据压缩技术

1. 多媒体数据的冗余类型

图像数据表示中存在着大量的冗余，图像数据压缩技术就是利用图像数据的冗余性来减少图像数据量的方法。常见图像数据冗余类型有空间冗余、时间冗余和视觉冗余。

（1）空间冗余

一幅图像表面上各采样点的颜色之间往往存在着空间连贯性，基于离散像素采样来表示物体表面颜色的像素存储方式可利用空间连贯性，达到减少数据量的目的。

例如，在静态图像中有一块表面颜色均匀的区域，由于在此区域中所有点的光强和色彩以及饱和度都是相同的，因此，数据有很大的空间冗余。

（2）时间冗余

运动图像一般为位于一时间轴区间的一组连续画面,其中的相邻帧往往包含相同的背景和移动物体，只不过移动物体所在的空间位置略有不同，所以后一帧的数据与前一帧的数据有许多共同的地方，这种共同性是由于相邻帧记录了相邻时刻的同一场景画面，所以称为时间冗余。

同理，话音数据中也存在着时间冗余。

（3）视觉冗余

人类的视觉系统对图像场的敏感度是非均匀的。但是，在记录原始的图像数据时，通常假定视觉系统近似线性的和均匀的，对视觉敏感和不敏感的部分同等对待，从而产生比理想编码（即把视觉敏感和不敏感的部分区分开来的编码）更多的数据，这就是视觉冗余。

2．数据压缩方法

压缩处理一般是由两个过程组成：一是编码过程，即将原始数据经过编码进行压缩，以便存储与传输；二是解码过程，此过程对编码数据进行解码，还原为可以使用的数据。

数据压缩可分为两种类型：一种叫做无损压缩，另一种叫做有损压缩。

（1）无损压缩

无损压缩常用在原始数据的存档，如文本数据、程序以及珍贵的图片和图像等。

其原理是统计压缩数据中的冗余（重复的数据）部分。常用的有：RLE（run length encoding）行程编码、Huffman 编码、算术编码、LZW（lempel-ziv-welch）编码等。

- 行程编码（RLE）

RLE 编码是将数据流中连续出现的字符用单一记号表示。

例如，字符串 AAABCDDDDDDDDBBBBB 可以压缩为 3ABC8D5B。

RLE 编码简单直观，编码/解码速度快，因此许多图形和视频文件，如.BMP、.TIFF 及.AVI 等格式文件的压缩均采用此方法。

- Huffman 编码

它是一种对统计独立信源能达到最小平均码长的编码方法。

其原理是，先统计数据中各字符出现的概率后，再按字符出现频率高低的顺序分别赋以由短到长的代码，从而保证了文件的整体的大部分字符是由较短的编码构成的。

- 算术编码

其方法是将被编码的信源消息表示成实数轴 0～1 之间的一个间隔，消息越长，编码表示它的间隔就越小，表示这一间隔所需的二进制位数就越多。

该方法实现较为复杂，常与其他有损压缩结合使用，并在图像数据压缩标准（如 JPEG）中扮演重要角色。

- LZW 编码

LZW（Lempel-Ziv-Welch）压缩使用字典库查找方案。它读入待压缩的数据并与一个字典库（库开始是空的）中的字符串对比，如有匹配的字符串，则输出该字符串数据在字典库中的位置索引，否则将该字符串插入字典中。

许多商品压缩软件如 ARJ、PKZIR、ZOO、LHA 等都采用了此方法。另外，.GIF 和.TIF 格式的图形文件也是按这一文件存储的。

（2）有损压缩

图像或声音的频带宽、信息丰富，人类视觉和听觉器官对频带中某些频率成分不大敏感，有损压缩以牺牲这部分信息为代价，换取了较高的压缩比。

常用的有损压缩方法有：PCM（脉冲编码调制）、预测编码、变换编码、插值与外推等。

新一代的数据压缩方法有：矢量量化和子带编码、基于模型的压缩、分形压缩及小波变换等。

（3）混合压缩

混合压缩是利用了各种单一压缩的长处，以求在压缩比、压缩效率及保真度之间取得最佳折衷。该方法在许多情况下被应用，如 JPEG 和 MPEG 标准就采用了混合编码的压缩方法。

3．视频编码的国际标准

（1）静止图像压缩标准

国际标准化组织（ISO）和国际电报电话咨询委员会（CCITT）联合成立的"联合照片专家组"JPEG（joint photographic experts group）于 1991 年提出的"多灰度静止图像的数字压缩编码"（简称 JPEG 标准）。

这是一个适应于彩色和单色多灰度或连续色调静止数字图像的压缩标准。

JPEG 标准支持很高的图像分辨率和量化精度。它包含两部分：第一部分是无损压缩，基于差分脉冲编码调制（DPCM）的预测编码。第二部分是有损压缩，基于离散余弦变换（DCT）和 Huffman 编码，通常压缩 20～40 倍。

（2）运动图像压缩标准

视频图像压缩的一个重要标准是 MPEG（Moving Picture Experts Group）于 1990 年形成的一个标准草案（简称 MPEG 标准）。它兼顾了 JPEG 标准和 CCITT 专家组的 H.261 标准。

MPEG 标准分为 MPEG 视频、MPEG 音频和 MPEG 系统三大部分。

MPEG 算法除了对单幅图像进行编码外（帧内编码），还利用图像序列的相关特性去除帧间图像冗余，大大提高了视频图像的压缩比。压缩比可达到 60～100 倍。

• MPEG-1 标准：MPEG-1 诞生于 1991 年，主要是为了适应在数字存储媒体如 CD-ROM 上有效地存取广播视频信号而制定的标准。CD-ROM 驱动器的数据传输率不会低于 150kbit/s= 1.2Mbit/s（单倍速），而容量不会低于 650MB，MPEG-1 算法就是针对这个速率开发的。MPEG-1 标准的压缩比可高达 1:200。MPEG-1 已被广泛采用，如 VCD 或小影碟的发行等，其播放质量可以达到家用录像机的水平。

• MPEG-2 标准：MPEG-2 标准诞生于 1993 年。它是在 MPEG-1 标准的基础上发展起来的，对 MPEG-1 标准进行了扩充。MPEG-2 能使图像能恢复到广播级质量，高清晰视频光盘 DVD 就是采用的这种标准。目前发展十分迅速，成为这一领域的主流趋势。

（3）视频通信编码标准

多媒体通信中的电视图像编码标准都采用 H.261 和 H.263。H.261 主要用来支持电视会议和可视电话。电视图像数据压缩后的数据速率为 $P \times 64$kbit/s，其 P 是一个可变参数，取值范围是 1～30。H.263 是在 H.261 的基础上开发的电视图像编码标准，用于低位速率通信的电视图像编码。

6.5 Windows 的多媒体功能

6.5.1 录音机程序

1. "录音机"是 Windows 7 提供的一种声音处理软件

利用录音机程序可以录制 WAV 格式的声音并将其保存到计算机上。可以从不同音频设备录制声音，如插入声卡 MIC 插孔中的麦克风等。

2. 录制声音的一般步骤

（1）首先确保音频输入设备已经连接到计算机上。

若要使用录音机，需要安装声卡和扬声器。

若要录制声音，则还需要麦克风或其他音频输入设备。

（2）单击"开始→所有程序→附件→录音机"，打开"录音机"程序，如图 6.3 所示。

图 6.3　Windows 7 录音机窗口

（3）单击"开始录制"按钮，即可开始录音。

（4）如要停止录制，单击"停止录音"按钮。

（5）单击"停止录音"将会弹出"另存为"对话框，如果要继续录制，单击对话框中的"取消"按钮，然后单击"继续录制"按钮。

（6）在"另存为"对话框中输入文件名，单击"保存"即可完成整个录制工作。

（7）如果需要帮助和支持，单击 按钮。

6.5.2 媒体播放机程序 Windows Media Player

使用 Microsoft Windows Media Player，可以播放和组织计算机及 Internet 上的数字媒体文件。此外，您还可以使用此播放机收听全世界的电台广播、播放和复制 CD、创建自己的 CD、播放 DVD 以及将音乐或视频复制到便携设备（如便携式数字音频播放机和 Pocket PC）中。

1. Windows Media Player 的窗口

单击"开始→所有程序→Windows Media Player"，打开"Windows Media Player"程序，出现如图 6.4 所示的"Windows Media Player"主窗口，窗口底部有一排控制按钮，使用这些按钮可以控制播放任务，如 表示停止、 上一个、 表示播放、 表示暂停、 表示下一个、 表示静音、 表示音量控制等操作。

2. 播放媒体文件

（1）播放计算机上的音频文件。单击"文件"菜单上的"打开"，在"打开"对话框中，选择需要播放的文件，如 WAV、MIDI、MP3 等，单击"打开"命令，开始播放声音。单击"停

图 6.4　Windows Media Player
主窗口（紧凑模式）

止"按钮停止播放声音。可以同时选择多个文件，这样就把声音存储到播放列表，系统会按顺序播放。

（2）播放计算机上的视频文件。Windows 7 中的 Windows Media Player 可以播放 AVI、MOV、MPG 等视频文件，单击"文件"菜单上的"打开"。在"打开"对话框中，选择需要播放的文件，单击"打开"命令，即可播放视频文件。

（3）播放音频 CD。将 CD 盘放入 CD-ROM 驱动器中，然后从"播放|DVD、VCD 或 CD 音频"子菜单中选择包含 CD 的驱动器，在主窗口的播放列表中就会显示出该 CD 盘中的所有曲目，单击"播放"按钮即可开始播放。

（4）播放 VCD 或 DVD。将 VCD 盘放入 CD-ROM 驱动器，或将 DVD 盘放入 DVD-ROM 驱动器，然后从"播放|DVD、VCD 或 CD 音频"子菜单中选择包含 VCD 或 DVD 的驱动器，在播放列表中会显示该盘中的所有曲目，然后单击"播放"按钮即可开始播放。

（5）通过输入文件的 URL 来播放 Web 上的文件。在"文件"菜单上单击"打开 URL"，键入文件的统一资源定位器（URL），然后单击"确定"按钮。

6.5.3　Windows Media Center 软件的使用

Windows Media Center 是涵盖 Windows Media Player 的一个超集。它除了提供 Windows Media Player 的全部功能外，还在娱乐功能上进行了全新的打造，为用户提供了从音频、视频，包括图片、音乐、电视、电影等全方位的服务。

1. Windows Media Center 窗口

单击"开始→所有程序→Windows Media Center"，打开"Windows Media Center"程序，出现如图 6.5 所示的"Windows Media Center"主窗口。

图 6.5　Windows Media Center 主窗口

2. 利用 Windows Media Center 观看电视

如果计算机配备了必备的硬件，如电视调谐器、电视信号源，则可以在电脑上使用 Windows Media Center 观看、暂停和快退直播电视节目，具体操作如下。

（1）在 Windows Media Center 开始屏幕上，滚动到"电视"，然后单击"互联网电视"，如图 6.6 所示。

（2）若要控制直播电视节目的播放，请移动鼠标以显示播放控件，然后执行下列任意操作。

• 单击"暂停"按钮▇暂时停止播放节目。准备从暂停的位置继续观看节目时，可单击"播放"按钮▇。

图 6.6　Windows Media Center 观看电视窗口

- 单击 "向后跳过" 按钮■或 "后退" 按钮再次观看某些内容；单击 "向前跳过" 按钮■或 "快进" 按钮在节目中向前移动。
- 单击 "增加音量" 按钮■或 "减小音量" 按钮■增加或减小音量；单击 "静音" 按钮■打开或关闭声音。
- 单击 "上一个频道" 按钮■或 "下一个频道" 按钮■分别转到上一个频道或下一个频道。
- 单击 "暂停" 按钮■，然后反复单击 "向前跳过" 按钮■逐帧向前移动。
- 单击 "暂停" 按钮■，然后单击 "快进" 按钮一次、两次、三次或四次以不同的速度向前移动。

（3）观看完直播电视节目后，请移动鼠标，然后单击 "停止" 按钮■。

3. 利用 Windows Media Center 录制电视

使用 Windows Media Center 可以将直播电视节目和电影录制到计算机上，甚至可以事先预定录制或自动录用户喜爱的电视系列的新剧集，具体步骤如下。

（1）在 Windows Media Center 开始屏幕上，滚动到 "电视"，然后单击 "指南"。

（2）找到要录制的电视系列并单击该系列，然后单击 "录制系列"。

4. 使用 Windows Media Center 观看图片和视频

使用 Windows Media Center，可以通过许多有趣的方式播放家庭视频和查看数字照片，具体操作步骤如下。

（1）在 Windows Media Center 的开始屏幕上，滚动到 "图片+视频"，然后单击 "图片库"，如图 6.7 所示。

图 6.7　Windows Media Center 观看图片和视频窗口

（2）单击"文件夹"以按字母顺序排列文件夹和文件，单击"拍摄日期"以按日期排列文件夹和文件，或者单击"标记"以按所应用的标记排列文件。

（3）单击要查看的图片。

5. 使用 Windows Media Center 从移动设备查看或导入图片或视频

用户可以利用 Windows Media Center 将移动设备如 USB 闪存驱动器或数码相机中将图片或视频导入到计算机上，具体操作步骤如下。

（1）如果 Media Center 未处于全屏模式，请单击"最大化"按钮。

（2）将可移动设备连接到计算机。（照相机和多数其他可移动设备通常连接到 USB 端口上）。

（3）在所显示的对话框中，执行下列操作之一。

- 单击"导入图片和视频"，然后遵照说明将设备上的所有图片和视频复制到计算机上的"我的图片"文件夹中。

- 单击"查看图片"或"查看视频"即可访问设备上的图片或设备，而无需将它们复制到计算机中。

6. 利用 Windows Media Center 创建幻灯片放映

幻灯片放映是一种以全屏模式逐张查看一组照片的方法。用户可以使用所选择的图片和音乐创建自己的幻灯片放映，然后将其保存以供将来轻松访问，具体操作步骤如下。

（1）在 Windows Media Center 的开始屏幕上，滚动到"图片+视频"，然后单击"图片库"。

（2）单击"幻灯片放映"和"创建幻灯片放映"，然后按照说明将图片和音乐添加到幻灯片放映。

（3）在"复查并编辑幻灯片放映"页上，单击"添加其他项目"添加更多图片和音乐，添加完成之后，单击"创建"按钮，如图 6.8 所示。

（4）在"图片库"页上，选择要放映的幻灯片，然后单击"放映幻灯片"。

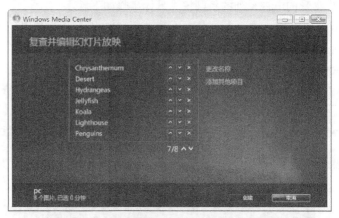

图 6.8　Windows Media Center 创建幻灯片窗口

本章小结

多媒体技术作为一门飞速发展的计算机技术，在全社会的各个领域发挥着重要的作用，通过本章的学习，同学们掌握和了解多媒体技术的基本概念，多媒体技术的应用与发展以及关键技术，了解一些多媒体软件的种类及其多媒体系统的组成，了解数据压缩，多媒体信息的表示方法，能够制作简单多媒体作品。

习　题

一、填空题

1. 多媒体系统是指利用＿＿＿＿＿＿＿技术和技术来处理和控制＿＿＿＿＿＿的系统。

2. 多媒体技术具有＿＿＿＿＿、＿＿＿＿＿＿、＿＿＿＿＿＿和高质量等特性。

3. 音频主要分为＿＿＿＿＿、话音和＿＿＿＿＿。

4. 目前常用的压缩编码方法分为两类：＿＿＿＿＿＿和＿＿＿＿＿。

5. 多媒体应用系统的开发一般包括下列几个步骤：确定＿＿＿＿＿；明确＿＿＿＿；准备＿＿＿＿＿集成一个多媒体应用系统。

6. 多媒体创作系统提供一种把＿＿＿＿＿结合在一起的集成环境，是为完成＿＿＿＿＿任务的软件系统。

7. 根据通信节点的数量，视频会议系统可分为两类：＿＿＿＿＿和＿＿＿＿＿。

8. 多媒体数据库涉及影响到传统数据库的＿＿＿＿＿、＿＿＿＿＿、＿＿＿＿＿、数据操纵以及应用等许多方面。

9. 多媒体创作系统大致可分为＿＿＿＿＿、＿＿＿＿＿、＿＿＿＿＿ 3 部分。

10. ＿＿＿＿＿、＿＿＿＿＿、＿＿＿＿＿、符号都是视觉媒体。

11. 在 Windows 中，最常用的图像文件格式是 DIB、＿＿＿＿＿、＿＿＿＿＿、＿＿＿＿＿。

12. 数据压缩的 3 个重要指标是＿＿＿＿＿、＿＿＿＿＿、＿＿＿＿＿。

13. 多媒体应用系统的开发步骤是计划制定与成本估算、＿＿＿＿＿、＿＿＿＿＿、＿＿＿＿＿。

14. ＿＿＿＿＿、＿＿＿＿＿、＿＿＿＿＿、管理人员对软件质量都有各自不同的看法，反映了对软件质量不同要求。

15. OCR 软件的功能是将＿＿＿＿＿转换为＿＿＿＿＿。

二、选择题（选择一个正确答案，将其代号填入括号中）

1. CD-ROM＿＿＿＿。
   A. 仅能存储文字 　　　　　　　　B. 仅能存储图像
   C. 仅能存储声音 　　　　　　　　D. 能存储文字、声音和图像

2. 常用的多媒体输入设备是＿＿＿＿。
   A. 显示器　　　　B. 扫描仪　　　　C. 打印机　　　　D. 绘图仪

3. 一般说来，要求声音的质量越高，则＿＿＿＿。
   A. 量化级数越低和采样频率越低 　　B. 量化级数越高和采样频率越高
   C. 量化级数越低和采样频率越高 　　D. 量化级数越高和采样频率越低

4. 位图与矢量图比较，可以看出＿＿＿＿。
   A. 对于复杂图形，位图比矢量图画对象更快
   B. 对于复杂图形，位图比矢量图画对象更慢
   C. 位图与矢量图占用空间相同
   D. 位图比矢量图占用空间更少

5. 下列哪种多媒体创作工具是基于时间的_____。

    A. Authorware   B. IconAuthor   C. Director   D. Delphi

6. 为了改进软件的可靠性与可维护性，为了适应未来的软硬件的环境变化，主动地增加预防性的新测试功能，这种维护工作称为_____。

    A. 适应性维护   B. 改正性维护   C. 预防性维护   D. 完善性维护

7. 在动画制作中，一般帧速选择为_____。

    A. 30 帧/秒   B. 60 帧/秒   C. 120 帧/秒   D. 90 帧/秒

8. 超文本是一个_____结构。

    A. 顺序的树形   B. 非线性的网状   C. 线性的层次   D. 随机的链式

9. 多媒体数据具有_____特点。

    A. 数据量大和数据类型多

    B. 数据类型间区别大和数据类型少

    C. 数据量大、数据类型多、数据类型间区别小、输入和输出不复杂

    D. 数据量大、数据类型多、数据类型间区别大、输入和输出复杂

10. 下列关于点/英寸的叙述_____是正确的。

    （1）每英寸的 bit 数   （2）每英寸像素点

    （3）点/英寸越高图像质量越低   （4）描述分辨率的单位

    A.（1），（3）   B.（2），（4）   C.（1），（4）   D. 全部

11. 音频卡是按_____分类的。

    A. 采样频率   B. 采样量化位数   C. 声道数   D. 压缩方式

12. CD-ROM 是由_____标准定义的。

    A. 黄皮书   B. 白皮书   C. 绿皮书   D. 红皮书

13. 以下_____是多媒体教学软件的特点。

    （1）能正确生动地表达本学科的知识内容

    （2）具有友好的人机交互界面

    （3）能判断问题并进行教学指导

    （4）能通过计算机屏幕和老师面对面讨论问题

    A.（1），（2），（3）   B.（1），（2），（4）

    C.（2），（4）   D.（2），（3）

14. 数字视频的重要性体现在_____。

    可以用新的与众不同的方法对视频进行创造性编辑

    可以不失真地进行无限次复制

    可以用计算机播放电影节目

    易于存储

    A. 仅（1）   B.（2），（3）

    C.（1），（2），（3）   D. 全部

15. 下列说法不正确的是_____。

    A. 电子出版物存储容量大，一张光盘可以存储几百本长篇小说

    B. 电子出版物媒体种类多，可以集成文本、图形、图像、动画、视频和音频等多媒体信息

    C. 电子出版物不能长期保存

　　D.　电子出版物检索信息迅速

三、判断题（请给正确的打上"√"，错误的打上"×"并说明原因）

1.（　　）音频大约在 20kHz-20MHz 的频率范围内。

2.（　　）用来表示一个电压模拟值的二进数位越多，其分辨率也越高。

3.（　　）对于位图来说，用一位位图时每个像素可以有黑白两种颜色，而用二位位图时每个像素则可以有 3 种颜色。

4.（　　）声音质量与它的频率范围无关。

5.（　　）在软件开发过程中，按照测试过程是否在实际应用环境中，测试可分为静态分析和动态测试。

6.（　　）多媒体技术中的关键技术是数据压缩技术。

7.（　　）熵压缩法可以无失真地恢复原始数据。

8.（　　）在计算机系统的音频数据存储和传输中，数据压缩会造成音频质量的下降。

9.（　　）在数字视频信息获取与处理过程中，正确的顺序是采样、D/A 变换、压缩、存储、解压缩、A/D 变换。

10.（　　）外界光线变化会影响红外触摸屏的精确度。

四、问答题

1. 什么叫多媒体信息？

2. 音频录制中产生声音失真的原因及解决方法？

3. 多媒体系统由哪几部分组成的？

4. 简述 JPEG 和 MPEG 的主要差别。

5. 简述多媒体视频会议系统的结构。

6. 多媒体应用系统与其他应用系统相比有什么特点？

五、分析题

　　请计算对于双声道立体声、采样频率为 44.1kHz、采样位数为 16 位的激光唱盘（CD-A），用一个 650MB 的 CD-ROM 可存放多长时间的音乐（需要写清计算公式、步骤）。

第7章
数据库应用技术

【本章重点】创建和维护 Access 数据表的方法，查询的建立，窗体和简单应用系统的开发技术。

【本章难点】窗体和简单应用系统的开发技术。

【学习目标】使用 Access 与其他 Office 办公软件实现资源共享；利用 Access 实现数据的维护和管理任务；能够利用 Access 进行简单应用系统的开发。

7.1 数据库概述

Microsoft Access 2010（以下简称 Access）是 Office 2010 办公自动化软件中的关系数据库管理程序，使用它可以将数据保存在数据库中，而且可以实现对数据库中的数据进行统计、查询及生成报表等操作。

7.1.1 数据库的概念

在学习 Access 操作之前，应该先掌握一些 Access 数据库的基本概念。以下是 Access 数据库中使用的一些术语。

数据库是存储在一起的相关数据的集合，这些数据以某种特有的规律独立地存储在一个相对封闭的"集合"内，具有很强的概括性、结构性和独立性。

数据库一般可分为 3 种类型：网状数据库、层次数据库和关系数据库。这三种数据库具有不同的数据模型，其中关系数据库发展最为成熟、应用最为广泛，Access 就属于关系数据库管理系统。

关系数据库所使用的数据结构简单灵活，它采用关系模型来存储数据。关系数据库一般由若干个二维数据表组成，数据表是关系数据库的基本组成部分。

数据表：是关系数据库中最基本的对象，存放了具有特定主题的相关数据。数据表由若干行和列组成，表中的一行称为一条"记录"，保存事物的一组属性数据；表中的每列表示同一种类型的数据，称为"字段"，每个"字段"有一个名称，称为"字段名"。

在图 7.1 中，"参赛选手"数据表上方的"姓名"、"参赛号码"、"性别"、"出生年月"等都是表示"参赛选手"的属性即字段名，这些属性构成了"参赛选手"数据表的字段，这些字段名称不能相同。每一行就是"参赛选手"数据表的一条记录，保存"参赛选手"的一组属性数据信息。

图 7.1　一个表中的记录和字段

数据库中的数据表之间不是孤立的，不同的数据表之间由公共字段相关联。这样可以把各个数据表连成一个整体，使数据库中的各个数据表既相互独立，又相互联系，使它们为某一目标服务。图 7.2 所示为"学生综合素质比赛"数据库中的几个数据表"参赛学校"、"参赛选手"、"参赛成绩"之间的关系（Relation）。

Access 数据库除了包括数据表以外，还包括查询、窗体、报表、模块、设计视图、宏、主键、关系、条件、表达式、控件等对象，如图 7.3 所示。

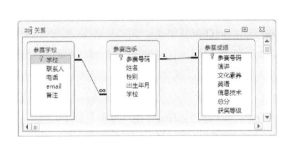

图 7.2　数据库中表之间存在的关系

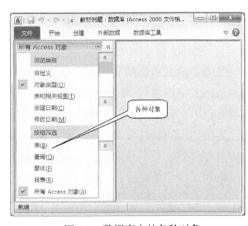

图 7.3　数据库中的各种对象

查询：通过设置查询条件，从表中选择出满足条件的数据。查询可以从多个表中获取需要的数据，作为窗体、报表的数据源。

窗体：向用户提供一个交互式的图形界面，用于数据的输入、显示、编辑和控制程序的运行。

报表：可按照用户的规范和要求打印组织好并且已设定了格式的信息，报表还具备分析和汇总等功能。

模块：属于 Access 的高级功能，存储在一起作为一个命题单元的声明、语句和过程的集合，包括标准模块和类模块两种类型。

宏：用来自动执行任务的一个操作或一组操作，属于 Office 的高级功能。

设计视图：用于建立数据库对象或修改现有数据库对象的设计显示方式。

主键：在表中用于唯一标识表中的每条记录，它由一个或多个字段组成，设置成主键的字段内容不能出现重复。

关系：在两个表的公共字段之间所建立的联系，关系的种类包括一对一、一对多、多对多 3 种。

条件：进行搜索或筛选时，字段必须满足的准则部分。

表达式：用于执行计算、操作字符、测试数据或设置条件，由算术或逻辑运算符、常数、函数和字段名等组成。

控件：在窗体和报表中，用户控制程序的图形界面对象，如文本框、命令按钮、标签等。控件可用来显示数据或选项、执行操作或使用户界面容易阅读。

7.1.2　SQL 语言

1986 年美国 ANSI 采用 SQL（Structured Query Language，结构化查询语言）作为关系数据库的标准语言，专门用来设计、维护和控制关系数据库。SQL 语言的查询功能非常强大，可以实现特别复杂的查询功能，它是非结构化的查询语言，是所有关系数据库的公共语言，掌握 SQL 语言是开发功能强大的数据库应用系统的基础，用户首先要理解 SQL 语言中的两个基本概念，即基本表和视图。基本表是数据库的基础，基本表是实际存储在数据库中的表。而视图是基于一个或多个基本表，通过查询而导出的虚表，它本身不独立存储在数据库中，也就是说数据库中只存放视图的定义而不存放视图的数据，这时数据仍存放在导出视图的基本表中。

SQL 语言中的数据操纵语言就是一些操作数据的命令，数据操纵分为数据查询和数据更新两种，其中数据更新又分为插入、删除和修改 3 种操作，即用于"查询"数据的 Select、用于"插入"数据的 Insert、用于"修改"数据的 Update 和用于"删除"数据的 Delete，对各个命令简介如下。

1. Select 命令

主要是从数据库的基本表或视图中查询出满足条件的数据记录。语法格式为：

Select 字段名/字段表达式 From 基本表/视图[Where 条件] [Group By 指定分组的字段名][Having 指定分组的条件] [Order by 指定排序的字段名] [Aac|Desc]；

其中[ ]内的参数是可选项，即可以省略不写；Order by 后面的两个参数 Asc 或 Desc，Asc 表示以升序排列，是默认选项，Desc 表示以降序排列，整个命令以英文字符";"结束。

例如，在"参赛选手"表中查找所有男选手的姓名、参赛号码和学校，并按参赛号码升序排列。

Select 姓名，参赛号码，学校 From 参赛选手 Where 性别='男' Order By 参赛号码；

2. Insert 命令

在数据表添加一个或多个记录。格式如下。

Insert into 表名（添加数据的字段名列表）Values（添加数据的字段值列表）；

例如，将姓名为"李红"、参赛号码为"0086"、学校为"前进中学"的新选手信息插入到"参赛选手"表中。

Insert into 参赛选手（姓名，参赛号码，学校）Values（'李红'，'0086'，'前进中学'）；

3. Update 命令

对已经存在的数据进行修改。格式如下。

Update 表名 Set 要更新记录的字段名=指定值 Where 条件；

例如，在"参赛选手"表中，把姓名为"何小阳"的记录中的"学校"改为"理工大学"。

　Update 参赛选手 Set 学校='理工大学' Where 姓名='何小阳'；

4. Delete 命令

把记录从一个或多个表中进行删除。格式如下。

Delete From 表名 [WHERE 条件表达式]；

例如，将"参赛选手"表中"参赛号码"为"0086"的选手记录删除。

Delete From 参赛选手 Where 参赛号码='0086';

SQL 语言博大精深，内容丰富，读者可参看专门的书籍，以上只是简单地介绍一下常用的命令。

7.2 数据库操作

Access 数据库中的数据都是存储在数据表中的，当一个数据库系统需要多个表时，不需要每次创建新表时都要创建一个数据库，而是把组成一个应用程序的所有表都放在一个数据库中。创建数据表后，就可以对数据表进行查看、增加、修改和删除数据等操作了。

7.2.1 创建数据库

前面已说明数据库是相关对象的集合，每一个对象都是数据库的组成部分。新建一个数据库就是指新建一个数据库文件，这个数据库中的各种对象都存放在这个数据库文件中。这里我们采用先创建一个空数据库，然后添加其他对象的方法。

要设计一个数据库应用系统，首先要创建一个数据库，然后根据需要在数据库中加入数据表。

1. 创建数据库文件

数据库文件包括数据库文件名及存放的位置，空数据库就是没有任何对象的空仓库。

下面要创建一个"综合素质比赛"数据库文件。Access 提供了样本模板供用户创建新的数据库，但由于实际问题千差万别，使用样本模板创建的数据库不一定符合实际的要求，这里采用较为灵活的方法，即先创建一个空的数据库。

创建空数据库的操作步骤如下。

（1）启动 Access 后，单击"文件"菜单下"新建"选项，或者单击"快速访问工具栏"上的"新建"按钮，打开图 7.4 所示的"可用模板"窗格。

图 7.4 "可用模板"窗格

（2）选中"可用模板"窗格中的"空数据库"选项，在窗格右侧"文件名"文本框中输入数据的名称，也可单击"文件名"方框右侧的"打开"按钮 📂 ，打开"文件新建数据库"对话框，在该对话框中设置要保存的文件名及所在的文件夹。

（3）单击"创建"按钮，打开图 7.5 所示的窗口，在该窗口左侧列出该数据库自动生成的第一个名为"表 1"的空表，提醒用户为该表添加字段。

图 7.5　创建空数据库后的 Access 窗口

Access 2010 新建的数据库文件，默认扩展名是*.accdb。

2. 创建表

数据库文件建好后接下来做的工作就是添加数据库的对象。数据库中的对象种类很多，但其中"表"是数据库的基础，也是数据库中最基本、最重要的对象，数据库中的数据都保存在表中。数据库中其他对象，如窗体、查询、报表等，都是将表中的数据以各种形式表现出来，供用户使用。

表的创建方法有两种。

（1）通过输入数据创建数据表。操作步骤如下。

① 单击"创建"选项卡下"表格"组中的"表"按钮，自动生成一张空表，如图 7.5 所示。

② 在创建的新表中输入数据，数据输入完成后单击"快速访问工具栏"上的"保存"按钮，弹出如图 7.6 所示的"另存为"对话框，输入表名后单击"确定"按钮即可结束表的创建。

（2）使用表设计器创建数据表。通过输入数据创建数据表虽然快捷方便，但不能对表结构进行详细的设置。而使用表设计器创建数据表时可以设置各字段的名称、类型、大小、格式和默认值等属性，使输入的数据符合设置的字段属性，可以规范表中的数据。其操作步骤如下。

① 打开创建好的数据库，单击"创建"选项卡下"表格"组中的"表设计"按钮，打开设计视图窗口，如图 7.7 所示。

图 7.6　"另存为"对话框　　　　　　　　　图 7.7　设计视图

② 在"字段名称"下的文本框中输入字段的名称，它就是表的列标题；用鼠标右键单击"数据类型"右侧的下拉箭头，弹出"数据类型"下拉列表，从中选择一种数据类型。

数据类型在 Access 中很重要，错误的数据类型可能导致数据不能正确输入或查询结果不正确。常用的数据类型含义如下。

- 文本：用于文字、符号和不需要计算的数据。如姓名、地址、身份证号等，最多可以有255 个字符。
- 备注：起提示作用的可变长度文本，最多可以有 63,999 个字符。
- 数字：可以参与数学计算的数据，如成绩、工资等。
- 时间/时间：表示日期或详细时间。
- 货币：用于表示货币的专用数字类型。
- 自动编号：对每一条记录进行顺序编号，用于唯一区分每一条记录。每当向表中添加一条新记录时，由 Access 指定的一个唯一的顺序号（每次递增 1）或随机数。自动编号字段不能更新。
- 是/否：只有两个值，常用于性别、婚否等字段判断。
- OLE 对象：Access 表中链接或嵌入的对象，例如 Excel 电子表格、Word 文档、图形、声音或其他二进制数据。

③ 在窗口下半部分"常规"选项卡中可对字段的属性进行设置，这一项内容的设置也很重要，它关系到表中数据的可靠性。一般需要设置以下几项。

- 字段大小：对文本字段，就是文本包含的最大字符数。
- 必填字段：将表中一定要填的项目设置为"是"，可填可不填的项目设置为"否"。

④ 重复第②步和第③步，完成表结构的设计。

⑤ 在创建表的过程中，还有一个关键步骤，就是设置表的"主键"。选择要设置主键的那一行，单击鼠标右键，在弹出的快捷菜单中选择"主键"，这时主键字段前显示一个钥匙形状的图标，表明该字段已被设置为"主键"。

⑥ 单击"快速访问工具栏"上"保存"按钮，输入表名，最后单击表设计器右上角"关闭窗口"按钮就完成了表的建立，这时在导航窗格中显示了刚才保存的表名。

例如"综合素质比赛"数据库中，"参赛选手"表中的字段名、数据类型、主键设定如表 7.1所示。按上面步骤设置好的"参赛选手"表结构如图 7.8 所示。

图 7.8　设置好的"参赛选手"表结构

表 7.1　　　　　　　　　　　　　　"参赛选手"表结构的定义

字段名	数据类型	字段大小	字段属性
参赛号码	文本	4	设置为"主键"、输入法关闭
姓名	文本	8	输入法开启
性别	文本	2	查阅→行来源："男";"女"
出生年月	日期/时间	系统自动设置	
学校	文本	12	

按照同样的方法在"综合素质比赛"数据库中建立另外两个表："参赛学校"表和"参赛成绩"表，其表结构如表 7.2 和表 7.3 所示。

表 7.2　　　　　　　　　　　　　　"参赛学校"表结构的定义

字段名	数据类型	字段大小	其他属性
学校	文本	20	主键
联系人	文本	8	
电话	文本	12	
E-mail	文本	30	
备注	备注		

表 7.3　　　　　　　　　　　　　　"参赛成绩"表结构的定义

字段名	数据类型	字段大小	其他属性
参赛号码	文本	5	主键
演讲	数字		长整型
文化素养	数字		长整型
英语	数字		长整型
信息技术	数字		长整型
总分	数字		长整型
获奖等级	文本	6	行来源"一等奖"；"二等奖"；"三等奖"；"无"

7.2.2　编辑数据表

创建数据表后就可以对数据表内容进行各种操作，包括对表中记录的浏览、添加、删除和修改等。双击图 7.5 导航窗格需要编辑表的表名，即可打开该表，如图 7.9 所示。这时可以像使用 Excel 一样对表中的记录进行浏览、修改、追加和删除。

图 7.9　编辑数据表

1．添加记录

如果当前表是一个空表，那么在表中直接输入数据即可。如果给已有记录的表中添加新的记录，只需在最后一条记录下面输入所需的数据即可。

2．编辑记录

在一条记录中，当光标移入一个字段时，整个字段被选中，这时输入数据，系统会自动删除当前的数据，用新输入的数据代替。如果只想编辑部分字符，可单击想要编辑的字符，直接修改即可。

3．删除记录

先选定要删除的记录，接着按 Delete 键，这时会弹出警告对话框，在对话框中单击"是"按钮，选定的记录就被删除了。也可选定要删除的记录，单击"开始"选项卡下"记录"组中的"删除"按钮。

4．添加和删除字段

在表中输入数据后，可以在数据表视图和设计视图中对表进行字段的添加和删除操作，如果在数据表视图中添加或删除字段，可直接在字段上双击使数据进入编辑状态，然后进行字段的添加和删除操作。

如果在设计视图下添加和删除字段，操作步骤如下。

（1）打开需要修改表结构的数据表，单击"开始"选项卡下"视图"组中的"视图"按钮，在弹出的下拉列表中选择"设计视图"选项。

（2）选择要添加或删除字段所在的行，单击"表格工具-设计"选项卡下"工具"组中的"插入行"即可在选中字段行的前面添加一个字段行，输入相关字段的设置即可；如果单击"删除行"按钮，可将选中的字段进行删除。

7.2.3　建立表之间关系

在 Access 中，当存在多个数据表时，可以通过建立表之间的关系将它们组织在一起共同工作，这是 Access 数据库不同于 Excel 工作表的重要特性之一。设置关系的操作步骤如下。

（1）打开"综合素质比赛"数据库，为数据表创建一个主键。

（2）关闭所有表窗口，保持数据库窗口打开。

（3）单击"数据库工具"选项卡下"关系"组中的"关系"按钮，打开"显示表"对话框，如图 7.10 所示。

（4）选择要联系起来的表，然后单击"添加"按钮，此时会在"关系"视图中显示相应的窗口。所有要建立联系的表添加完成后，单击"关闭"按钮即可显示如图 7.11 所示的"关系"窗口。

图 7.10　"显示表"对话框

图 7.11　添加表后的"关系"窗口

（5）双击"关系"窗口中的空白处，或单击"关系工具-设计"选项卡下"工具"组中的"编辑关系"按钮，弹出"编辑关系"对话框。

（6）在"编辑关系"对话框中单击"新建"按钮，打开"新建"对话框，在该对话框的4个下拉列表框中分别选择相应的内容，如图7.12所示。

（7）单击"确定"按钮返回，此时的"编辑关系"对话框如图7.13所示，选中"实施参照完整性"和"级联更新相关字段"两个复选框后单击"创建"按钮。

图7.12　"新建"对话框

图7.13　"编辑关系"对话框

（8）用同样的步骤建立"参赛学校"表和"参赛选手"表之间的关系，如图7.2所示是对"综合素质比赛"数据库中的3个数据表建立的关系图。

7.2.4　记录的排序与筛选

1. 数据的排序

在表中输入数据后，可以对记录进行排序操作，以方便对表中的数据进行比较。

打开"综合素质比赛"数据库中的一个数据表，例如"参赛学校"表，选定数据表中的某一字段即排序字段，然后单击"开始"选项卡下"排序和筛选"组中的"升序"按钮或"降序"按钮即可进行排序。也可以单击字段名右侧下拉箭头，在弹出的下拉列表中选择"升序"或"降序"。

2. 数据的筛选

可以对表中的数据进行筛选，以方便查看符合条件的记录。

打开"综合素质比赛"数据库中的一个数据表，例如"参赛学校"表，然后单击字段名右侧的下拉箭头，在弹出的下拉列表中选择"文本筛选器"下的相应选项，根据设置进行筛选工作。

7.2.5　数据格式的转换

1. 导入数据

在 Access 中，可以将外部数据导入进来，可以导入的外部数据的类型有数据库文件、Excel工作簿、文本文件或其他文件等，使用导入数据的方法，可提高输入数据的效率。方法是切换到"外部数据"选项卡，在"导入并链接"组单击要导入的外部数据源按钮，打开"获取外部数据"对话框，选择要导入的文件并指定数据在当前数据库中的存储方式即可完成数据导入。

2. 导出数据

同样也可将 Access 中的数据表导出为外部数据文件格式，可导出的数据格式为数据库文件、Excel 工作簿、文本文件等。方法是切换到"外部数据"选项卡，在"导出"组单击要导出的文件类型按钮，打开"导出"对话框，根据提示进行操作即可完成数据的导出。

7.2.6 数据库的安全性

可以为 Access 数据库文件设置密码，这样要想打开该数据库的时候，就要求有密码验证，只有输入正确的密码才能打开该数据库。操作步骤如下。

（1）要给数据库文件设置密码，该数据库文件必须以独占方式打开。单击"文件"菜单下"打开"选项，弹出"打开"对话框，选择要设置密码的数据库文件，单击"打开"按钮右侧的下拉箭头，在弹出的下拉列表中选择"以独占方式打开"选项。

（2）单击"文件"菜单下的"信息"选项，再单击"信息"窗格中的"设置数据库密码"按钮，打开"设置数据库密码"对话框，如图 7.14 所示，输入要设置的密码后单击"确定"按钮即可。

图 7.14 "设置数据库密码"对话框

为了更进一步增强 Access 数据库的安全性，可以对 Access 数据库文件进行授权和访问控制，不仅可以将该数据库文件授权给指定的用户和组，也可进行访问控制。方法是单击"文件"菜单下"信息"选项，再单击"信息"窗格中的"用户和权限"按钮，在弹出的下拉列表中选择"用户与组账户"，在弹出的"用户与组账户"对话框中进行授权和密码管理设置，如图 7.15 所示。

单击"文件"菜单下"信息"选项，再单击"信息"窗格中的"用户和权限"按钮，在弹出的下拉列表中选择"用户与组权限"，在弹出的"用户与组权限"对话框中进行访问控制设置，如图 7.16 所示。

图 7.15 "用户与组账户"对话框

图 7.16 "用户与组权限"对话框

7.3 信息查询与统计

查询用来从数据库中获取信息，并以表的形式显示满足条件的记录。查询结果显示在数据表视图中。通过查询可以将不同表中的数据根据要求组织在一起，也可以根据特定的要求对数据进行统计汇总，还可以以查询为基础建立窗体和报表。

数据库中的表是按照关系模型设计的，往往并不是把所有的数据都保存在一张表中，不同的数据常常分门别类地保存在不同的表中，然后基于多个表并且按照一定的准则对数据进行重组，使多个表中的数据在同一个虚拟数据表中显示出来。相同的数据在不同的表中尽可能不重复出现，这样可以使得冗余度小。前面创建的 3 个数据库表，表内的信息各不相同，每个表存储的内容和种类也不一样。把同一类的数据放在一个表中，存储数据各有侧重点。可以根据某种需要，再分别从 3 个数据表中通过关系，查询出一些个体的完整信息，如从参赛学校表中提取学校字段，从参赛选手表中提出学生的某些信息，而从参赛成绩表中提取与之相对应的该生成绩信息等。

如果不是使用查询，那么就必须重新建立一个新表，并把所需要用的数据复制到新表中，然后对数据进行统计或计算，最后填入新表中，这样就显得非常麻烦。使用数据库的"查询"操作，就可以轻松地解决这个问题。可见，"查找"数据完全不同于查询。数据库系统就是把用户对数据库的操作都通过数据库管理系统来实现，大大提高了效率，同时完整性也较人工管理大大提高。查询就是根据需要，对数据从不同的角度进行显示。查询是按照一定的要求从指定的数据源中查询出符合一定条件的记录，并把相关字段提取出来，形成一个新的数据集合。查询既可以是一个表，也可以是多个相关联的表。查询还可以对大量数据进行修改或更新等，同时还可以在查询中实现数据的统计、计算或生成新的数据信息。

"选择查询"就是从一个或多个有关系的表中将满足要求的数据提取出来，形成一个新的数据集合，并把这些集合显示在查询视图窗口中，它并不改变数据库原有的数据。选择查询是最常用的一种查询，它是数据库中应用最广泛、功能最强的查询，很多数据库查询功能都可以用它来实现。其他查询如"参数查询"、"交叉查询"、"操作查询"等，都是"选择查询"的扩展。

7.3.1　基于多表查询

Access 中的选择查询是一种最常见的查询，它既可以是基于一个表的查询，也可以是基于多个表的查询。使用 Access 创建查询，首先需要确定查询的数据源，其次确定查询需要的字段以及约束条件等。例如，以参赛选手姓名为基础，查询其参赛成绩，可按下列步骤建立查询。

（1）打开"综合素质比赛"数据库，单击"创建"选项卡下"查询"组中的"查询设计"按钮，弹出查询设计视图窗口和"显示表"对话框，如图 7.17 所示。

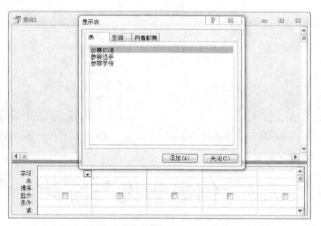

图 7.17　查询设计视图窗口和"显示表"对话框

（2）向查询视图中添加表，分别把"参赛选手"表和"参赛成绩"表添加到查询视图中。

（3）向查询视图中添加字段，依次从列表中把姓名（参赛选手表）、性别（参赛选手表）、演讲（参赛成绩表）、文化素养（参赛成绩表）、信息技术（参赛成绩表）、英语（参赛成绩表）加进去，如图 7.18 所示。

（4）单击"快速访问工具栏"上的保存按钮，在打开的"另存为"对话框中输入"成绩查询"，并单击"确定"按钮。

（5）单击"查询工具-设计"选项卡下"结果"组中的"运行"按钮！，即可运行该查询，其查询结果如图 7.19 所示。

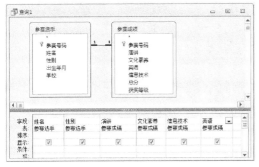

图 7.18　建立查询操作　　　　　　　图 7.19　"成绩查询"结果

7.3.2　参数查询

参数查询可以用来对信息进行统计、计算等。查询所显示的字段既可以是表中已有的字段，也可以是这些表中的字段经过比较或运算后得到的新字段。

假如在上例要求通过查询计算出每个选手的总分，则除了数据表之间建立关系外，还必须把每条记录的 4 个字段相加，计算出总分显示出来。

建立查询的方法前面三步同上述查询，在第四步中要添加"参赛成绩"表中的"总分"字段，并且为了能自动计算"总分"字段的值，需要输入总分字段的表达式，总分的计算表达式为"总分:[演讲]+[文化素养]+[信息技术]+[英语]"，如图 7.20 所示。

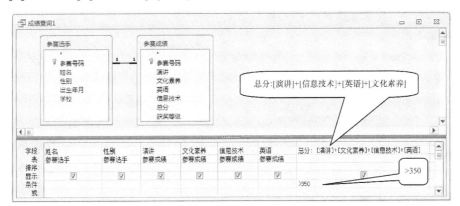

图 7.20　条件查询和参数查询设置

7.3.3　条件查询

通常情况下，字段表达式可以包含文字、运算符或函数等。如要查询"总分 > 350"分以上的记录，可以在图 7.20 的查询设计视图中设定"总分"字段的查询条件准则为">350"，如图 7.20 所示。单击工具栏运行按钮，把总分大于 350 分的记录都查询并显示出来。

7.3.4　统计查询

假如现在的任务是要查询各个学校的参赛选手获得一等奖、二等奖、三等奖的统计信息。但是"参赛学校"表只含有学校信息,"参赛选手"表中含有学校信息和选手的参赛号码,而"参赛成绩"表中含有选手的参赛号码和获奖等级信息,但却不含有学校信息。因此,要完成查询各个学校的参赛选手获得一等奖、二等奖、三等奖的统计信息,要进行多表交叉查询。方法如下。

(1)首先建立3个数据表"参赛学校"表、"参赛选手"表、"参赛成绩"表的关系,如图7.2所示。

(2)按前面的方法,使用"在设计视图中创建查询"建立一个名为"按获奖登记查询"的查询,如图7.21所示。

(3)单击"创建"选项卡下"查询"组中的"查询向导"按钮,弹出如图7.22所示的"新建查询"对话框,选中"交叉表查询向导"选项后,单击"确定"按钮。

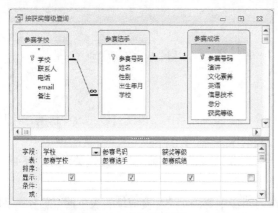

图7.21 建立多表查询

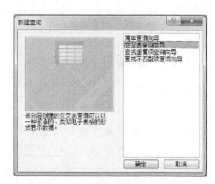

图7.22 "新建查询"对话框

(4)在打开如图7.23所示的"交叉表查询向导"对话框中单击"查询"单选框,接着选择刚才已经建立的查询"按获奖等级查询",接着单击"下一步"按钮。

(5)在接下来的对话框中分别设置"学校"字段作为行标题,设置"获奖等级"字段作为列标题,计数项"Count(参考号码)"作为行和列交叉点计算,设置查询名称为"获奖等级查询统计",最后单击"完成"按钮,此时可得到如图7.24所示的各个学校获奖等级统计信息。

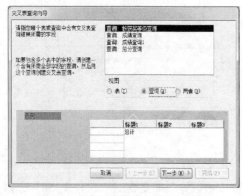

图7.23 "交叉表查询向导"对话框

图7.24 交叉查询的执行结果

7.3.5 SQL 查询

SQL 查询就是直接编写 SQL 语句对数据表进行查询、统计和操作,例如现在要查询"参赛选手"数据表中"女"选手的情况,可按下列方式进行 SQL 查询。

（1）打开"综合素质比赛"数据库，单击"创建"选项卡下"查询"组中的"查询向导"按钮，进入查询设计视图。

（2）在"查询工具-设计"选项卡下，单击"结果"组中的"SQL 视图"按钮，出现 SQL 视图窗口，在该窗口中输入 SQL 语句，如图 7.25 所示。

（3）单击"查询工具-设计"选项卡下"结果"组中的"运行"按钮 ❗，得到如图 7.26 所示的查询结果。

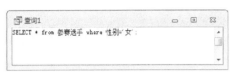

图 7.25　输入 SQL 查询语句

图 7.26　SQL 查询的执行结果

利用 SQL 语句也可以对多个数据表进行查询，例如：

Select 参赛选手.姓名，参赛选手.性别，参赛选手.出生年月，参赛成绩.演讲，参赛成绩.信息技术 From 参赛选手，参赛成绩 Where 参赛选手.参赛号码=参赛成绩.参赛号码；

SQL 语句不仅具有一般的数据查询功能，而且还有数据的计算、统计功能，这种功能主要是通过系统提供的函数或表达式来实现的。Select 命令中常见的函数如表 7.4 所示。

表 7.4　　　　　　　　　　　　Select 命令中可使用的函数

函　　数	名　　称	说　　明
AVG(字段名)	平均	计算字段的平均值
COUNT(字段名)	总计	计算字段符合条件的记录数
SUM(求和)	求和	计算某字段值的总和
MAX(字段名)	最大	计算某字段的最大值
MIN(字段名)	最小	计算某字段的最小值
StDev(字段名)	标准方差	计算某字段的标准方差
Var(字段名)	方差	计算某字段的方差
First(字段名)	第一条记录	显示查询结果的第一条记录
Last(字段名)	最后一条记录	显示查询结果的最后一条记录

例如，要统计"参赛选手"表中性别为"男"的人数，可以用 SQL 语句：

Select count(*) From 参赛选手 Where 性别='男'；

要计算"参赛成绩"表中所有选手英语得分的平均分，可以用 SQL 语句：

Select AVG(英语) From 参赛成绩；

7.4　报表生成

报表可从数据库中获取信息，然后将这些信息按特定方式进行组织和综合，并打印输出，不能修改报告中的数据，但可以对报表中数据的格式进行更改。报表一般不用于屏幕显示。

Access 提供多种创建报表的方法，报表的创建方法有以下几种方法。

7.4.1　直接创建报表

直接创建报表的操作步骤如下。

（1）打开要创建报表的数据库，选择作为数据报表来源的表或视图，这里选择"参赛学校"作为数据来源。

（2）单击"创建"选项卡下"报表"组中的"报表"按钮即可创建，如图 7.27 所示。

图 7.27　直接创建报表

7.4.2　使用向导创建报表

下面以已经建立的查询"获奖等级查询统计"为数据源，来说明报表的建立步骤。

（1）单击"创建"选项卡下"报表"组中的"报表向导"按钮，弹出如图 7.28 所示的"报表向导"对话框。

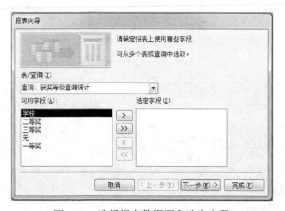

图 7.28　选择报表数据源和选定字段

（2）在"报表设计"对话框中的"表/查询"下拉列表中选择"查询：获奖等级查询统计"，报表上使用的字段选择"学校"、"一等奖"、"二等奖"和"三等奖，最后单击"完成"即可生成报表。

按照设计报表向导生成报表以后，有必要对报表的外观进行再次调整，对存在的不足进行修改，也可以对记录进行排序、分组或计算汇总，这是报表的最主要的功能之一。

对报表的编辑可以在报表的"设计视图"中进行，包括对由"报表向导"创建的报表进行各种修改。Access 中报表的"设计"视图为编辑修改提供了一些工具和格式选项。可以控制每个对象的格式或属性，并按照所需要的方式显示相应的内容。修改报告的方法是在"导航窗格"中选中要修改的报表，单击鼠标右键，在弹出的快捷菜单中选择"设计视图"选项，打开如图 7.29 所示的设计视图，对报表格式进行修改。

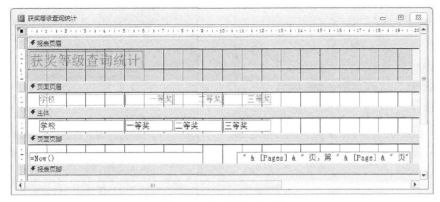

图 7.29　报表的设计视图

此外，也可单击"创建"选项卡下"报表"组中的"空报表"按钮创建一个空白报表，然后向空白报表中添加字段；或者单击"创建"选项卡下"报表"组中的"报表设计"按钮，在打开的设计视图中创建报表。

7.5　窗体和简单应用系统设计

7.5.1　首先建立"参赛学校信息录入"窗体

一个好的数据库应用系统不仅要求数据库中数据表的结构建立合理，查询建立完善，同时还要求有一个与用户交互的漂亮界面，这里介绍利用窗体来完成这项工作的方法。

窗体就是一个窗口，其中包含一组控件，用于显示、输入和修改信息。这样的控件包括标签、文本框、列表框、组合框和命令按钮等。

窗体本身不存储信息，它只是提供一个访问数据的快捷方法。而数据存储在表中，窗体中每一个控件通常访问表中的一个字段。

窗体每次可显示一条记录，通常显示一个记录的所有字段。利用窗体输入、修改和查看表中的信息往往比通过表更加方便直观。

创建窗体通常有 3 种方法：利用窗体向导创建、在设计视图中创建和快速创建简易窗体。下面介绍利用向导创建窗体的步骤。

（1）单击"创建"选项卡下"窗体"组中的"窗体向导"按钮，弹出"窗体向导"对话框，在"表/查询"下拉列表框中选择"表：参赛学校"，在"可用字段"框中依次选择需要在新建窗体中显示的字段，单击">>"按钮，将所有的字段就添加到"选定字段"列表中，如图 7.30 所示，最后单击"下一步"按钮。

（2）根据向导提示进行操作，在接下来的对话框中选择窗体布局为"纵栏表"，单击"下一步"按钮。

（3）接着为窗体指定标题"参赛学校"，并选中"打开窗体查看或输入信息"单选框，最后单击"完成"按钮，完成如图 7.31 所示的名称为"参赛学校"的窗体创建工作。

图 7.30　选择建立窗体的数据源和选定字段

图 7.31　按照窗体向导建立的窗体

（4）通过窗体向导可以快速创建窗体，但这个窗体显得有些不尽人意，这时用户可以对窗体进行适当的调整。在导航窗格中右击"参赛学校"窗体，在弹出的快捷菜单中选择"设计视图"选项，此时，在设计视图中打开"参赛学校"窗体。调整窗体上已有的各种控件的位置和大小，然后单击"窗体设计工具-设计"选项卡下"控件"组中的"标签"按钮，在窗体拖动鼠标添加一个标签，在标签中输入"参赛学校信息录入"信息，并调整字体大小，如图 7.32 所示。

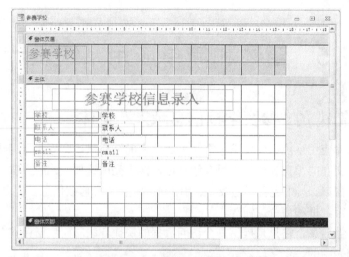

图 7.32　利用设计视图修改窗体中元素布局

（5）单击"窗体设计工具-设计"选项卡下"控件"组中的"按钮 ▭▭▭"按钮，在窗体上单击要放置按钮的位置，弹出"命令按钮向导"对话框，如图 7.33 所示。

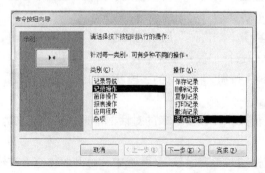

图 7.33　"命令按钮向导"对话框

（6）在"类别"列表框中列出了可供选择的操作类别，并在"操作"列表框中选择对应的操作，根据向导提示，分别创建出各种操作命令按钮，如图 7.34 所示。

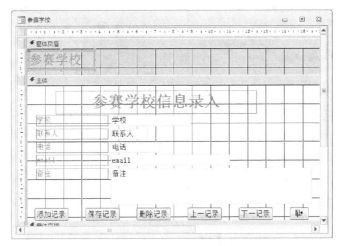

图 7.34　添加按钮后的窗体布局

这样一个界面友好的"参赛学校信息录入"窗体就形成了，该窗体运行的效果如图 7.35 所示。

图 7.35　"参赛学校信息录入"窗体运行效果

采用类似的方法创建"参赛选手信息"录入窗体和"参赛成绩"录入窗体。

同样采用类似的方法创建"数据查询/统计"窗体，只不过窗体的数据源是建立的各种查询。

接着要建立"报表打印"窗体。"报表打印"窗体的建立方法与上面基本相同，只不过在执行打印功能时，要在窗体中添加特定的按钮，操作步骤如下。

（1）建立"获奖等级查询统计及打印窗体"窗体。

（2）在导航窗格中右击"获奖等级查询统计及打印窗体"窗体，在弹出的快捷菜单中选择"设计视图"选项，此时，在设计视图中打开"获奖等级查询统计及打印窗体"窗体。单击"窗体设计工具-设计"选项卡下"控件"组中的"按钮 [XXXX]"按钮，在窗体上单击要放置按钮的位置，弹出"命令按钮向导"对话框，在"类别"列表框中选择"报表操作"，并在"操作"列表框中选择"打印报表"，单击"下一步"按钮，如图 7.36 所示。

（3）在接下来的"命令按钮向导"对话框中选择已经建立的查询"获奖等级查询统计"，单击"下一步"按钮，根据向导即可完成，如图 7.37 所示。

图 7.36　选择报表操作按钮

图 7.37　选择已经建立报表

这样一个能实现统计信息查询和报表打印功能的窗体就实现了，如图 7.38 所示。

图 7.38　具有统计信息查询和报表打印功能的窗体

7.5.2　"综合素质竞赛管理系统"主界面的设计

假如现在要开发一个简单的"综合素质竞赛管理"的数据库应用系统，该系统是基于前面的实例"综合素质比赛"数据库，该数据库中含有 3 个数据表："参赛学校"表、"参赛选手"表、"参赛成绩表"，并假设数据库及数据表都已经建立完成，这个简单的应用系统的功能规划如图 7.39 所示。

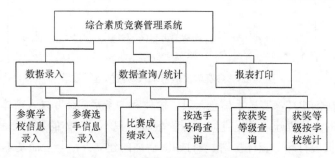

图 7.39　一个简单应用系统的功能模块

按照与前面类似的方法建立"综合素质竞赛管理系统"主窗体，如图 7.40 所示。

但需注意的是从工具栏添加命令按钮时，命令按钮的类别要选择"窗体操作"，先选择"打开窗体"，然后选择命令按钮打开的窗体（如以上建立的"参赛学校信息"录入窗体）。

此外还要注意的是，由于开发数据库应用系统时可能建立了很多窗体，但只有一个窗体是主窗体，该窗体首先

图 7.40　应用系统主窗体

被执行，其他窗体都是被主窗体调用而执行。若想设置运行 Access 之后立刻自动执行主窗体，可在"Access 选项"中设置默认窗体。设置默认窗体的步骤如下。

（1）单击"文件"菜单，在下拉列表中单击"选项"按钮，弹出如图 7.41 所示的"Access 选项"对话框。

图 7.41　选择某一窗体为默认窗体

（2）单击"Access"选项对话框中的"当前数据库"。

（3）在"应用程序选项"下的"显示窗体"列表中，选择要在启动数据库时显示的窗体，如"主窗体"。

（4）单击"确定"按钮，然后关闭并重新打开数据库以显示启动窗体。

　　　　若要绕过此选项和其他启动选项，可以在启动数据库的同时按住 Shift 键。

本章小结

Access 是一个功能强大的中小型数据库管理系统，是 Office 软件包中的一个组成部分，可以与其他 Office 办公组件实现数据资源共享。在安装 Office 组件的时候，可以选择安装 Access，因此，具有很好的平台支持性，容易获得。另外它界面友好、易学易懂、开发简单，无须专业的程序设计基础，对于非计算机专业的学生来说也可以较快的掌握，尤其是在解决实际问题方面其方便、快捷的特性，受到人们的普遍欢迎。

本章概述了数据库的基本知识与概念，在介绍基本概念的基础上结合实例讲解了创建和维护数据表的方法、建立查询和报表生成方法、窗体和简单应用系统设计方法。

习　题

一、填空题

1. 数据库与一般数据文件相比，其特点是具有_____、_____、_____。

2. 数据库一般有网状模型、层次模型和关系模型，Access 是属于_____数据库。

3. 一个数据库不仅包括数据表，还包括_____、_____、_____、_____、_____等其他对象。

4. 假如用"书名"、"作者"、"出版社"、"出版日期"、"ISBN"来描述"书"这样一个实体，那么这些属性在数据表中称为_____；一组属性的集合（"C 语言"，"谭浩强"，"清华大学出版社"，2009/05/20，"0720-13765"）在数据表中称为_____。

5. 在数据库中不同的数据表之间可以创建关系，创建关系的前提是不同数据表之间有_____。关系有 3 种类型_____、_____、_____。

6. SQL 语言称为_____。向 Students 表中插入一条记录（"张三"，"男"，"中国安徽"，17）所用的 SQL 语句为_____，查询显示 Students 表中所有性别为"男"的记录其姓名、籍贯和年龄情况的 SQL 语句为_____。

7. Access 2010 数据库文件的扩展为_____，在建立数据表时若将一个字段定义为主键，则意味着_____。

8. 要统计"参赛选手"表中性别为"男"的人数，可以用 SQL 语句_____，要计算"参赛成绩"表中所有选手英语得分的平均分，可以用 SQL 语句_____。

9. 可以在 Access 数据库中建立_____来建立用户和数据库之间的使用界面。

10. 窗体中的控件有标签、选项按钮、_____、_____、_____、_____、_____等。

二、单项选择题

1. 窗体是 Access 的重要对象，它的最基本功能是_____。
   A. 显示数据　　　　　　　　　　B. 编辑数据
   C. 显示与编辑数据　　　　　　　D. 为打印输出服务

2. SQL 语言是关系数据库语言的国际工业标准，利用 SQL 的_____查询语句，可以实现对各种类型数据的查询。
   A. Insert　　　　B. Delete　　　　C. Update　　　　D. Select

3. Access 2010 数据库文件的扩展名是_____。
   A. TXT　　　　B. DBF　　　　C. DOC　　　　D. ACCDB

4. 在数据表中能够唯一地标识一个元组的属性或属性组的是_____。
   A. 主键　　　　B. 外键　　　　C. 记录　　　　D. 列

5. 在使用向导创建交叉表查询时，用户必须指定_____个字段。
   A. 1　　　　B. 2　　　　C. 3　　　　D. 4

6. 不能创建表的方法是_____。
   A. 通过向导创建表　　　　　　　B. 通过设计器创建表
   C. 自定义表　　　　　　　　　　D. 通过输入数据创建表

7. 关系数据模型中的关系对应 Access 数据库中的_____。
   A. 域　　　　B. 记录　　　　C. 表　　　　D. 字段

8. 不是 Access 数据库对象的是_____。
   A. 查询　　　　B. 数据访问页　　　C. 自定义对象　　　D. 窗体

9. 在 Access 中使用 Select 时，数据的来源是_____。
   A. 表或关系　　　　　　　　　　B. 表或查询
   C. 表或数据表窗体　　　　　　　D. 表或数据模块

10. Access 中提供的数据类型，不包括_____。

A. 文字　　　　　B. 备注　　　　　C. 货币　　　　　D. 日期/时间

三、实验操作题

根据本章内容进行上机实践，实验环境为 Windows 7 操作系统+Microsoft Office 2010 组件。在 Access 数据库管理系统中，开发一个简单的"学生成绩管理系统"。首先要求建立一个数据库 Score.accdb，该数据库中含有两个数据表"学生基本信息表"、"成绩表"，其表结构如下。

学生基本信息表

字段名	类型	备注
学号	文本	主键
姓名	文本	
性别	文本	值来源为列表选择
年龄	数字	
籍贯	文本	
家庭住址	文本	
邮政编码	文本	
联系电话	文本	
email	文本	

成绩表

字段名	类型	备注
学号	文本	主键
计算机导论	数字	
C 语言	数字	
数据结构	数字	
操作系统	数字	
编译原理	数字	
微机原理	数字	
人工智能	数字	
总分	数字	

并做如下操作。

（1）建立两个表之间的关系。

（2）建立两个表的查询，并计算每个学生的总分成绩。

（3）建立学生成绩报表和学生基本信息报表。

（4）开发一个简单应用程序，具有学生基本信息录入、成绩录入、成绩查询、报表打印功能。

第8章
网页制作技术

【本章重点】本章重点介绍了网页制作技术的基础知识与基本方法，包括 HTML 语法基础、HTML 文档结构、常用的 HTML 标记、使用 Dreamweaver CS6 创建与管理站点、页面文本编辑、图像的插入与设置、超链接的应用、表格的应用等。

【本章难点】常用 HTML 标记的使用；Dreamweaver CS6 站点的创建与管理；不同类型的超链接的应用；表格的插入与设置。

【学习目标】熟悉 HTML 标记语言的基础知识；掌握常用的 HTML 标记的使用方法；熟悉图像、音乐以及滚动字幕的插入与设置；掌握表格的设置以及表格的使用方法；掌握超链接的类型以及设置方法；熟练使用 Dreamweaver CS6 制作常见的 Web 页面。

8.1　网页制作概述

8.1.1　网页与网站

网页是构成 Web 站点的基本单位，是一种包含 HTML 格式内容的文本文件，它存放在 Internet 上的 Web 服务器中，当用户在客户端浏览器中输入网址发出请求时，网页就被快速传送到客户机上，经过浏览器解释，在窗口中显示丰富多彩的内容。

网站是指在因特网上，根据一定的规则，使用 HTML 等工具制作的用于展示特定内容的相关网页的集合。利用这些网页，将各种各样的信息资源发布在互联网上供用户浏览使用，人们可以通过网站来发布自己想要公开的资讯，或者利用网站来提供相关的网络服务。

8.1.2　网页设计常用软件

随着 Web 技术的快速发展，出现了一系列网页设计的相关软件，使网页设计的途径从最初的手写代码逐渐转变成使用各种"所见即所得"的软件工具，按照网页设计类软件的不同用途，可以将这些软件划分为网页设计软件和网页美化软件，下面简要介绍常用的网页设计类软件。

1.　网页设计软件

（1）文本编辑软件。HTML（HyperText Mark-up Language）即超文本标记语言或超文本链接标示语言，是目前网络上应用最为广泛的语言，也是构成网页文档的主要语言。HTML 文本是由 HTML 命令组成的描述性文本，HTML 命令可以说明文字、图形、动画、声音、表格、链接等。网页可以使用多种文本编辑器进行编辑，例如记事本、EditPlus 等。

（2）Frontpage。Frontpage 是微软公司出品的一款网页制作入门级软件，Frontpage 能够方便、快捷、直观地创建和发布网页，简化了大量工作，微软公司将 Frontpage 封装入 Office 之中，称为 Office 家族中的一员，其界面与 Word 极为相似，为使用者带来了极大的方便，但其功能无法满足更高要求，微软公司在 2006 年年底前将停止提供 FrontPage 软件。

（3）Dreamweaver。Dreamweaver 是集网页制作和管理网站于一身的所见即所得网页编辑器，它是第一套针对专业网页设计师特别发展的视觉化网页开发工具，利用它可以轻而易举地制作出跨越平台限制和跨越浏览器限制的充满动感的网页。

用户使用 Dreamweaver 不必编写复杂的 HTML 源代码就可以生成跨平台、跨浏览器的网页，不久能满足专业网页编辑人员的需要，同时也容易被广大用户所掌握。所以 Dreamweaver 是网页设计者的首选工具。

2．网页美化软件

（1）Photoshop。Photoshop 是 Adobe 公司旗下最为出名的图像处理软件之一，集图像扫描、编辑修改、图像制作、广告创意，图像输入与输出于一体的图形图像处理软件，深受广大平面设计人员和电脑美术爱好者的喜爱。其功能完善、性能稳定、使用方便，是美化网页的常用工具。

（2）Fireworks。Fireworks 是由 Macromedia 公司开发的图形处理工具，是专门为制作网页图形而设计的软件。Fireworks 能自动切割图像、生成光标动态感应的 JavaScript 程序等，而且 Fireworks 具有强大的动画功能和相当完美的网络图像生成器。

（3）Flash。Flash 是美国 Macromedia 公司所设计的一种二维矢量动画软件（现 Adobe 公司产品），是一种交互式动画设计软件，用它可以将音乐、声效、动画以及富有创意的界面融合在一起，制作出高品质的网页动态效果。Flash 主要用于网页设计和多媒体创作领域，功能十分强大和独特，已经成为交互式矢量动画的标准，Flash 广泛应用于网页动画制作、教学动画演示、在线游戏等的制作中。Flash、Dreamweaver 和 Fireworks 通常被称为"网页三剑客"。

8.2　HTML 语言基础

网页是 WWW 的基本文档，一般是采用 HTML 编写的文件。HTML（Hypertext Markup Language，超文本标记语言）是专门用于网页制作的全标记语言。用 HTML 制作的网页的主要内容是一些浏览器能够识别的标记，用来描述文档的结构。用 HTML 语言标记正常文本等信息时，浏览器便会翻译由 HTML 标记提供的网页结构、外观和具体内容等信息，将网页按设计者的要求显示出来。现在已经出现了一些专门制作网页的软件，如 Dreamweaver、Frontpage 等软件，它们都提供了可视化的界面以制作网页文档，并将用户制作的网页自动生成 HTML 代码，但网页制作软件还是不能完全代替 HTML，尤其是需要制作一些特殊效果的网页时，使用 HTML 编辑网页还是一种必用的方法，这种方法比较适合专业的网页制作，它可以提供一个完全的开发环境。下面介绍 HTML 文档的基本结构和常用的 HTML 标记。

8.2.1　HTML 文档的基本结构

HTML 文档都是由 HTML 标记组成的，一个基本的 HTML 文档的基本结构如下。

```
<html>
  <head>
    <title>
```

```
        网页的标题
    </title>
  </head>
  <body>
    网页的主体部分
  </body>
</html>
```

一个完整的 HTML 文档通常包括以下 4 对标记。

1. HTML 标记：<html>…</html>

HTML 标记是文档内容的容器，<html>是开始标记，</html>是结束标记，它们分别是网页的第一个和最后一个标记，其他标记都位于这两个标记之间。

2. 头部标记：<head>…</head>

头部标记紧跟在<html>标记之后，<head>…</head>构成了文档的开头部分，提供与网页有关的各种信息，其间可以包含网页的标题、使用的脚本、样式定义等。

3. 标题标记：<title>…</title>

<title>和</title>标记定义网页的标题，这两个标记之间的文字出现在浏览器标题栏中，标题标记只能放在头部标记<head>与</head>之间。

4. 主体标记：<body>…</body>

主体标记定义 HTML 文档的主体部分，两个标记配对使用，主体标记中间可以包含其他的正文标记，例如<p>…</p>、<h1>…</h1>、
等众多的标记。body 标记有大量的属性，用于定义页面的文本颜色、背景色、背景图像等，常用属性如表 8.1 所示。

表 8.1   <body>常用属性

属　　性	功　　能	示　　例
bgcolor	指定文档背景颜色	<body bgcolor="red">
background	指定文档背景图像	<body background="bg.gif">
text	指定文档中文本的颜色	<body text="#00ff00">
link	指定未访问链接的颜色	<body link="#00ff00">
vlink	指定已访问链接的颜色	<body vlink="#0000ff">
alink	指定文档中正被选中的链接的颜色	<body alink="#0000ff">
topmargin	指定文档的上边距	<body topmargin="0">
leftmargin	指定文档的左边距	<body leftmargin="0">

根据上面介绍的 HTML 文档的基本结构，下面给出一个简单的实例。

（1）打开记事本，在记事本中输入下面的 HTML 代码。

```
<html>
<head>
<title>安徽理工大学计算机科学与工程学院</title>
</head>
<body bgcolor="#eeeeee">
计算机科学与工程学院欢迎您！
</body>
</html>
```

（2）将记事本中的文件保存为 HTML 文档格式，文件后缀名为 html 或 htm，例如将该文件保存为 Exam1.html，用浏览器打开该网页如图 8.1 所示。

图 8.1　Exam1.html 页面

8.2.2　文本格式与多媒体元素标记

在 HTML 中通过文本格式标记可以设置文本的显示样式，以满足用户的要求；通过多媒体元素标记可以在网页中插入图像、动画、背景音乐、滚动字幕等，使网页变得更加生动。下面介绍常用的文本格式标记和多媒体元素标记。

1. 字体标记

字体标记的作用是设置文本的字体、大小、颜色等。字体标记为<font>...</font>，该标记的常用属性如表 8.2 所示。

表 8.2　　　　　　　　　　　　　　　字体标记的常用属性

属　　性	功　　能	示　　例
face	设置文本的字体，其值为"宋体"、"黑体"、"楷体"等	<font face="楷体">字体为楷体</font>
size	设置文本的字体大小，其值为 1、2、3 等	<font size="3">3 号字体</font>
color	设置文本的显示颜色	<font color="red">红色</font>

在字体标记中可以使用多个属性，同时设置文本的字体、字号和颜色，下面是字体标记的一个实例，代码如下：

```
<html>
<head>
  <title>字体标记实例</title>
</head>
<body>
<font face="黑体">黑体</font>
<font face="黑体" size="4">黑体 4 号</font>
<font face="黑体" size="4" color="red">黑体 4 号红色</font>
</body>
</html>
```

2. 字形标记

字形标记用于设置标记之间的文本样式，例如加粗、斜体、下划线等。

（1）加粗标记...

（2）斜体标记<i>...</i>

（3）下划线标记<u>...</u>

上述 3 种标记可以嵌套使用，例如，可以使文本的显示效果为粗体、斜体和带下划线，下面是实例代码：

```
<html>
<head>
  <title>字形标记实例</title>
</head>
<body>
<b>粗体</b>
<i>斜体</i>
<b><i><u>加粗、斜体带下划线</u></i></b>
</body>
</html>
```

3. 标题标记

使用标题标记可以设置文档的各级标题，标题标记的格式为<hn>…</hn>，其中 n 的取值为 1～6，代表标题的级别，n 取值越小字体越大，例如<h1>…</h1>定义一级标题，字体最大；<h6>…</h6>定义六级标题，字体最小。标题标记常用的属性为 align，该属性定义标题的对齐方式，align=left 表示左对齐，align=right 表示右对齐，align=center 表示居中，align=justify 表示两端对齐，下面是标题标记的使用实例代码，网页浏览效果如图 8.2 所示。

```
<html>
<head>
  <title>标题标记实例</title>
</head>
<body>
<h1 align=center>这是一级标题居中</h1>
<h2 align=left>这是二级标题左对齐</h2>
<h3 align=right>这是三级标题右对齐</h3>
<h4>四级标题</h4>
<h5>五级标题</h5>
<h6>六级标题</h6>
</body>
</html>
```

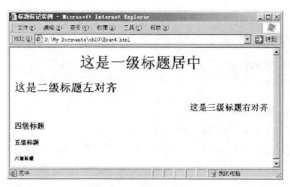

图 8.2　标题标记页面

4. 段落标记

使用段落标记可以使标记后面的文本另起一段，下一段内容与上一段内容之间空一行，段落标记的格式为<p>，也可以使用双标记<p>…</p>。段落标记的常用属性为 align，用于设置段落文本的对齐方式，段落标记的 align 属性使用方法与标题标记相同。

5. 水平线标记

在网页中经常用到水平线以美化页面，水平线标记为<hr>，该标记是单标记，通过水平线标记的相关属性可以设置水平线的显示样式，其常用属性如表 8.3 所示。

表 8.3　　　　　　　　　　　　　　水平线标记常用属性

属　　性	功　　能	示　　例
align	设置水平线对齐方式，取值可以为 left，right，center	水平线居中：<hr align="center">
size	设置水平线的宽度，单位为像素	水平线宽度为 2：<hr size="2">
width	设置水平线的长度，单位可以为页面百分比或像素	水平线长度为页面宽度的 80%： <hr width="80%">
color	设置水平线的颜色	水平线红色：<hr color="red">

6. 换行标记与特殊字符

在网页中如果要换行需要使用换行标记
，如果要插入特殊字符也需要使用相应的特殊字符标记，表 8.4 所示为常用特殊字符的标记。

表 8.4　　　　　　　　　　　　　　常用特殊字符标记

字　　符	标　　记	字　　符	标　　记
换行	 	注册符号（®）	&reg;
空格		人民币符号（¥）	&yen;
引号（"）	&quot;	大于号（>）	&gt;
与符号（&）	&amp;	小于号（<）	&lt;
版权符号（©）	&copy;	正负号（±）	&plusmn;

7. 多媒体元素标记

在网页中插入多媒体元素，如图像、音乐、滚动字幕等，可以制作出图文并茂的网页，使得页面更加生动。

（1）图像标记<img>。使用图像标记<img>可以在网页中插入图像，支持的图像格式有 GIF、JPEG、BMP、PNG 等，其中在网页中显示的图像的常见格式为 JPEG 和 GIF。

图像标记的基本格式如下：

<img src="图像的文件名" align="对齐方式"…>

在<img>标记中可以使用相关属性这种网页中图像的显示效果，常用属性如表 8.5 所示。

表 8.5　　　　　　　　　　　　　　<img>标记的常用属性

属　　性	功　　能	示　　例
src	设置插入图像的文件名	<img src="01.gif">
align	设置图像的对齐方式，取值可以为 left，center，right，top，bottom	<img src="01.gif" align="center">
width	设置图像的宽度，单位为像素	<img src="01.gif" width="300">
height	设置图像的高度，单位为像素	<img src="01.gif" heigth="300">
border	设置图像的边框，默认为 0，无边框	<img src="01.gif" border="0">
alt	设置图像的替换文本，当浏览器不能显示图像、鼠标指向该图像或加载时间过长时显示该文本	<img src="01.gif" alt="这是一张图片">

下面是一个在页面中通过图像标记插入图像的实例，其 HTML 代码如下。

```html
<html>
<head>
<title>图像标记实例</title>
</head>
<body>
<h2 align="left">计算机科学与工程学院主页图片</h2>
<img src="05.jpg" width="778" height="130" border="0" alt="计算机科学与工程学院">
</body>
</html>
```

网页浏览效果如图 8.3 所示。

图 8.3　图像标记页面

（2）背景音乐标记<bgsound>。通过背景音乐标记可以在页面中插入背景音乐，网页打开后自动播放音乐，背景音乐标记的使用格式如下：

<bgsound　src="音乐文件名"　loop="n1" balance="n2" volume="n3">

其中 src 属性设置要播放的音乐文件，音乐文件的格式可以是 mid 文件、wav 文件、mp3 文件等；loop 属性设置音乐播放的次数，取值为整数，如果要让背景音乐循环播放，应将属性值设置为-1，该属性的默认值为 1；balance 属性设置音量如何分配到左右声道中，取值范围为-10 000～+10 000，若表示左右声道平衡状态应取值为 0；volume 属性确定背景音乐的音量，取值范围为-10 000～0 之间，0 表示最大音量。

（3）滚动字幕标记<marquee>…</marquee>。在网页中使用滚动字幕可以增强信息的关注度，使页面更加生动活泼，滚动字幕的常用格式如下：

<marquee behavior="滚动方式" direction="滚动方向" bgcolor="背景颜色" width="宽度" height="高度" scrollamount="每次移动的像素值" scrolldelay="两次移动的时间间隔" loop="循环次数">…</marquee>

<marquee>标记的属性较多，其中 bgcolor、width、height、loop 属性的作用与前面介绍的相同，这里不再赘述。表 8.6 中列出了<marquee>标记的其他常用属性。

表 8.6　　　　　　　　　　　　　　　　　<marquee>标记的常用属性

属　　性	功　　能
behavior	设置字幕的滚动方式，取值有 alternate、scroll 和 slide，其中 alternate 表示字幕左右交替移动；scroll 表示按 direction 属性中规定的方向滚动；slide 表示按 direction 属性规定的方向滚动，滚动到末端停止
direction	设置字幕滚动方向，取值有 down、up、left 和 right

属　　性	功　　能
scrollamount	设置滚动字幕每次移动的像素值，值越大，移动越快
scrolldelay	设置两次移动的时间间隔，值越大，移动越慢
onmouseover	鼠标移到滚动字幕上的事件
onmouseout	鼠标移出滚动字幕上的事件

8.2.3 超链接标记

超链接是一种允许同其他网页或站点之间进行连接的元素，是由源端点到目的端点的一种跳转，源端点可以是网页中的文本或图像等，目标端点可以是任意的网络资源，例如网页、图像、音乐、动画或其他文件等。超链接标记为<a>…</a>，该标记的使用格式如下：

<a href= "url" title= "提示信息" target= "_blank"> … </a>

表 8.7 所示为超链接标记的常用属性。

表 8.7　　　　　　　　　　　　　　超链接标记的常用属性

属　　性	功　　能	示　　例
href	设置超链接目标地址	<a href= "www.163.com">网易</a>
title	设置超链接提示标题文本	<a href= "www.163.com" title= "网易首页">网易</a>
target	设置目标文档打开的位置，其值可以是一个窗口名称，也可以是_blank、_self，该属性为可选项，默认为_self 表示在源窗口中打开目标地址，_blank 表示在新窗口中打开	在空白窗口中打开目标文档：<a href= "www.163.com" target= "_blank">网易</a>

在上面的标记中，<a.>…</a>标记之间的内容为源端点，href 属性值为目标地址，根据目标地址的不同，可以将链接分为三类：相对链接、绝对链接和锚点链接。

1．相对链接

相对链接是指从当前目录到目标文档所经过的路径，创建站点页面之间的链接时，通常目标地址使用相对链接。相对链接通常有下面几种语法格式。

（1）目标端点和源端点在同一目录或在源端点的下一目录

<a href= "文件夹名/目标文件名">源端点</a>

（2）目标端点在源端点的上层目录

<a href= "../文件夹名/目标文件名">源端点</a>

其中 "../" 表示上一级目录。

2．绝对链接

绝对链接是指目标文件的完整链接路径，如 "D:\ch10\Exam1.html"，使用绝对链接的语法格式如下：

<a href= "盘符/文件夹名…/目标文件名">源端点</a>

使用绝对链接不方便网页的移植发布，通常情况下使用相对链接。

3．锚点链接

锚点是指页面中的指定位置，锚点链接是指链接到目标页面指定位置的链接，创建锚点链接通常先创建锚点，再创建指向该锚点的链接。格式如下：

（1）创建锚点

<a name= "锚点名">… </a>

（2）创建锚点链接

<a name= "#锚点名"> 源端点 </a>

下面的页面中包含了上述 3 种类型的超链接，HTML 代码如下，页面浏览效果如图 8.4 所示。

```
<html>
<head>
<title>超链接实例</title>
</head>
<body>
这是一个锚点：<a name="top">顶端</a><br><br>
这是一个相对链接：<a href="index.html">本站首页</a><br><br>
这是一个绝对链接：<a href="d:\images\1.jpg">我的照片</a><br><br>
这是一个锚点链接：<a href="#top">本页顶端</a><br>
</body>
</html>
```

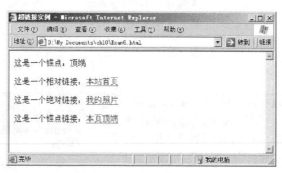

图 8.4　超链接页面

8.2.4　表格标记

在网页中表格常用于页面布局和信息组织，是网页设计中应用非常广泛的一种页面格式，表格标记的基本格式如下。

```
<table>
<tr><td>列标题</td>…<td>列标题</td></tr>
<tr><td>单元格内容</td>…<td>单元格内容</td></tr>
…
<tr><td>单元格内容</td>…<td>单元格内容</td></tr>
</table>
```

其中<table>…</table>表示插入表格；<tr>…</tr>表示在表格中插入一行；<td>…</td>表示在行中插入一列。

表格标记有大量的属性，可以设置不同的显示效果，下面介绍常用的表格标记属性。

1. align 属性

align 属性用于设置表格在页面中的对齐方式，默认值为 left，还可以取值为 center 和 right。

2. width 和 height 属性

width 和 height 属性用于设置表格的宽度和高度，宽度和高度的单位可以是像素，也可以是百分数。

3. bgcolor 和 background 属性

bgcolor 属性用于设置表格的背景色，background 用于设置表格的背景图像。

4. cellspacing 和 cellpadding 属性

cellspacing 用于设置单元格之间的距离，cellpadding 设置表格内文本和单元格边框之间的距离。

5. border 和 bordercolor 属性

border 属性用于设置表格边框线的宽度，单位为像素，默认值为 0，表示无边框；bordercolor 属性用于设置表格边框线的颜色，bordercolor 属性要与 border 属性一起使用，只有当 border 取值不为 0 时 bordercolor 属性才能生效。

下面是一个用表格来组织信息的网页实例，HTML 代码如下。

```
<head>
<title>表格标记实例</title>
</head>
<body>
<h2 align="center">2010 南非世界杯赛程</h2>
<table  width="445"  height="153"  border="1"  align="center"  cellpadding="2"
cellspacing="0" bordercolor="#0000CC">
  <tr>
    <td width="163" height="25" align="center" bgcolor="#9999FF"><b>小组赛日期</b></td>
    <td width="55" align="center" bgcolor="#9999FF"><b>时间</b></td>
    <td width="207" align="center" bgcolor="#9999FF"><b>对阵</b></td>
  </tr>
  <tr>
    <td height="25" align="center">6 月 20 日 星期日 </td>
    <td align="center">22:00</td>
    <td>意大利 VS 新西兰</td>
  </tr>
  <tr>
    <td align="center">6 月 20 日 星期日</td>
    <td align="center"> 02:30</td>
    <td>巴西 VS 科特迪瓦</td>
  </tr>
  <tr>
    <td align="center">6 月 21 日 星期一 </td>
    <td align="center">19:30</td>
    <td>葡萄牙 VS 朝鲜</td>
  </tr>
  <tr>
    <td align="center">6 月 21 日 星期一 </td>
    <td align="center">22:00</td>
    <td>智利 VS 瑞士</td>
  </tr>
  <tr>
    <td align="center">6 月 21 日 星期一 </td>
    <td align="center">02:30</td>
    <td>西班牙 VS 洪都拉斯</td>
  </tr>
```

```
  <tr>
    <td align="center">6月 22 日 星期二 </td>
    <td align="center">22:00</td>
    <td>墨西哥 VS 乌拉圭</td>
  </tr>
</table>
</body>
</html>
```

页面浏览效果如图 8.5 所示。

图 8.5　表格页面

以上介绍的是常用的 HTML 标记，其他标记及其使用方法请参考相关书籍。

8.3　使用 Dreamweaver CS6 制作网页

　　Dreamweaver CS6 是 Adobe 公司收购 Macromedia 公司后最新推出的网页设计与制作软件，作为全球最流行、最优秀的所见即所得的网页编辑器，Dreamweaver CS6 可以轻而易举地制作出跨操作系统平台，跨浏览器的充满动感的网页，是目前制作 Web 站点，Web 页和 Web 应用程序开发的理想工具，是集网页制作和网站管理于一身的所见即所得网页设计软件，它具有强大的网页制作功能和简单易用等特性，使用户的网页设计工作变得更加轻松。使用 Dreamweaver 的可视化编辑功能，可以快速创建 Web 页面而无需编写任何代码。本节以 Dreamweaver CS6 为例，介绍使用 Dreamweaver 建立与管理站点、页面设计的使用方法。

8.3.1　Dreamweaver CS6 操作界面简介

　　Dreamweaver CS6 安装完成后，就可以运行软件来进行网页设计与制作，初次运行软件时会出现"默认编辑器"对话框，如图 8.6 所示，在该对话框中可以设置相关文件类型，打开时默认启动 Dreamweaver，用户可以根据实际情况设置对应的文件类型默认用 Dreamweaver 打开。

　　在 Dreamweave CS6 中首先将显示一个起始

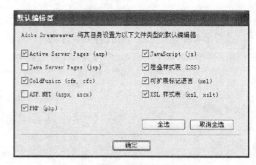

图 8.6　默认编辑器设置对话框

页，可以勾选窗口下面的"不再显示"来隐藏它。在这个页面中包括"打开最近的项目"、"新建"、"主要功能"3 个方便实用的项目，建议大家保留。

新建或打开一个文档，进入 Dreamweaver CS6 的标准工作界面。Dreamweaver CS6 的标准工作界面包括：标题显示、菜单栏、插入面板组、文档工具栏、标准工具栏、文档窗口、状态栏、属性面板和浮动面板组，如图 8.7 所示。

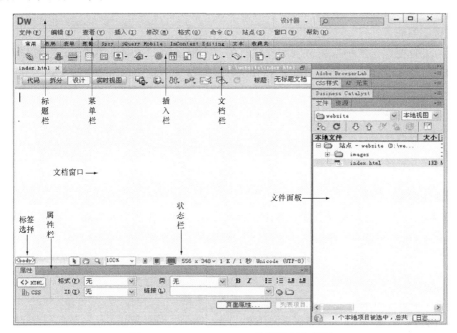

图 8.7　Dreamweaver CS6 的标准工作界面

1．标题栏

启动 Dreamweaver CS6 以后后，标题栏显示 Dreamweaver CS6 的标志"Dw"，同时包括工作区的选择与管理、搜索框、窗口的最小化、最大化、关闭。

2．菜单栏

Dreamweave CS6 的菜单共有 10 个，即文件、编辑、查看、插入、修改、格式、命令、站点、窗口和帮助。其中，编辑菜单里提供了对 Dreamweaver 菜单中"首选参数"的访问。

文件：用来管理文件。例如新建，打开，保存，另存为，导入，输出打印等。

编辑：用来编辑文本。例如剪切，复制，粘贴，查找，替换和参数设置等。

查看：用来切换视图模式以及显示、隐藏标尺、网格线等辅助视图功能。

插入：用来插入各种元素，例如图片、多媒体组件，表格、框架及超级链接等。

修改：具有对页面元素修改的功能，例如在表格中插入表格，拆分、合并单元格，对齐对象等。

格式：用来设置段落格式、对齐、样式、颜色等。

命令：包括所有的附加命令项。

站点：用来创建和管理站点。

窗口：用来显示和隐藏控制面板以及切换文档窗口。

帮助：联机帮助功能。例如，按下 F1 键，就会打开电子帮助文本。

3．插入工具栏

插入工具栏面板集成了所有可以在网页应用的对象包括"插入"菜单中的选项。插入工具栏面板组其实就是图像化的插入命令，通过一个个的按钮，可以很容易地加入图像、声音、多媒体动画、表格、图层、框架、表单、Flash 和 ActiveX 等网页元素。插入工具栏如图 8.8 所示。

图 8.8　插入工具栏

4．文档工具栏

"文档"工具栏包含各种按钮，它们提供各种"文档"窗口视图（如"设计"视图和"代码"视图）的选项、各种查看选项和一些常用操作（如在浏览器中预览网页等）。文档工具栏如图 8.9 所示。

图 8.9　文档工具栏

5．标准工具栏

标准工具栏包含来自"文件"和"编辑"菜单中的一般操作的操作按钮，例如，"新建"、"打开"、"保存"、"保存全部"、"剪切"、"复制"、"粘贴"、"撤销"和"重做"等，如图 8.10 所示。

图 8.10　标准工具栏

6．文档窗口

当我们打开或创建一个项目，进入文档窗口，我们可以在文档区域中进行输入文字、插入表格和编辑图片等操作。

"文档"窗口显示当前文档，可以选择 4 种视图模式。

"代码"视图是一个用于编写和编辑 HTML、JavaScript、服务器语言代码以及任何其他类型代码的手工编码环境。

"拆分"视图使您可以在单个窗口中同时看到同一文档的"代码"视图和"设计"视图。

"设计"视图是一个用于可视化页面布局、可视化编辑和快速应用程序开发的设计环境。在该视图中，Dreamweaver 显示文档的完全可编辑的可视化表示形式，类似于在浏览器中查看页面时看到的内容。

"实时视图"可以实时浏览设计页面在浏览器中的视觉效果。

7．状态栏

"文档"窗口底部的状态栏提供与当前正创建的文档有关的其他信息。标签选择器显示环绕当前选定内容的标签的层次结构。单击该层次结构中的任何标签以选择该标签及其全部内容。单击 <body> 可以选择文档的整个正文。状态栏如图 8.11 所示。

图 8.11　状态栏

8．属性面板

属性面板并不是将所有的属性加载在面板上，而是根据我们选择的对象来动态显示对象的属性，属性面板的状态完全是随当前文档中选择的对象来确定的。例如，当前选择了一幅图像，那么属性面板上就出现该图像的相关属性；如果选择了表格，那么属性面板会相应地变化成表格的相关属性。属性面板如图 8.12 所示。

图 8.12　属性面板

9．浮动面板

其他面板可以统称为浮动面板，这些面板都浮动于编辑窗口之外。在初次使用 Dreamweaver CS6 的时候，这些面板根据功能被分成了若干组。在窗口菜单中，选择不同的命令可以打开基本面板组、设计面板组、代码面板组、应用程序面板组、资源面板组和其他面板组。

8.3.2　建立与管理站点

要制作一个能够被大家浏览的网站，首先需要在本地磁盘上制作这个网站，然后把这个网站传到互联网的 Web 服务器上，放置在本地磁盘上的网站被称为本地站点，位于互联网 Web 服务器里的网站被称为远程站点。下面介绍本地站点的创建与管理方法。

1．规划站点结构

网站是多个网页的集合，其包括一个首页和若干个分页，这种集合不是简单的集合。为了达到最佳效果，在创建任何 Web 站点页面之前都要对站点的结构进行设计和规划。决定要创建多少页面，每页上显示什么内容，页面布局的外观以及各页是如何互相连接起来的。

对站点的结构进行规划，可以把文件分门别类地放置在各自的文件夹里，使网站的结构清晰明了，便于管理和查找。

2．创建站点

在 Dreamweave CS6 中可以有效地建立并管理多个站点，并提供了站点的高级设置功能来完成个性化需求站点的创建。

在创建站点之前，可以先在自己的电脑上创建一个空文件夹，用来存放本地站点文件，然后按照下面的步骤完成站点的创建。

（1）选择菜单栏"站点"→"管理站点"，出现"管理站点"对话框，如图 8.13 所示，单击"新建站点"按钮，将打开"站点设置对象"对话框。

（2）在打开的"站点设置对象"窗口中填写站点名称并选择本地站点文件夹，即可完成新建站点基

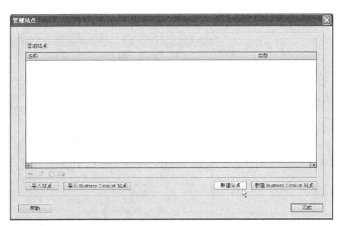

图 8.13　新建站点

本信息的设置，如图 8.14 所示。

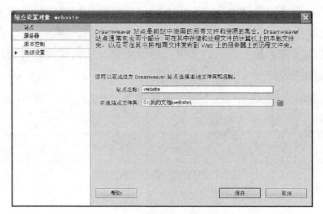

图 8.14　站点基本信息设置

（3）在完成上述站点基本信息的设置后，可以根据实际需要对站点进行高级设置，完成个性化需求站点的创建，单击"高级设置"选项后，将进入"本地信息"选项的设置，可以根据实际需求设置默认图像文件夹、站点范围媒体查询文件、相对链接方式、Web URL、是否检查区分大小写链接和启用缓存，如图 8.15 所示。

图 8.15　本地信息设置

（4）单击"遮盖"选项可以设置站点的遮盖属性，利用站点遮盖功能，可以从获取或上传等操作中排除某些文件，Dreamweaver 会记住站点的设置，因此，不必每次在该站点上工作时都进行选择，如图 8.16 所示。

图 8.16　站点遮盖选项设置

（5）单击"设计备注"选项可以对站点的设计备注特性进行管理，如果建立的站点很多人同时在不同的电脑上更新某个网页，利用"设计备注"可以注释提醒其他的网页制作人员最近的操作，避免错误的发生，如图 8.17 所示。

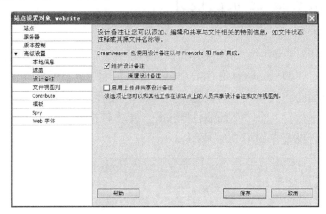

图 8.17　站点设计备注选项设置

（6）按照类似的步骤可以设置文件视图列、Contribute、模板、Spry 和 Web 字体等选项，其中 Spry 是一个 JavaScript 库，Web 设计人员使用它可以构建更加丰富体验的 Web 页，Spry 选项的设置如图 8.18 所示，可以设置 Spry 的资源文件夹。这里不对相关选项的设置进行详细说明，读者可以参考查阅相关资料学习。

（7）完成相关选项的设置后，单击"完成"按钮，站点建立成功后，在文件面板上将显示刚才建立的站点，如图 8.19 所示。

图 8.18　站点 Spry 选项设置

图 8.19　新建立的站点

3. 搭建站点结构

站点是文件与文件夹的集合，站点创建成功后应对站点的结构进行规划，可以把文件分门别类地放置在各自的文件夹里，使网站的结构清晰明了，便于管理和查找。

根据前面创建的网站，在文件面板的站点根目录下单击鼠标右键，从弹出菜单中选择相应的选项建立目录或文件，搭建站点的结构，如图 8.20 所示。

4. 文件与文件夹的管理

对站点中建立的文件和文件夹，可以进行移动、复制、

图 8.20　搭建站点结构

重命名和删除等基本的管理操作。单击鼠标左键选中需要管理的文件或文件夹，然后单击鼠标右键，再弹出的菜单中选"编辑"项，即可进行相关操作。

8.3.3 Dreamweaver 页面设计

1. 页面属性设置

页面属性面板用于对页面中的对象及其属性进行设置，对页面的属性进行设置是网页设计过程中的一个重要环节。在 Dreamweaver CS6 中打开任意页面进入页面的编辑窗口，通过窗体下方的属性面板可以对页面的相关属性进行设置，如图 8.21 所示。属性面板分为两栏，上栏是显示文本的相关属性设置，下栏有一个"页面属性"按钮，单击该按钮，弹出"页面属性"对话框可以对页面的其他属性进行设置，如图 8.22 所示。

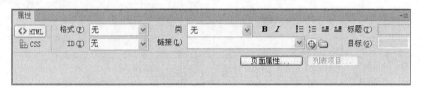

图 8.21 属性面板

图 8.22 页面属性对话框

单击"页面属性"按钮后将打开"页面属性"对话框，对话框左侧为分类，右侧为分类选项的设置，用户可以根据实际需求对页面的属性进行设置或修改。

2. 文本插入与编辑

文本是人类语言最基本的表达方式，在网页中，文本是网页信息的重要组成部分。

（1）插入文本。在页面中插入文本有两种方式，一种是在网页编辑窗口直接输入，另一种就是复制粘贴，可以根据实际需要选择合适的方式以提高网页制作的效率。

用鼠标在文档编辑窗口的空白区域单击一下，窗口中出现闪动的光标，提示文字的起始位置，便可以在该位置输入文本信息或通过复制粘贴文本。

（2）编辑文本格式。网页的文本分为段落和标题两种格式，在文档编辑窗口中选中一段文本，在属性面板"格式"后的下拉列表框中选择"段落"把选中的文本设置成段落格式。

"标题 1"到"标题 6"分别表示各级标题，应用于网页的标题部分。对应的字体由大到小，同时文字全部加粗。

另外，在属性面板中可以定义文字的字号、颜色、加粗、加斜、水平对齐等内容。

（3）设置字体组合。Dreamweaver CS6 预设的可供选择的字体包括多项英文字体组合，要想使用中文字体，必须重新编辑新的字体组合，在"字体"后的下拉列表框中选择"编辑字体列表"，弹出"编辑字体列表"对话框，如图 8.23 和图 8.24 所示。

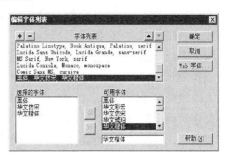

图 8.23　编辑字体列表　　　　　　　　　　　　图 8.24　编辑字体列表对话框

（4）文字的其他设置。文本换行，按 Enter 键换行的行距较大（在代码区生成<p></p>标签），按 Enter + Shift 组合键换行的行间距较小（在代码区生成
标签）。

当需要在页面中插入连续多个文本空格时，可以选择"编辑"→"首选参数"，在弹出的对话框中左侧的分类列表中选择"常规"项，然后在右边选"允许多个连续的空格"项，我们就可以直接按"空格"键给文本添加空格，首选参数设置对话框如图 8.25 所示。

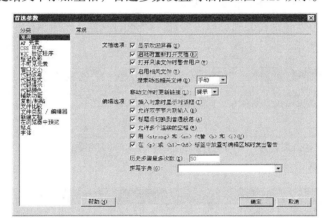

图 8.25　首选参数设置对话框

当需要向网页中插入特殊字符时，可以在插入工具栏中选择"文本"，切换到字符插入栏，单击文本插入栏的最后一个按钮，可以向网页中插入相应的特殊符号，如图 8.26 所示。

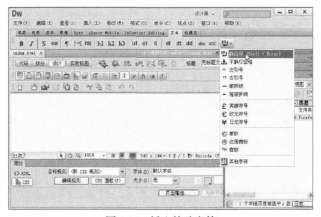

图 8.26　插入特殊字符

在页面中通常用列表来组织文本信息，列表分为两种，有序列表和无序列表，无序列表没有顺序，每一项前边都以同样的符号显示，有序列表前边的每一项有序号引导。在文档编辑窗口中选中需要设置的文本，在属性面板中单击⊟按钮，则选中的文本被设置成无序列表，单击⊟按钮，则被设置成有序列表。

在网页中经常用到水平线以美化页面，水平线起到分隔文本的排版作用，在页面中插入水平线，应选择插入工具栏的"常用"项，单击"水平线"图标按钮▭，即可向网页中插入水平线，选中插入的这条水平线，可以在属性面板对它的属性进行设置。

需要在页面中插入时间或日期时，在文档编辑窗口中，将鼠标光标移动到要插入日期的位置，单击常用插入工具栏的日期🗓按钮，在弹出的"插入日期"对话框中选择相应的格式即可插入日期或时间。

3. 图像操作与应用

图像是网页中最不可缺少的组成部分，几乎所有的网页都采用图像和文字结合的方式，图像对于丰富网页的外观及其重要，因此，合理地使用图像，可以使网页充满激情和活力，目前互联网上支持的图像格式主要有 GIF、JPEG 和 PNG。其中使用最为广泛的是 GIF 和 JPEG 格式。

（1）插入图像。在制作网页时，先构想好网页布局，在图像处理软件中将需要插入的图片进行处理，然后存放在站点根目录下的文件夹里。

插入图像时，将光标放置在文档窗口需要插入图像的位置，然后鼠标单击常用插入栏的"图像"按钮，如图 8.27 所示。

图 8.27　插入图像

在弹出的"选择图像源文件"对话框中选择事先准备好的图像，单击"确定"按钮就把图像插入到了网页中，如图 8.28 所示。

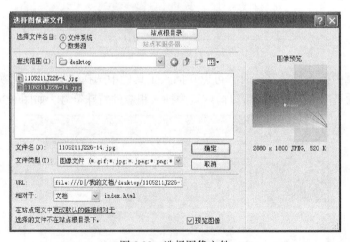

图 8.28　选择图像文件

　如果在插入图片时，没有将图片保存在站点目录下，会弹出如图 8.29 所示的对话框，提醒应将图片保存在站点内部，这时单击"是"按钮，然后选择本地站点的路径将图片保存，图像将被插入到网页中，如图 8.30 所示。

图 8.29　提示对话框　　　　　　　　　　图 8.30　复制图片到本地站点

（2）设置图像属性。选中图像后，在属性面板中显示出了图像的属性，如图 8.31 所示。

图 8.31　图像属性设置

在属性面板的左上角，显示当前图像的缩略图，同时显示图像的大小。在缩略图右侧有一个 ID 文本框，在其中可以输入图像标记的名称。

图像的大小是可以改变的，当图像的大小改变时，属性栏中"宽"和"高"的数值会以粗体显示，单击旁边的"重置为原始大小"按钮可以恢复图像的原始大小。

"替换"文本框用来设置图像的替代文本，可以输入一段文字，当图像无法显示时，将显示这段文字。

属性面板中还包括"编辑图像设置"、"裁剪"、"重新取样"、"亮度和对比度"以及"锐化"等图片设置选项，可以实现图片的编辑与设置。

（3）插入其他图像元素。在单击常用插入栏的"图像"按钮时，除了第 1 项"图像"外，还有"图像占位符"、"鼠标经过图像"、"导航条"等项目。插入图像占位符，在布局页面时，如果要在网页中插入一张图片，可以先不制作图片，而是使用占位符来代替图片位置。单击下拉列表中的"图像占位符"，打开"图像占位符"对话框。按设计需要设置图片的宽度和高度，输入待插入图像的名称即可，如图 8.32 所示。

图 8.32　图像占位符对话框

4．表格的应用

表格是网页设计制作不可缺少的元素，它以简洁明了和高效快捷的方式将图片、文本、数据和表单的元素有序地显示在页面上，使用表格排版的页面在不同平台、不同分辨率的浏览器里都能保持其原有的布局，而在不同的浏览器平台有较好的兼容性，所以表格是网页中最常用的排版方式之一。

一张表格中横向称为行，纵向称为列，行列交叉部分就称为单元格，单元格中的内容和边框之间的距离称为边距，单元格和单元格之间的距离称为间距，整张表格的边缘称为边框。

（1）表格的插入。图 8.33 所示为"常用"工具栏，图中左侧第 5 个按钮即为插入"表格"按钮。

图 8.33　"插入表格"按钮

单击该按钮，弹出"表格"对话框，如图 8.34 所示，在这里可以对插入的表格进行设置。该对话框又分为 3 个区域，分别是"表格大小"、"标题"和"辅助功能"。

如果使用表格进行页面布局，那么表格的宽度也就决定了页面的宽度，这就需要考虑大部分用户所使用计算机的分辨率，一般现在用户所使用计算机分辨率为 1 024 × 768，所以网页的宽度一般不超过 1 024 这个数值。

"边框粗细"、"单元格边距"和"单元格间距"如果把这 3 项的值都设为 0，那么创建的表格就是一个"无间隙"的表格。利用这种无间隙的表格，可以实现图片的无缝拼接，这种方法在网页设计中经常用到。

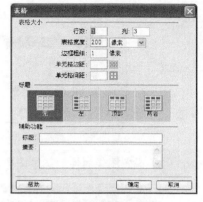

图 8.34 "表格"对话框

（2）表格的设置。在页面中插入表格之后，通过属性面板显示的就是该表格的属性，如图 8.35 所示，在属性面板中可以对表格属性进一步进行设置。

图 8.35 表格属性面板

其中常用参数如下。

① 表格 ID：用于设置表格的名称，用来在脚本语言中对其进行调用。

② 行和列：设置表格行与列的数目。

③ 宽：用于设置表格宽度，单位有两种：像素和百分比。

④ 填充、间距和边框：与图 8.34 中的"边框粗细"、"单元格边距"和"单元格间距"作用相同。

⑤ 对齐：确定表格相对于同一段落中其他元素的显示位置，其中包括"默认"、"左对齐"、"居中对齐"和"右对齐"。

⑥ 类：使用定义好的 CSS 样式。

（3）单元格的设置

将光标放置于页面表格的单元格内，这时的属性面板显示单元格的属性，如图 8.36 所示。

图 8.36 单元格属性面板

单元格属性面板分为上下栏，上栏设置文字属性，下栏对单元格的设置。下面介绍对单元格操作的几种常用方式。

① 合并：将选中的连续单元格合并成为一个单元格。

② 分割：将一个单元格分割成若干单元格。

③ 水平对齐方式：分为左对齐、居中对齐、右对齐 3 种。

④ 垂直对齐方式：分为顶端、居中、底部、基线 4 种。

表格还可以增加、删除行或列。在一个单元格中单击鼠标右键，在右键菜单中选择表格选项，接着选择"插入行或列"，这时弹出对话框如图 8.37 所示，可以根据要求进行设置。

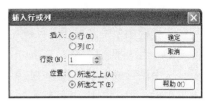

图 8.37　插入行或列

（4）选定表格元素。在页面中插入表格后，如果要对表格中的元素进行编辑，首先要选定表格中的相应元素，操作方法如下。

① 选中一行：把光标移到该行的最左边单元格的左面，光标会变成箭头状。单击就可以选中一行。

② 选中一列：把光标移到该列的最上边单元格的上面，光标会变成箭头状，然后单击可以选中一列。

③ 选中整张表格：把光标移到表格的左上角或右边框或下边框线上，单击即可选中整幅表格，选中的表格会在周围出现一个黑框表示整张表格选中了。

④ 选中单元格：单元格可以同时选中多个，选择连续的单元格，光标先选中的一个单元格，按 Shift 键不放，单击最后一个单元格即可；若要选中不连续的单元格，先按住 Ctrl 键不放，再单击所需要的单元格即可。

表格的使用是网页制作技术中的基本技能，读者应通过不断实践充分掌握表格的使用方法。

5. 超链接

超链接是一种允许同其他网页或站点之间进行连接的元素，各个网页链接在一起后，才能真正构成一个网站。网站包含很多页面，如果页面之间彼此是独立的，这样的网站是没有意义的，为了建立起网页之间的联系，必须使用超链接。下面介绍在 Dreamweaver 中怎样创建超链接。

（1）页面超链接。在网页中，单击超链接的图像或文字就会跳转到相应的网页中去，要实现这样的功能，设置步骤如下。

① 在页面中选中要做超链接的文字或者图片。

② 在属性面板中单击"链接"后的文件夹图标，在弹出的对话框中选中目标网页文件即可，设置好超链接后属性面板将显示链接文件路径与名称，如图 8.38 所示。

图 8.38　设置页面超链接

③ 按 F12 键浏览网页。在浏览器中鼠标移到超链接的地方就会变成"手形"指针。如果超链接指向的不是一个网页文件，而是其他类型的文件，如，.zip、.exe 等文件，单击链接的时候就会提示下载该文件。

如果在图 8.38 "链接"后的文本框中可以输入一个网址，这样单击该链接就可以直接跳转到相应的网站主页。例如，在"链接"文本框里输入 http://www.aust.edu.cn，单击链接就可以跳转到安徽理工大学网站。

（2）电子邮件超链接。在网页制作中，还经常看到一些超链接，单击后会弹出邮件发送程序，联系人的地址也已经填写好了，这种超链接是电子邮件链接。制作方法是：在编辑状态下，先选定要链接的图片或文字，例如"联系我们"，在"常用"工具栏中单击"电子邮件链接"按钮，弹出如图 8.39 所示对话框，输入 E-mail 地址即可。

　　选中图片或文字，直接在属性面板"链接"文本框中输入"mailto：邮件地址"，也可以给图片或文字制作电子邮件链接。

图 8.39　电子邮件链接

（3）图片上的超链接。图片上的超链接是指在一张图片上实现多个局部区域指向不同的网页的链接，比如一张网站 Logo 图片，单击图片中不同的文字区域跳转到不同的网页，其中影响鼠标事件的区域就是热区。图 8.40 所示为网站上导航图片，如果对图片上的文字绘制热区，单击后会进入对应的栏目。

图 8.40　图片上的链接

下面介绍通过热区制作图片上的超链接的方法。

① 插入图片，这时属性面板显示图片属性如图 8.41 所示，利用热点工具"□"、"○"和"▽"，在图上可以绘制热区。

图 8.41　使用热区绘制工具绘制热区

② 按照图片文字区域的大小绘制好热区后，属性面板变为热点属性面板，如图 8.42 所示。其中，在"链接"文本框输入相应的目标页面。在"替换"下拉列表框输入提示说明文字。"目标"下拉列表框不做选择，则默认在新浏览器窗口打开目标页面。

图 8.42　热点属性面板

③ 保存页面，按 F12 键预览，用鼠标在设置的热区检验效果。

对于复杂的热区图形，可以直接选择多边形工具来进行描画，总之，掌握"超链接"的制作方法对于网站的设计大有裨益。

6. Flash 动画应用

在 Dreamweaver CS6 中，除了可以插入文本和图像外，用户还可以插入动画、声音、视频等媒体元素。选择"常用"工具栏，第 8 个工具按钮为"媒体"按钮，按钮右侧是个下三角，单击出现下拉列表，如图 8.43 所示，利用该下拉列表可以在网页中插入如 SWF、FLV、Applet 及 ActiveX 等媒体元素。

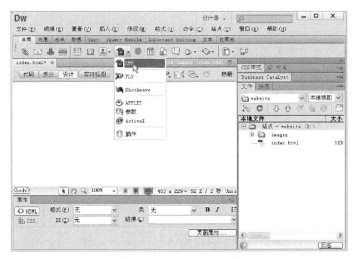

图 8.43　"媒体"下拉列表

下面介绍在 Dreamweaver CS6 中插入 Flash 动画的方法。

首先将插入点移到网页中要插入 Flash 的位置，然后单击如图 8.43 所示的媒体按钮，出现下拉列表后选中第一个按钮"SWF"，这时弹出文件选择对话框，选择扩展名为.swf 的文件，单击"确定"按钮，结果如图 8.44 所示，Flash 已经插入到网页中。在 Dreamweaver CS6 的编辑窗口中，Flash 文件不会自动显示播放，而是显示一个灰色的占位符，Flash 的实际效果在浏览器中可以显示。

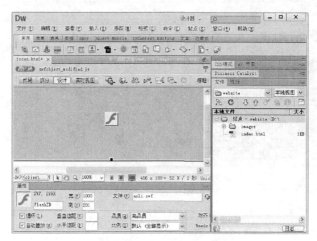

图 8.44 插入到页面的 Flash

这时单击插入的 Flash 文件，就可以在属性面板中设置它的属性，如图 8.45 所示。

图 8.45 Flash 文件属性面板

通过属性面板，可以对页面中插入的 Flash 动画进行如下属性设置。

（1）循环：选中该选项时影片将连续播放，如果没有选中该选项，则影片在播放一次后即停止播放。

（2）自动播放：设定 Flash 文件是否在页面加载时就播放。

（3）品质：在影片播放期间控制播放效果，设置越高，影片的观看效果就越好，但这就要求更快的处理器以使影片在屏幕上正确显示，"低品质"设置意味着更看重速度而非外观，而高品质设置意味着更看重外观而非速度。自动低品质意味着首先看重速度，但如有可能则改善外观。"自动高品质"意味着首先看重这两种品质，但根据需要可能会因为速度而影响外观，建议使用"高品质"。

（4）比例：可以选择"默认（全部显示）"、"无边框"、"严格匹配"3 种，建议使用"默认（全部显示）"。

（5）高度和宽度：在"网页编辑窗口"中，如果要设置 Flash 播放时的宽度或高度，可以输入具体值进行设置。

（6）播放：可以在"网页编辑窗口"中预览选中的 Flash 文件。

（7）参数：可以为 Flash 文件设定一些特有的参数。单击该按钮后弹出参数设置窗口，另外在很多网页中为了使显示效果好，常常使用透明背景的 Flash，其实制作起来非常简单，只要将 Flash 文件的参数设为 wmode，其值设为 transparent 即可。

本章小结

本章主要介绍网页设计的基础知识，以 Internet 基础知识为起点，简要阐述了 Internet 的起源与发展以及万维网的基本概念；网页是 WWW 的基本文档，一般是采用 HTML 编写的文件。HTML（Hypertext Markup Language，超文本标记语言）是专门用于网页制作的全标记语言，本章介绍了常用的 HTML 标记，掌握这些标记的使用方法可以更加灵活地设计网页。

Dreamweaver CS6 是一款专业的、可视化的网页设计工具软件，它具有强大的网页设计功能和简单易用等特点，本章详细介绍了 Dreamweaver CS6 的基本功能和操作方法以及站点创建与管理的方法，同时对 Dreamweaver CS6 中页面编辑的基本操作、页面属性设置、图像的插入与设置、表格应用、超链接的应用以及 Flash 动画的使用方法进行了详细说明。通过本章的学习，读者将会掌握网页设计的基础知识和基本方法，能使用 Dreamweaver CS6 制作常见的 Web 页面。

习　　题

一、单项选择题

1. 构成 Web 站点的基本单位是_____。
   A. 网站　　　　　　B. 主页　　　　　　C. 网页　　　　　　D. 文字

2. Internet 上的 WWW 使用的主要协议是_____。
   A. FTP　　　　　　B. HTTP　　　　　C. SMTP　　　　　D. TELNET

3. WWW 是指_____。
   A. 网页　　　　　　　　　　　　　B. 万维网
   C. 浏览器　　　　　　　　　　　　D. 超文本传输协议

4. HTML 语言中，设置背景颜色的代码是_____。
   A. <body bgcolor=?>　　　　　　　B. <body text=?>
   C. <body link=?>　　　　　　　　 D. <body vlink=?>

5. HTML 文件中，下列哪个标记中包含了网页的全部内容_____。
   A. <center>…</center>　　　　　　B. <pre>…</pre>
   C. <body>…</body>　　　　　　　 D.
…</br>

6. 在 Dreamweaver 的主编辑界面中，按_____快捷键快速启动主浏览器预览。
   A. F12　　　　　　B. Fll　　　　　　C. F6　　　　　　D. F8

7. 在 Dreamweaver 中，下列对象可以添加热点的是_____。
   A. 帧　　　　　　B. 文字　　　　　C. 图像　　　　　D. 任何对象

8. 在 Dreamweaver 中，创建 E-mail 链接，在链接栏中使用的语句格式是_____。
   A. to:bill@aust.edu.cn　　　　　　B. link:bill@aust.edu.
   C. mailto:bill@aust.edu.cn　　　　 D. mail:bill@aust.edu.cn

二、填空题

1. _____称为万维网，将位于 Internet 上的资源以_____的方式有机地连接在一起，为用户提供信息服务。

2. 网页的标题是通过_____标记设置的。

3. 表格在页面中的对齐应在 table 标记中使用_____属性。

4. 要是网页中的文字同时显示为粗体和斜体，应使用语句_____。

5. 在 Dreamweaver CS6 中，页面显示视图分为_____、_____、_____、_____。

6. 在 Dreamweaver CS6 中有两种换行方式，分别是_____和_____。

三、简答题

1. 什么是 WWW？简要说明 WWW 的工作原理。

2. 什么是超链接？超链接通常有哪几种类型？

3. HTML 文档的基本结构是怎样的？

四、设计题

1. 建立本地站点，在站点中规划网站目录结构，网站主页面要求有导航栏、文字、图像以及用表格布局的数据信息或图像信息。

2. 用 Dreamweaver CS6 设计一个简单的个人主页，布局与页面内容自行设计。

第9章
常用工具软件及应用

【本章重点】常用工具软件的下载、安装和使用。

【本章难点】常用工具软件的使用。

【学习目标】掌握常用软件的下载、安装和使用方法。

由于功能强大、针对性强、实用性好且使用方便的工具软件不断涌现，计算机才得以快速地进入人们工作、学习和生活的各个方面，给人们带来极大的便利，使计算机发挥出更大的效能。因此，要想最大限度地用好计算机，就必须掌握常用工具软件的使用方法。

本章从初学者角度出发，以解决实际问题为目的，通过对一些常用的工具软件的功能、安装和使用方法的介绍，使读者做到举一反三，并逐步达到熟练使用其他工具软件的目的。

9.1 下载工具

计算机的主要应用领域之一是信息管理，而信息管理包括对信息获取、传递、加工、处理和运用等。在网络上获取信息的种类很多，其中有些信息的文件太大，由于网络速度的影响，存在下载速度很慢、时间长等问题。因此，可以借助各类下载工具来帮助我们完成这些工作，常用的下载工具有迅雷（Thunder）、快车（FlashGet）、比特精灵、比特彗星、网络传送带、网络蚂蚁等，本节介绍最常用下载工具迅雷（Thunder）。

迅雷是迅雷公司推出的一款基于多资源超线程技术的下载工具，使用了全网页化的操作界面，使其符合互联网用户的操作习惯，给用户全新的互联网下载体验。目前迅雷具有如下功能。

（1）支持多协议下载，支持的协议有 HTTP/FTP/MMS/RTSP/BT/EMULE 等。

（2）全新的多资源超线程技术，显著提升了下载速度。迅雷使用的多资源超线程技术基于网格原理，能够将网络上存在的服务器和计算机资源进行有效的整合，构成独特的迅雷网络，通过迅雷网络各种数据文件能够以最快速度进行传递。多资源超线程技术还具有互联网下载负载均衡功能，在不降低用户体验的前提下，迅雷网络可以对服务器资源进行均衡，有效降低了服务器负载。

（3）智能磁盘缓存技术，可有效地防止高速下载时对硬盘的损伤。

（4）病毒防护功能，可以和杀毒软件配合保证下载文件的安全性。

（5）提供下载任务的图片和信息描述。

（6）自动检测和升级到最新版本。

目前迅雷的最新版本是迅雷 7，下载的网址是：http://dl.xunlei.com/xl7.html。

9.1.1　安装

双击下载后的迅雷 7 安装文件 Thunder7.2.13.3882.exe，其安装界面如图 9.1～图 9.3 所示。

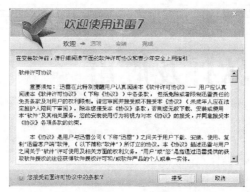

图 9.1　迅雷安装向导之一"接受许可协议"

图 9.2　迅雷安装向导之二"安装路径及安装选项"

图 9.3　迅雷安装向导之三"安装进度"

9.1.2　使用方法

启动后，出现如图 9.4 所示的主界面，在右上角的"狗狗搜索"文本框中输入要查找资源的

图 9.4　迅雷主界面

关键字，如输入"功夫熊猫 2"，然后单击"狗狗搜索"搜索文本框右边的"搜索"按钮，则"狗狗搜索"会打开浏览器，将网络中与此关键字有关的资源以列表的形式显示出来，单击所需要资源名称的超级链接，进入下载页面。

图 9.5　新建任务

单击下载页面中的"迅雷下载"按钮，出现如图 9.5 所示的"新建任务"对话框，选择下载文件保存的文件夹后，单击"立即下载"按钮，即开始下载所指定的资源。

此外，如果在安装过程中选择迅雷是默认下载工具，当用户从网络上下载文件时系统会直接通过迅雷下载，不需用户参与，用户到默认路径中查找文件即可。关于迅雷更多的使用方法，可查询网页 http://dl.xunlei.com/index.htm

经过多年的建设和发展，Internet 上的资源已经非常丰富，用户平常工作和生活中所需要的软件工具、音乐、影视和书籍等资源一般都可以通过迅雷搜索下载。

9.1.3　卸载

打开"开始"菜单→所有程序→迅雷软件→迅雷 7→卸载迅雷 7，这样就可以卸载了。

9.2　压缩工具

随着计算机技术的不断发展，计算机应用中产生的文件也越来越大，而在网络传输过程中，这些大文件的传输会占用宝贵的带宽资源。因此，数据压缩已经成为节省磁盘空间、节约网络带宽的一种重要手段。

现在大多数从 Internet 上下载的文件都是所谓的压缩文件，例如 Flashget.rar、Flashget.zip，另外在使用电子邮件附件功能的时候，最好也能事先对附件文件进行压缩处理。这样做不仅能够减轻网络的负载，还能缩短传输时间。而要使用这些经过压缩的文件，必须将这些经过压缩处理的文件还原成可以处理或执行的文件格式。

目前在 Windows 系统中，最常用的压缩工具软件有 WinZIP 和 WinRAR 两种。WinRAR 是一个应用广泛、使用方便且功能强大的压缩/解压缩工具，现在的压缩工具市场中，几乎已经被 WinRAR 占据了 95%。它界面友好且美观、使用方便，在压缩率和速度方面都有不错的表现，全面支持 ZIP 和 ACE，以及多种格式的压缩文件；而 WinZIP 则不能解压缩 RAR 格式的压缩文件，此外 WinRAR 的压缩率要比 WinZIP 大，因此本节主要介绍 WinRAR 的使用。

9.2.1　WinRAR 的主要特点和功能

WinRAR 具有超强的压缩能力，而且压缩控制灵活，设置非常方便。WinRAR 主要具有下述特点。

（1）支持鼠标拖放及外壳扩展。

（2）完美支持 ZIP 2.0 档案。

（3）内置程序可以解开 CAB、ARJ、LZH、TAR、GZ、ACE、UUE、BZ2、JAR、ISO、Z 和 7Z 等多种类型的档案文件、镜像文件和 TAR 组合型文件。

（4）具有历史记录和收藏夹功能。

（5）新的压缩和加密算法，压缩率进一步提高，而资源占用相对较少，并可针对不同的需要保存不同的压缩配置。

（6）固定压缩和多卷自释放压缩以及针对文本类、多媒体类和 PE 类文件的优化算法是大多数压缩工具所不具备的。

（7）对于 ZIP 和 RAR 的自释放档案文件（DOS 和 Windows 格式均可），单击属性就可以轻易知道此文件的压缩属性，如果有注释，还能在属性中查看其内容。

（8）对于 RAR 格式（含自释放）档案文件提供了独有的恢复记录和恢复卷功能，使数据安全得到更充分的保障。

9.2.2 WinRAR 的安装和卸载

可以在 http://www.onlinedown.net/soft/5.htm 网页下载 WinRAR（32 bit）4.20 简体中文版，然后对已经下载的文件 wrar420sc.exe 双击进行安装，安装步骤如图 9.6～图 9.8 所示。

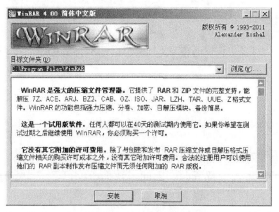

图 9.6　WinRAR 的安装步骤 1

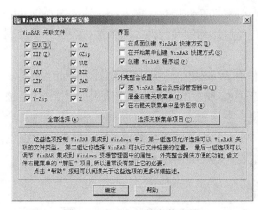

图 9.7　WinRAR 的安装步骤 2

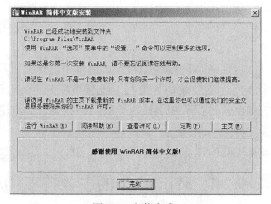

图 9.8　安装完成

如果想卸载的话，可以通过控制面板中的"程序和功能"完成卸载。如果计算机上安装了 360 安全卫士，也可以使用 360 软件管理功能来完成卸载。

9.2.3 使用 WinRAR 压缩文件

使用 WinRAR 压缩文件有下面两种方法。

1. 右键压缩

安装后的 WinRAR，已默认设置了右键单击关联菜单。选择要压缩的文件和文件夹（可以将多个文件或文件夹同时压缩为一个文件），然后单击鼠标右键，弹出的快捷菜单如图 9.9 所示。

（1）如果单击"添加到××.rar"菜单，就可在弹出的"正在创建压缩文件"窗口中完成压缩操作，如图 9.10 所示。

图 9.9　快捷菜单

图 9.10　压缩过程

（2）如果单击"添加到压缩文件（A）…"菜单，则会弹出"压缩文件名和参数"对话框，如图 9.11 所示。如果希望对压缩的文件有更详细的设置，可以选择这种方式。下面是一些常用的设置。

① 在图 9.11 "常规"选项卡中，单击"浏览"按钮，可以选择压缩后压缩文件所在的文件夹，选择后在"压缩文件名"下面的文本框内会显示完整的路径；如果不选择，压缩文件就会自动存放在当前文件夹。在"压缩文件格式"栏中，还可以选择压缩文件的类型，是***.rar 类型，还是***.zip 类型。压缩方式有"标准"、"最快"、"较快"、"存储"、"较好"和"最好"几种方式。

② 单击选择"文件"选项卡，对要压缩的文件进行设置。单击"追加"按钮可以在已选择的文件中加入其他的文件。在"要添加的文件"下面的文本框中，会显示出选择了的文件，多个文件用空格隔开，比如在 C 语言程序设计后追加"ks"和"材料"文件夹，如图 9.12 所示。

图 9.11　压缩文件名和参数

图 9.12　文件选项卡

2. WinRAR 的主界面介绍

对文件进行压缩操作，通常不用在主界面中进行，鼠标右键单击就可以实现。但是主界面中有一些额外的功能，有必要对其进行介绍，WinRAR 的主界面如图 9.13 所示。

图 9.13　WinRAR 主界面

（1）当用鼠标单击"添加"按钮时就会出现如图 9.11 所示"压缩文件名和参数"对话框。

（2）"解压到"按钮是将文件解压缩，单击后出现的对话框如图 9.14 所示，可以设置解压缩文件有效的路径、更新方式等选项。

（3）"测试"按钮允许对选定的文件进行测试，显示文件是否有错误等测试结果。

（4）当在 WinRAR 的主界面中选好一个具体的文件后，单击"查看"按钮就会显示该文件的内容。

（5）"删除"按钮的功能十分简单，就是删除选定的文件。

在图 9.13 中单击"工具"菜单下"压缩文件转换为自解压格式"命令，可将压缩文件转换为自解压格式，生成一个可执行的压缩文件，从而使压缩文件在脱离 WinRAR 工具下自解压缩。

另外为了保证文件的私密性和安全性，还可以对文件进行加密压缩。方法是在图 9.11 对话框中选择"高级"选项卡中的"设置密码"按钮，设置密码后，则完成文件的带密码压缩，如图 9.15 所示。

图 9.14　解压路径和选项

图 9.15　带密码压缩

9.2.4　使用 WinRAR 解压缩软件

WinRAR 的解压缩过程也非常简单，只要是 WinRAR 能够识别的压缩格式（RAR、ZIP、CAB、ARJ、LZH、ACE、TAR、GZIP、UUE），该压缩包的图标就是 WinRAR 程序的图标。双击该压缩包就可以打开、查看压缩包中的文件，就像对文件夹进行操作一样。但这不是真正的解压缩，如果想将其中的某些文件解压到某个文件夹时，只需选择文件，单击工具栏上的"解压缩"按钮，然后选择文件夹的路径，或者用鼠标直接将待解压的文件拖到目标文件夹中。

如果想解压缩整个压缩包的文件，可以在该压缩包上单击鼠标右键，弹出菜单如图 9.16 所示。选择"解压文件（A）…"，弹出窗口如图 9.14 所示，再选择目标文件夹即可完成解压缩；选择"解压到当前文件夹（X）"，系统会自动将此压缩包中的内容解压到一个新建的并且和该压缩包同名的文件夹中。

图 9.16 右键解压文件

9.3 多媒体播放软件

计算机及 Internet 的应用和普及改变了人们的工作和生活方式。计算机的功能已经不再局限于数据处理等功能，多媒体已经是计算机很重要的功能之一。通过 Internet 可以欣赏电影、收听音乐，这些都给人们带来了无限快乐，而这些音乐、电影都是借助于一些多媒体播放工具来完成的。下面介绍几种常见的多媒体播放工具。

9.3.1 音频播放器

音频播放器有很多种，目前我们在网络上能够下载的，以及常用的音频播放器有千千静听、酷我音乐盒、酷狗音乐、MP4 播放器、麦克风在线卡拉 OK 软件等，不下几十种软件。

在这里我们选取软件千千静听 5.5.2 进行介绍。

千千静听是一款完全免费的音乐播放软件，集播放、音效、转换、歌词等众多功能于一体，其小巧精致、操作简捷、功能强大的特点，深得用户喜爱，是目前国内最受欢迎的音乐播放软件之一。千千静听的功能包括以下几种。

（1）支持 MP3/mp3PRO、AAC/AAC+、M4A/MP4、WMA、APE、MPC、OGG、WAVE、CD、FLAC、RM、TTA、AIFF、AU 等音频格式以及多种 MOD 和 MIDI 音乐，支持 CUE 音轨索引文件，支持所有格式到 WAVE、MP3、APE、WMA 等格式的转换，通过基于 COM 接口的 AddIn 插件可以支持更多格式的播放和转换。

（2）支持采样频率转换（SSRC）和多种比特输出方式，支持回放增益，支持 10 波段均衡器、多级杜比环绕、淡入淡出音效，兼容并可同时激活多个 Winamp2 的音效插件。

（3）支持 ID3v1/v2、WMA、RM、APE 和 Vorbis 标签，支持批量修改标签和以标签重命名文件。

（4）支持同步歌词滚动显示和拖动定位播放，并且支持在线歌词搜索和歌词编辑功能。

（5）支持多播放列表和音频文件搜索，支持多种视觉效果，采用 XML 格式的 ZIP 压缩的皮肤，同时具有磁性窗口、半透明/淡入淡出窗口、窗口阴影、任务栏图标、自定义快捷键、信息滚动、菜单功能提示等功能。

千千静听可以在其官方网站上下载：http://ttplayer.qianqian.com/。

1. 安装

首先，对下载的文件解压，然后打开解压后的文件夹，双击 ttpsetup_552.exe，安装步骤如图 9.17～图 9.23 所示。单击"开始"按钮，开始安装。

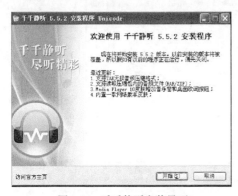

图 9.17　千千静听安装界面

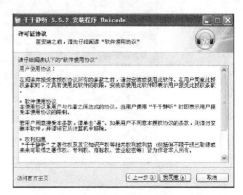

图 9.18　安装协议

图 9.19　安装组件的选择

图 9.20　安装位置的选择

图 9.21　创建快捷方式

图 9.22　安装进度

第一次播放会有如图 9.24 所示的提示，可根据需要选择是或否。

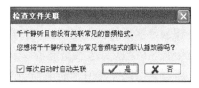

图 9.23　安装完成　　　　　　　　　　　图 9.24　文件关联

2. 千千静听的使用方法

单击"开始"菜单下"所有程序"组中的"千千静听"命令，打开界面如图 9.25 所示。

在"千千音乐窗"中可以根据千千的推荐单击自己喜欢的网络歌曲，这样就可以把它添加到播放列表中；它还提供查看热门榜单、根据歌手来选择歌曲以及在网络上搜歌等功能。

如果在用户的计算机上已经存储了一些歌曲，在播放列表上找到"添加→文件"，打开查找文件对话框，找到歌曲选择然后单击打开即可。对于播放列表中的歌曲还可以进行排序、编辑、设置播放模式等功能。

使用千千静听，可以把 CD 音轨文件转换成 MP3 格式。方法是全选列表中的歌曲，单击鼠标右键，在快捷菜单中选择"格式转换"命令，能够看到格式转换对话框。在编码格式中选择"MP3 编码器"，默认使用当前的配置参数和音效处理设置，最后选择在存放 MP3 文件的路径即可。

千千静听还有下载歌词的功能，满足用户跟着哼唱的需求。只要某首歌是第一次播放，系统会提示用户是否下载歌词，如果用户的网络处于连接状态，选择"是"就可以下载了。

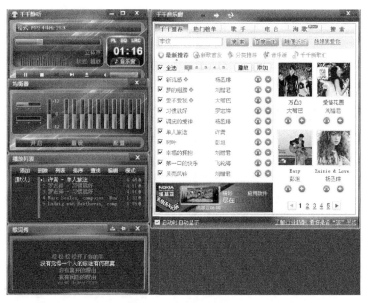

图 9.25　千千静听主界面

9.3.2 视频播放器

目前，计算机用户经常使用的视频播放器除了 Windows 自带的 Windows Media Player 外，还有 Real Player、QQ 影音、暴风影音等。这里以暴风影音为例来讲述视频播放器的安装和使用方法。

1. 暴风影音的特点

暴风影音播放器是全球领先的万能媒体播放软件，支持 429 种格式，支持高清硬件加速，可进行多音频、多字幕的自由切换，支持最多数量的手持硬件设备视频文件。

暴风影音 3.6 智能高清版新增了以下功能。

（1）新增高清媒体类型智能识别功能。

（2）新增智能支持 VC-1 高清压缩格式的硬件加速功能。

（3）新增对所支持显卡和高清媒体文件的高清硬件加速开启提示。

（4）支持 BW10、GEO、pvw2、kdm4 等新媒体类型的播放。

（5）修改了 AVI 分离器，对 MJPG 类型文件支持更加完善。

（6）优化了 MEEDB 专家媒体库，播放更加智能。

2. 安装

首先对下载的压缩包进行解压，然后在解压以后的文件夹找到 Storm3_193.exe，双击该文件，安装过程如图 9.26～图 9.33 所示。

图 9.26 暴风影音安装界面

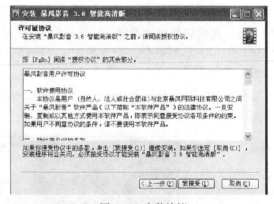

图 9.27 安装协议

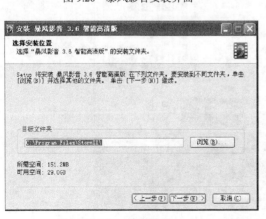

图 9.28 安装路径

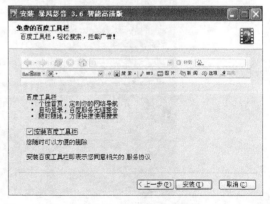

图 9.29 安装百度工具栏

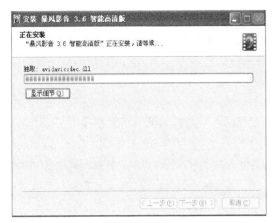

图 9.30　安装进度

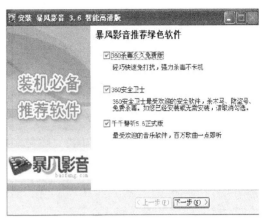

图 9.31　暴风影音推荐软件

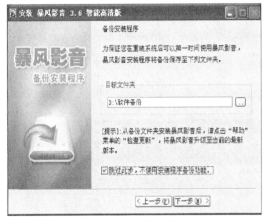

图 9.32　备份安装程序

图 9.33　安装完成

3. 使用方法

如果在暴风影音安装时选择默认播放器的话，双击视频文件就可以用暴风影音播放视频文件。

单击"开始"菜单下"所有程序"组中的"暴风影音"命令，即可打开暴风影音播放器，界面如图 9.34 所示。

在图 9.34 中单击"文件"菜单下的"打开文件"命令，在对话框中选择需要播放的文件（多个连续文件的选择按 Shift 键，不连续文件的选择按 Ctrl 键）。

在文件菜单中可以打开光驱中视频文件，也可以打开网络文件及最近使用过的文件；还可以对视频进行截屏。

通过单击"显示"菜单下的"全屏"命令，可以实现全屏播放功能。

图 9.34　暴风影音主界面

9.4 阅读工具

9.4.1 PDF 文件阅读软件

Internet 的应用与普及改变了人们的学习方式。在我国各所高校的图书馆大都提供了丰富的电子图书资源，这些电子资源文件不再是纯文本格式，而是一些特有的如以扩展名为.caj、.kdh、.pdf 形式出现的文件，这些特殊的文件必须用特殊的工具才能打开和阅读，CAJ 全文浏览器和 Adobe Reader 就是这类阅读工具的典型代表，这里主要介绍"Adobe Reader 9.3 简体中文版"的安装和使用方法。

Adobe Reader（也称为 Acrobat Reader）是美国 Adobe 公司开发的一款优秀的 PDF 文档阅读软件。文档的撰写者可以向任何人分发自己制作（通过 Adobe Acobat 制作）的 PDF 文档而不用担心被恶意篡改。

PDF（Portable Document Format）文件格式是电子发行文档事实上的标准，Adobe Acrobat Reader 是一个集查看、管理、阅读和打印 PDF 文件的最佳工具，但 Reader 不能用来创建 PDF 文件。

1. 安装

双击 AdbeRdr930_zh_CN.exe 文件，安装界面如图 9.35～图 9.39 所示。

图 9.35　安装主界面

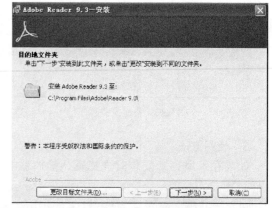

图 9.36　安装路径

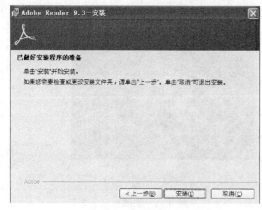

图 9.37　开始安装

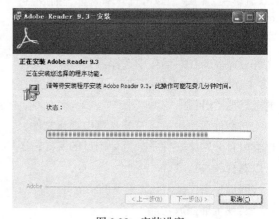

图 9.38　安装进度

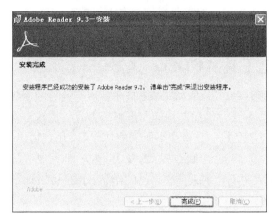

图 9.39　安装完成

2．使用

单击"开始"菜单下"所有程序"组中的"Adobe Reader 9"命令，打开界面如图 9.40 所示。

图 9.40　Adobe Reader 9 主界面

在图 9.40 中单击"文件"菜单下的"打开"命令，找到要阅读的文件，单击打开即可打开选定的文件，如图 9.41 所示，然后拖动滚动条就可以阅读文章了。

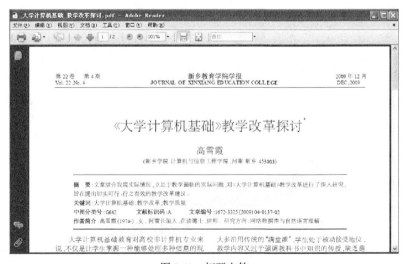

图 9.41　打开文件

在 Adobe Reader 9 中单击工具栏上的"选择"按钮，然后拖动鼠标选中需要摘录的内容，再单击"编辑"菜单下的"复制"命令，将所选文本区域复制到剪贴板中，完成文本的摘录。如选择"文件"菜单下的"另存为文本"命令，就可以将文本保存为 TXT 文档，再将扩展名改为 doc，就可以将文本保存为 WORD 文档，但需要对该文本重新排版。

在 Adobe Reader 9 中也可以全屏阅读，操作方法为选择"视图"菜单下的"全屏模式"命令。

9.4.2 图片浏览工具 ACDSee

目前图像浏览软件有很多种，其中 ACDSee 是非常流行的看图工具之一。它提供了良好的操作界面，简单人性化的操作方式，优质的快速图形解码方式，支持丰富的图形格式，强大的图形文件管理、优化拍摄以及与亲朋好友分享往事所需的功能等。用户可以快速轻松浏览与查找相片，借助简单易用的编辑工具修正红眼、光线及其他方面，然后通过电子邮件、打印或 ACDSeeOnline.com 上的个人空间让别人分享自己的作品。用户可以到其官方网站：http://cn.acdsee. com/zh-cn/下载最新版"ACDSee 14"。

1．安装

软件下载后双击 ACDSee.exe 文件，然后根据提示选择"下一步"按钮可以很快完成安装过程。

2．软件的操作方法

选择"开始"菜单下"所有程序"中的"ACD Systems"组中的"ACD See 14"命令，启动 ACDSee 软件，第一次运行会出现如图 9.42 所示的"快速入门指南"窗口，单击"下一步"按钮可以了解导入图像、浏览与查看图像、整理与查找图像、优化相片、发布与打印图像等功能。如果想在以后打开该软件的时候不想显示"快速入门指南"窗口的话，不选择"总是在启动时显示"选项，在以后启动软件时就不会显示了。

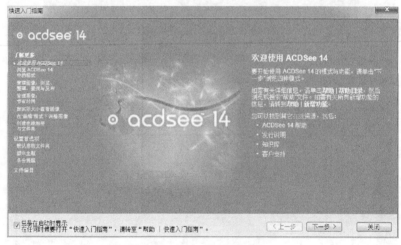

图 9.42 "快速入门指南"窗口

关闭"快速入门指南"窗口后，则进入如图 9.43 所示的 ACDSee 相片管理器主窗口。

（1）浏览图片

① 在"文件列表"窗格中浏览文件。"文件列表"窗格是占据"浏览器"中心的大窗格。"文件列表"窗格显示当前所选文件夹的内容、最新搜索的结果，或是与选择性浏览准则匹配的文件与文件夹。"文件列表"窗格总是处于可见状态，无法隐藏或关闭。

默认情况下，文件在"文件列表"窗格中显示为略图。不过，可以将"文件列表"窗格的查看模式从略图更改为详细信息、列表、图标、平铺或幻灯片。用户可以根据名称、大小、图像属性及其他信息给文件排序。还可以使用过滤器来控制在"文件列表"窗格中显示哪些文件。

图 9.43 "ACDSee 14"主窗口

② 使用"文件夹"窗格浏览。"文件夹"窗格显示计算机上全部文件夹的目录树,类似于"Windows 资源管理器"。通过在"文件夹"窗格中选择一个或多个文件夹,可以在"文件列表"窗格中显示它们的内容。

还可以使用"文件夹"窗格为最喜欢的文件、文件夹或应用程序的创建快捷方式。然后就可以在"收藏夹"窗格中快速访问特定的文件,而不必再去搜索。

无论何时使用"文件夹"窗格来浏览文件夹,ACDSee 数据库都会给该文件夹中的任何图像或媒体文件编制目录。

(2)编辑图像

ACDSee 还有编辑图像的功能。它可以调整图像大小、旋转图像、翻转图像、裁剪图像、消除瑕疵和消除红眼等功能。

① 旋转图像。

在"查看器"中打开图像,然后单击旋转按钮。

在"编辑工具"中,单击"几何形状"中的旋转按钮。

在"浏览器"中,选择一个或多个图像,然后单击工具栏上的"批量"按钮下的"旋转 / 翻转"按钮。

② 将文本添加到图像。

在"编辑模式"中,单击"编辑工具"上的添加文本按钮。

在"添加文本"选项卡上,在文本字段中输入要添加的文本。

在"字体"区域,指定要使用的字体、格式选项(例如斜体、对齐),以及文本的颜色。拖动大小滑块来指定点的大小,然后拖动阻光度滑块来指定文本的透明度。

单击并拖动文本选取框来调整它在图像上的位置,或拖动选取框的手柄来调整它的大小。

从混合模式下拉列表中,选择某个选项以指定要如何将文本混合到底层图像。

③ 裁剪图像。

在"编辑模式"中,单击"编辑工具"上的裁剪按钮。

给裁剪窗口调整大小，并将它放在要保留的图像区域上。

要将裁剪窗口以外的部分变暗，向左拖动调暗裁剪区域外部滑块。向右拖动滑块可以使裁剪窗口以外的区域变亮。

④ 调整图像大小。

在"编辑模式"中，单击"编辑面板"上的调整大小按钮。

选择以下调整大小选项之一。

- 像素：将图像调整到指定的像素尺寸。
- 百分比：将图像大小调整为原始图像的某个百分比。
- 实际/打印大小：调整图像使之与特定的输出大小匹配。单击下拉列表来指定度量单位。

（3）导入图像

可以使用 ACDSee 从各种设备（如数码相机、闪存盘、CD/DVD、扫描仪、手机或其他可移动驱动器等）下载图像，还可以使用 ACDSee 来捕获屏幕图像并保存为文件。

① 从设备导入图像。ACDSee 的"导入来源"对话框为用户提供多个选项，让用户可以从相机、读卡器、闪存盘以及其他大容量存储设备导入文件。如果希望单击几下就能导入文件，用户完全可以做到。或者用户也可以从多个选项中作出选择，以简化工作流程并在每次导入中执行多个任务。

将相机或设备连接到计算机。确认相机已经打开，并且电缆已正确连接到计算机上。执行以下操作之一。

- 如果"设备检测器"已经打开并且检测到设备，则请在"ACDSee 设备检测器"对话框打开时，选择导入文件，然后单击"确定"按钮。
- 如果有多个设备连接到计算机，则请从列表中选择希望使用的设备，然后单击"确定"按钮。
- 在"菜单"栏上，单击"文件"菜单下"导入"组中的"从设备"命令。
- 按键盘上的 Alt+G 组合键。

在"导入来源"对话框中，选择导入选项，然后单击"导入"按钮。

要浏览导入的相片，在显示"导入完成"对话框时单击"是"按钮。

② 从 CD 或 DVD 导入相片。将 CD 或 DVD 插入驱动器，执行以下操作之一。

- 如果"设备检测器"已经打开，并且检测到 CD，则在"ACDSee 设备检测器"对话框打开时，请选择导入文件，然后单击"确定"按钮。
- 如果有多个 CD 或 DVD 驱动器连接到计算机，则请选择要使用的设备，然后单击"确定"按钮。
- 在"菜单"栏上，单击"文件"菜单下"导入"组中的"从 CD/DVD"。

在"导入来源"对话框中，选择要使用的导入来源选项，然后单击"导入"按钮。

要浏览导入的相片，在显示"导入完成"对话框时单击"是"按钮。

导入图像的方式还有捕获屏幕截图、从手机文件夹导入相片、从扫描仪（TWAIN）导入图片等方法，用户可以在实践中进行摸索。

（4）其他功能

ACDSee 还有很多实用的功能，例如在 ACDSee 中整理与管理文件、共享图像、创建 CD 或 DVD、PDF、HTML 相册，播放音频与视频文件，自动开始幻灯片、创建幻灯片等，由于篇幅关系不一一介绍。

9.5　其他工具

9.5.1　截图软件

截图软件有很多，目前常用的截图软件有红蜻蜓抓图精灵、屏幕截图能手、抓图精灵、屏幕照相机、CYY 屏幕截图助手等。在这里以"红蜻蜓抓图精灵 v2.15 build 20130326"为例介绍截图软件的使用方法，该软件可以在 http://www.skycn.com/soft/6747.html 网址下载。

1. 软件简介

红蜻蜓抓图精灵（RdfSnap）是一款完全免费的专业级屏幕捕捉软件，能够让用户得心应手地捕捉到需要的屏幕截图。捕捉图像方式灵活，主要可以捕捉整个屏幕、活动窗口、选定区域、固定区域、选定控件、选定菜单、选定网页等，图像输出方式多样，主要包括文件、剪贴板、画图和打印机。软件具有捕捉历史、捕捉光标、设置捕捉前延时、显示屏幕放大镜、自定义捕捉热键、图像文件自动按时间或模板命名、捕捉成功声音提示、重复最后捕捉、预览捕捉图片、图像打印、图像裁切、图像去色、图像反色、图像翻转、图像旋转、图像大小设置、常用图片编辑、外接图片编辑器、墙纸设置、水印添加等功能。捕捉到的图像能够以保存图像文件、复制到剪贴板、输出到画图、打印到打印机等多种方式输出。

2. 软件的操作方法

（1）安装

对下载的软件包解压后双击安装文件，根据提示即可完成安装。

（2）软件使用方法

单击"开始"菜单，在弹出的列表中单击"所有程序"下"红蜻蜓抓图精灵"组中的"红蜻蜓抓图精灵"命令，打开窗口如图 9.44 所示。

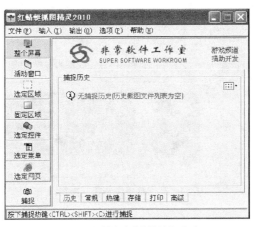

图 9.44　"红蜻蜓抓图精灵"主窗口

可以捕捉整个屏幕、活动窗口、选定区域和固定区域，在捕捉之前在左侧选定其中的一个选项。

例如，选择整个屏幕选项，然后按下捕捉热键 Ctrl+Shift+C 组合键就可以捕捉图像，或单击"文件"菜单下"捕捉图像"命令，如图 9.45 所示。捕捉图像后选择"文件"菜单下"另存为"命令，选择保存位置并输入文件名就可以保存以备使用了。

对捕捉到的图像还可以进行修改和修饰，例如添加文字，修改颜色，旋转、翻转，加一些必要的箭头，进行图示说明、去色等。

图 9.45 捕捉预览

9.5.2 屏幕录像专家

屏幕录像专家 v2012 是一款专业的屏幕录像制作工具。使用屏幕录像专家可以轻松地将屏幕上的软件操作过程、网络教学课件、网络电视、网络电影、聊天视频、游戏等录制成 FLASH 动画、WMV 动画、AVI 动画或者自播放的 EXE 动画。该软件具有长时间录像并保证声音完全同步的能力。屏幕录像专家 v2012 使用简单、功能强大，是制作各种屏幕录像和软件教学动画的首选软件。用户可以从互联网上下载该软件，安装后的运行界面如图 9.46 所示。

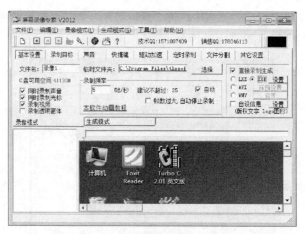

图 9.46 "屏幕录像专家"主窗口

屏幕录像专家基本功能如下。

（1）支持长时间录像并且保证声音同步。

（2）定时录像。

（3）录制生成 EXE 文件，可以在任何电脑（操作系统为 windows98/2000/2003/XP 等）播放，不需附属文件。高度压缩，生成文件小。

（4）录制生成 AVI 动画，支持各种压缩方式。

（5）生成 FLASH 动画，文件小可以在网络上方便使用，同时可以支持附带声音并且保持声音同步。

（6）录制生成微软流媒体格式 WMV/ASF 动画，可以在网络上在线播放。

（7）支持后期配音和声音文件导入，使录制过程可以和配音分离。

（8）录制目标自由选取：可以是全屏、选定窗口或者选定范围。

（9）录制时可以设置是否同时录制声音，是否同时录制鼠标。

（10）可以自动设置最佳帧数。

（11）可以设置录音质量。

（12）自由设置 EXE 录制播放时各种参数，比如位置、大小、背景色、控制窗体、时间等。

（13）支持合成多节 EXE 录像。录像分段录制好后再合成多节 EXE，播放时可以按循序播放，也可以自主播放某一节。

（14）后期编辑功能，支持 EXE 截取、EXE 合成、EXE 转成 LX、LX 截取、LX 合成、AVI 合成、AVI 截取、AVI 转换压缩格式，EXE 转成 AVI 等功能。

（15）支持 EXE 录像播放加密和编辑加密。播放加密后只有密码才能够播放，编辑加密后不能再进行任何编辑，有效保证录制者权益。

（16）可以用于录制软件操作教程、长时间录制网络课件、录制 QQ/MSN 等聊天视频、录制网络电视节目、录制电影片段等。

9.5.3　金山词霸

金山词霸是金山公司推出的一款字典类工具软件，采用全新嵌入式设计，内嵌多种词典，并集成了强大的网络功能，使传统工具软件和网络紧密地结合起来，并具有可以定时更新词库、网上提交最新单词、定时更新词霸界面、随时下载功能插件等功能，正是由于这些特点使金山词霸真正成为一种能够提供强大中英文资源互动和学习的专业平台。

金山词霸可以从其官方网站 http://ciba.iciba.com/下载，安装金山词霸后其使用步骤如下。

（1）启动金山词霸后，其界面如图 9.47 所示，在"输入"文本框中输入中文，则在金山词霸的主窗口右侧窗格中显示相近的英文单词，单击要选择的单词，即列出该单词的词义，并提供相应的例句，如图 9.48 所示，单击工具栏上的"发音"按钮 ◀，可以读出该词的正确发音。在"输入"文本框中输入英文时，右侧窗格中显示与输入文字相近的解释。

图 9.47　"金山词霸"主窗口

图 9.48　金山词霸解词

（2）启动金山词霸后，在图 9.48 主界面右下角有"取词"图标，单击使之变成"√"的状态即可进行屏幕取词，此时以鼠标跟随的方式从屏幕上取词并显示对应的解释，如图 9.49 所示。

图 9.49　鼠标跟随取词

9.6　杀毒软件 360 安全卫士和 360 杀毒

杀毒软件是计算机必须安装的一款软件，目前杀毒软件有很多种版本，比如瑞星杀毒软件、金山毒霸、卡巴斯基反病毒软件、江民杀毒软件、Norton Antivirus（诺顿防病毒软件）、360 安全卫士和 360 杀毒等。

9.6.1　360 安全卫士简介

在目前流行的杀毒软件当中 360 安全卫士是当前功能最强、效果最好、最受用户欢迎的上网必备安全软件。不但永久免费，还独家提供多款著名杀毒软件的免费版。由于使用方便，用户口碑好，目前 3 亿中国网民中，首选安装 360 的已超过 2.5 亿。

360 安全卫士拥有木马查杀、恶意软件清理、漏洞补丁修复、电脑全面体检等多种功能。目前木马威胁之大已远超病毒，360 安全卫士运用云安全技术，在杀木马、防盗号、保护网银和游戏的账号密码安全、防止电脑被攻击等方面表现出色，被誉为"防范木马的第一选择"。360 安全卫士自身非常轻巧，同时还具备开机加速、垃圾清理等多种系统优化功能，可大大加快电脑运行速度，内含的 360 软件管家还可帮助用户轻松下载、升级和强力卸载各种应用软件。

360 杀毒无缝整合了国际知名的 BitDefender 病毒查杀引擎，以及 360 安全中心潜心研发的云查杀引擎，拥有完善的病毒防护体系，不但查杀能力出色，而且对于新产生病毒木马能够第一时间进行防御。360 杀毒完全免费，无需激活码，其轻巧快速不卡机，误杀率远远低于其他杀毒软件，能为用户的电脑提供全面保护。

可以在 360 官方网站：http://www.360.cn/下载该软件。该软件真正永久免费的杀毒软件，功能比肩收费产品，无需激活码，更不必年年续费，月月花钱，无需激活码，永久免费；采用 360 安全中心领先的云安全技术，强力查杀病毒，全面保护您的电脑安全；资源占用小，不影响系统性能；依托 360 安全中心的可信程序数据库，实时校验，360 杀毒的误杀率极低；保护关键位置，拦截未知病毒；每日多次升级，让用户及时获得最新病毒库及病毒防护能力；轻巧快速，在上网本上也能运行如飞，独有免打扰模式让用户玩游戏时绝无打扰；360 杀毒具有领先的启发式分析技术，能第一时间拦截未知病毒。

9.6.2　360 安全卫士和 360 杀毒软件的安装、卸载

1．安装 360 安全卫士

软件下载完成以后，双击 inst.exe 文件，即可开始安装，安装过程如图 9.50～图 9.59 所示。最后单击"是"重新启动计算机使软件生效。

图 9.50　360 安全卫士下载

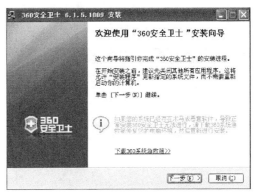

图 9.51　360 安全卫士的安装

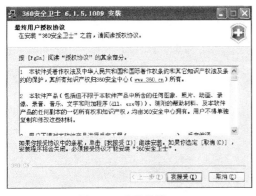

图 9.52　安装协议

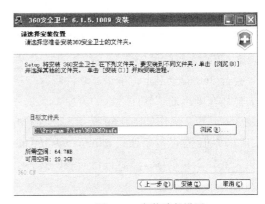

图 9.53　安装路径设置

图 9.54　安装进度

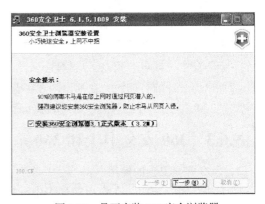

图 9.55　是否安装 360 安全浏览器

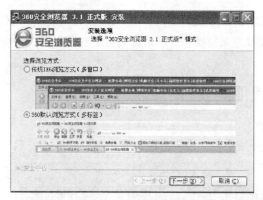

图 9.56　选择浏览方式

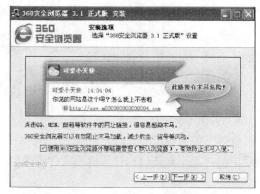

图 9.57　安装 360 浏览器

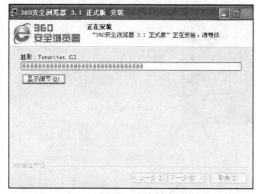

图 9.58　安装浏览器进度

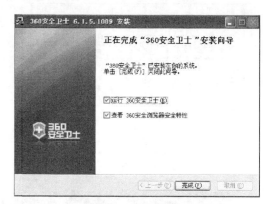

图 9.59　安装完成

2. 360 杀毒软件安装

打开 360 安全卫士，单击"软件管家"按钮，然后在弹出的"软件管家"窗口中下载并安装 360 杀毒，操作如图 9.60 所示，最后单击"完成"按钮。也可以单独到 http://www.360.cn/主页去下载 360 杀毒，然后进行安装，安装步骤与前面介绍的相同。

3. 卸载

（1）单击"开始"按钮，在弹出列表中选择"所有程序"选项，然后单击"360 安全中心"组中的"360 安全卫士"下的"卸载 360 安全卫士"命令，即可卸载该工具软件。

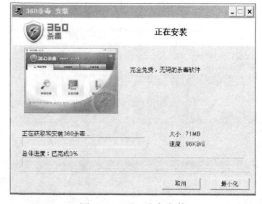

图 9.60　360 杀毒安装

（2）单击"开始"按钮，在弹出列表中选择"所有程序"选项，然后单击"360 安全中心"组中的"360 杀毒"下的"卸载 360 杀毒"命令，即可卸载该工具软件。

9.6.3　360 安全卫士和 360 杀毒软件的使用

1. 360 安全卫士的使用

单击"开始"按钮，在弹出的列表中选择"所有程序"选项，然后单击"360 安全中心"组中的"360 安全卫士"下的"360 安全卫士"命令，打开如图 9.61 所示的"360 安全卫士"界面。在图 9.61 中选择"立即体检"按钮可以对用户电脑进行体验，检测用户电脑的健康程度。根据提示用户对计算机进行安装一些补丁等软件，以解决计算机所存在的问题，然后重新对计算机体检。在"360 安全卫士"中用户可以执行清理插件、修复漏洞、清理垃圾、清理痕迹、修复 IE 等操作。

图 9.61　360 安全卫士主窗口

（1）"木马查杀"：可以定期进行木马查杀，有效保护各种系统账户的安全，其中包括快速扫描、全盘扫描、自定义扫描 3 个选项。

扫描完成后，根据提供的信息，包括风险项和处理方式等，对扫描结果进行处理。

（2）"漏洞修复"：可以及时修复漏洞，保证系统安全。360 安全卫士提供的漏洞补丁均可从 Microsoft 官方网站获取，具体步骤如下。

① 单击"漏洞修复"按钮，切换到相应界面。

② 软件会自动扫描计算机，检查系统漏洞并给出报告，用户可以根据报告信息进行系统漏洞的修复。

（3）"电脑清理"：可以全面清理电脑中的垃圾、痕迹和插件，具体步骤如下。

① 单击"电脑清理"按钮，切换到相应界面。

② 单击"一键清理"按钮，扫描电脑中存在的垃圾、不必要的插件、上网产生的痕迹和注册表的多余项目等信息，将被清理。

2. 360 杀毒的使用

单击"开始"按钮，在弹出列表中选择"所有程序"选项，然后单击"360 安全中心"组中的"360 杀毒"下的"360 杀毒"命令，打开如图 9.62 所示的"360 杀毒"界面。360 杀毒有病毒查杀、实时防护、产品升级等功能。

在病毒查杀中可以进行快速查杀、全盘扫描、指定位置扫描。实时防护的功能是实时监控病毒、木马的入侵，保护用户电脑的安全。360 软件每天都有新的病毒库，可以随时更新升级。

用户如果想节省时间选择快速查杀；需要对计算机上的所有文件扫描，可选择全盘扫描；需要对指定的磁盘、指定的文件杀毒可选择指定位置扫描。

图 9.62　360 杀毒主界面

本章小结

本章对一些常用的计算机工具软件以及它们的功能、安装、使用方法等作了简单介绍，要想熟练使用这些软件，还要靠读者多上机实践，遇到问题时自己找到解决问题的方法。

随着计算机的普及，用户数量也越来越多。只有学会选择和使用各种工具软件，才能充分发挥计算机的作用，享受计算机强大功能带来的方便与乐趣。常用的软件还有很多，读者可以从网络上下载很多方便、实用的小型软件，用来增强计算机的功能。例如，如果想在网上看电视，需要下载关于网络电视的软件，如 PPlive 等；需要自己制作音频文件的时候，Cool edit pro 音频制作软件是常用的、功能强大的一个软件；有时想自己制作视频文件，这时微软的 Windows Movie Maker 是最简单实用的软件，满足我们自己完成影视作品的愿望，当然功能更强的还有绘声绘影，专业的影视制作软件 Premiere 等；想把视频文件刻成光盘，可以使用光盘刻录软件 Nero 等。

习　　题

一、选择题

1. Adobe Acrobat Reader 可以阅读的文件格式是_____。

　　A. doc　　　　　　　　B. pdf　　　　　　　　C. dbf　　　　　　　　D. txt

2. 下列不属于媒体播放工具的是_____。

　　A. Winamp　　　　　B. 超级解霸　　　　　C. Realone Player　　D. WinRAR

3. 下列不属于金山词霸所具有的功能的是_____。

　　A. 屏幕取词　　　　　B. 词典查词　　　　　C. 全文翻译　　　　　D. 用户词典

4. 用 ACDSee 浏览和修改图像实例时，用户可以对图片进行修改的类型为_____。

　　A. 颜色、透明度　　　　　　　　　　　　　　B. 颜色、形状及文件格式

　　C. 颜色、透明度、形状及文件格式　　　　　　D. 透明度、形状及文件格式

5. WinRAR 是一个强大的压缩文件管理工具，它提供了对 RAR 和 ZIP 文件的完整支持，但不能解压_____格式文件。

    A. CAB   B. ARP   C. LZH   D. ACE

二、操作及简答题

1. 到 http://dl.xunlei.com/网站下载"迅雷 7（Thunder）"，安装后应用其下载其他软件。

2. 到网址 http://www.skycn.com/soft/6747.html 下载红蜻蜓抓图精灵 v2.15 build 20130326 软件，安装后应用其进行屏幕截图，并粘贴到 Word 文档中。

3. 压缩软件 WinRAR 有哪些特点和功能？

4. 到 http://www.onlinedown.net/soft/5.htm 网页下载 WinRAR（32 bit）4.00，安装并使用其压缩文件。

5. 到千千静听可以在其官方网站上下载：http://ttplayer.qianqian.com/下载并安装"千千静听"，并用千千静听欣赏一首 MP3 音乐。

6. "千千静听"支持哪些格式？有哪些功能？

7. 视频播放器有"暴风影音"有哪些特点和功能？

8. 到 360 官方网站：http://www.360.cn/下载并安装 360 安全卫士和 360 杀毒，并应用 360 安全卫士进行体检和查杀木马等操作。

第10章
信息安全技术

【本章重点】掌握信息安全的基本概念和主要研究内容；Windows 操作系统的安全设置；计算机网络安全与病毒防范相关知识。

【本章难点】Windows 操作系统的安全设置；计算机网络安全与病毒防范相关知识。

【学习目标】掌握信息安全的相关知识和基本技术并能应用到实践中。

10.1　信息安全概述

10.1.1　信息的概念

我们把客观事物状态的表现，以及事物随时间发生变化的反映都称为信息。数值、文字、声音、语言、图形、图像、视频都可表达信息，而这些信息又都可转换为一定形式的数据，所以数据是信息的载体。

信息的定义归纳起来有如下几种。

- 信息是有一定含义的数据，是人们用来描述客观世界的知识。
- 信息是加工或处理后的数据，是事物存在或运动状态的表达。
- 信息是对决策或行为有现实或潜在价值的数据。

由此可见，数据和信息是两个互相联系、互相依存又互相区别的概念。信息是加工处理后的数据，是数据所表达的内容，而数据则是信息的表达形式。

通信、计算机和网络等技术的发展大大提升了信息的获取、处理、传输、存储和应用能力，信息数字化已经成为普遍想象。Internet 的普及更方便了信息的共享和交流，使信息技术的应用扩展到社会经济、政治、军事、个人生活等各个领域。

10.1.2　信息安全的目标

无论在计算机上存储、处理和应用，还是在通信网络上传输，信息都可能被非授权访问而导致泄密，被篡改、破坏而导致不完善，被冒充替换而导致否认，也可能被阻塞拦截而导致无法存取。这些破坏可能是有意的，如被黑客攻击、病毒感染；也可能是无意的，如误操作、程序错误等。

那么信息安全究竟关注哪些方面呢？信息安全的目标是保护信息的机密性、完整性、抗否认性和可用性。

1. 机密性

机密性（Confidentiality）是为了保证信息不被非授权访问，即使非授权用户得到信息也无法知晓信息内容，因而不能使用信息。通常通过访问控制（Access Control）阻止非授权用户获得机密信息，例如，在 Microsoft windows 2000 操作系统中，系统管理员可以通过设置一个目录的权限来控制其他用户对该目录的访问控制，从而保护了该目录的机密性。另外一种情况是通过加密变换阻止非授权用户获知信息内容，例如，战争中的无线电通信都是加密的，如果一方截获对方电报的内容，但不能对其进行解密，也是无用的。

2. 完整性

完整性（Integrity）是指维护信息的一致性，即信息在生成、传输、存储和使用过程中不应发生人为或非人为的非授权篡改。一般是通过访问控制来阻止篡改行为，而通过报文摘要（Message Digest，MD）算法来检验信息是否被篡改。

3. 抗否认性

抗否认性（Non-repudiation）是指能保障用户无法在事后否认曾经对信息进行的生成、发送、接收等行为，是针对通信各方面真实同一性的安全要求。一般是通过数字签名（Digital Signature）原理来实现抗否认服务。

4. 可用性

可用性（Availability）是指保障信息资源随时可提供服务的特性，即授权用户根据需要可以随时访问所需信息。可用性是信息资源服务功能和性能可靠性的度量，涉及物理、网络、系统、数据、应用和用户等多方面的因素，是对信息网络总体可靠性的要求。当今，黑客和病毒流行，防止对网络服务器的拒绝服务攻击（Denial of service，Dos）、过滤掉网络中的异常数据包都是为了维护网络服务器和网络资源的可用性。

10.2　信息安全研究的内容

信息安全的研究内容涉及多方面的理论和应用知识，除了数学、通信、计算机等自然科学外，还涉及法律、心理等社会科学。本节只作简单介绍，详细内容读者可参阅有关专门的信息安全专业文献。

信息安全的研究内容可以分为基础理论研究、应用技术研究、安全管理研究。

10.2.1　基础理论研究

基础理论研究包括密码理论研究和安全理论研究。

1. 密码理论研究

密码理论（Cryptography）研究是信息安全的基础，信息安全的机密性、完整性和抗否认性都依赖于密码算法。通过加密可以保护信息的机密性；通过报文摘要可以检测信息的完整性；通过数字签名可以保护信息的抗否认性。由于加密/解密需要密钥参与，因此，密钥管理也是重要的研究内容。密码理论的研究内容如下。

（1）数据加密

数据加密（Data Encryption）算法是一种数学变换，在选定参数（密钥）的参与下，将信息从易于理解的明文（plain text）加密为不易理解的密文（ciphertext）。如果加密/解密密钥相同则称为对称密钥密码体制，典型的算法有 DES（Data Encryption Standard，美国的数据加密标准）。如果加密/解密密钥不同则称为非对称密钥密码体制，通常是加密密钥公开，解密密钥秘密，所以又称为公开密钥加密，典型的算法有 RSA（Rivest，Shamir，Adleman）。

（2）报文摘要

报文摘要（Message Digest）也是一种数学变换，通常是不可逆的变换，它将不定长度的信息变换为固定长度（如 16 个字节）的摘要，信息的任何改变（即使是 1bit）都能引起摘要的面目全非，因此，可以通过报文摘要检测信息是否被篡改，典型的算法有 MD5、SHA 等。

（3）数字签名

数字签名（Digital Signature）主要是利用报文摘要和非对称加密算法的组合应用。利用公开密钥密码体制可实现数字签名功能，用私钥（秘密）加密之后只能用公钥（公开）解密，使得接受者可以解密信息，但无法生成用公钥解密的密文，从而证明此密文肯定是拥有加密私钥的用户所为，因而是不可否认的。

X：明文。

$D_{Sk}(X)$：表示用 A 的私钥 Sk 对明文 X 进行解密运算。

$E_{Pk}(Y)$：表示用 A 的公钥 Pk 对 Y 进行加密运算。

数字签名的过程可表示如下：

A 方：$X \rightarrow D_{Sk}(X) \rightarrow E_{Pk}(D_{Sk}(X)) \rightarrow X$：B 方

值得注意的是，在理解上述过程的时候，解密/加密只是一个数学运算。

实际实现时，由于非对称加/解密速度很慢，通常先计算报文摘要，再用非对称加密算法对报文摘要进行加密而实现数字签名。

（4）密钥管理

密码算法可以是公开的，但密钥必须严格保护，如果非授权用户获得加密算法和密钥，则很容易破解或伪造密文，加密就失去了意义。密钥管理（Key Management）研究就是研究密钥的产生、发放、存储、更换和销毁的算法和协议。

2. 安全理论研究

信息安全基础理论研究内容包括以下几方面。

（1）身份认证

身份认证（Authentication）是指验证用户身份与其声称的身份是否一致的过程。最常见的身份认证是用户/口令认证。

（2）授权和访问控制

授权和访问控制（Authorization and Access Control）是两个关系密切的概念。授权是指授予用户什么样的访问权限，而访问控制是对用户访问行为进行控制，使其被控制在授权允许的范围内。例如在 windows 2000 操作系统中，系统管理员可以将某个目录的访问权授予某个用户（授权），但只授予他读（Read）、执行（Execute）权限（访问控制）。

（3）审计和追踪

审计和追踪（Auditing and Tracing）也是两个关系密切的概念，审计是对用户的行为进行记录、分析和审查。追踪则有追查的意思，通过审计结果追查用户的全程行踪。例如，Unix 操作系统中的系统日志服务进程 syslog 将系统行为和用户行为记录在/var/log/messages 中；windows 2000/XP 操作系统的事件查看器允许用户监视在"应用程序"、"安全性"和"系统"日志里记录的事件。

（4）安全协议

安全协议（Security Protocol）是指构建安全平台时所使用的安全防护有关的协议。如典型的安全协议有网络层安全协议 IPSec（IP Security）、传输层安全协议 SSL（Secure Socket Layer，安全套接层）、应用层安全电子商务协议 SET 等。

10.2.2　应用技术研究

应用技术研究包括安全平台技术研究、安全实现技术。

1. 安全平台技术研究

安全平台技术研究主要包括以下几个方面。

（1）物理安全

物理安全（Physical Security）是指保障设备（网络设备，计算机硬件系统、存储设备等）不受物理损坏，或是损坏时能及时修复或更换。常见的物理安全技术有备份技术、安全加固技术、安全设计技术，例如 CA 认证中心主机采用多层安全门和隔离墙，核心密码部件采用防火、防盗保护。

（2）网络安全

网络安全（Network Security）主要目标是防止针对网络平台的实现和访问模式的安全威胁。网络安全研究的主要内容有安全隧道技术、网络协议脆弱分析技术、安全路由技术、IPSec 技术等。

（3）系统安全

系统安全（System Integrity）的主要问题是操作系统的自身安全。现在的操作系统安全级别不高，并存在大量漏洞，例如 windows 2000/XP 操作系统就存在很多安全漏洞，像 IIS（Internet 信息服务器）的 unicode 漏洞，缓冲区溢出漏洞等。

（4）数据安全

数据安全（Application Confidentiality）主要关心数据在存储和应用过程中是否被非授权用户有意破坏，或被授权用户无意破坏。数据安全主要是数据库或数据文件的安全问题，数据库系统或数据文件系统在管理数据时采用了什么样的认证、授权、访问控制及审计等安全机制，机密数据是否采用了安全存储等都属于数据安全问题。数据安全研究的内容有：安全数据库系统、数据存取安全策略和实现方式等。

（5）用户安全

一方面合法用户的权限是否被正确授予，是否有越权；另一方面被授权的用户是否获得了必要的访问权限，是否存在授权矛盾等。用户安全（User Security）研究的内容有：用户账户管理、用户登录模式、用户权限管理、用户角色管理等。

（6）边界安全

边界安全（Boundary Protection）研究不同安全策略的区域边界连接的安全问题。研究的内容包括安全边界防护协议和模型、不同安全策略的连接关系问题、信息从高安全区流向低安全区的保密问题、安全边界的审计问题等。

2. 信息安全技术

信息安全技术是对信息系统进行安全检查和防护的技术，包括防火墙技术（Firewall）、漏洞扫描技术（Vulnerability Scanning）、入侵检测技术（Intrusion Detection）、防病毒技术（Anti-Virus），下面将详细讲解这些技术。

（1）防火墙技术

防火墙技术是一种安全隔离技术，它通过在两个安全策略不同的域之间设置防火墙来控制两个域之间的互访行为。防火墙可以分为网络层的包过滤技术和应用层的安全代理技术。

（2）漏洞扫描技术

无论是操作系统还是网络设备都可能存在安全隐患，这些漏洞很容易被攻击，从而危及安全。由于漏洞大多是非人为的、隐蔽的，因此，必须定期扫描检查、修补加固。例如，操作系统经常出现的补丁程序就是为加固发现的漏洞而开发的。

（3）入侵检测技术

入侵检测是指通过对网络数据流提取和分析发现非正常访问模式的技术。在实现时，可分为基于网络的入侵检测，用于检测对整个网络的访问行为和基于主机的入侵检测，用于检测对某个主机的访问行为。入侵检测技术研究的内容包括信息流提取技术、入侵特征分析技术、入侵行为模式分析技术和高速数据包分析技术。

（4）防病毒技术

病毒是具有传染和破坏性的计算机程序。随着网络的普及，计算机病毒的传染速度大大加快，破坏力也在增强，而且现在的病毒技术与黑客、恶意代码、系统漏洞攻击技术有很大的关系，因此，研究和防范计算机病毒也是信息安全的一个重要方面。防病毒技术主要研究病毒的作用机理、特征、传播模式、破坏力、病毒的检测和清除等。

10.2.3　安全管理研究

安全管理研究包括安全标准、安全策略、安全测评。安全管理研究是十分重要的，信息安全三分靠技术，七分靠管理，可见安全管理的分量，许多系统或网络遭受攻击都与用户或管理员的疏忽有关。例如，很多用户的密码太简单或者有的用户干脆为了省事对自己的系统不设置密码；有的用户对来历不明的邮件没有任何警惕性，轻易打开这种类型的邮件从而使自己的机器被安装了木马程序等。

10.3　Windows 7 操作系统安全

本节主要阐述目前广泛流行的 Windows 7 操作系统在安全性方面的设置与管理。

10.3.1　Windows 7 系统安全设置

1. Windows 7 用户管理

（1）更改已经建立的账户："控制面板"→"用户账户"→"管理其他账户"→"选择希望更改的账户"则可对这个账户进行"更改账户名称"、"更改密码"、"删除密码"、"更改图片"、"设置家长控制"、"更改账户类型"等操作。如果一台 Windows 主机有多人公用，考虑到安全性只设置一个计算机管理员账号，因为计算机管理员账户被授权拥有创建、更改、删除其他账户，进行系统范围的设置以及安装程序并访问所有文件等权限。而标准账户是可以使用大多数软件和更改不影响其他用户的系统设置。

（2）创建一个新的 Windows 7 账户："控制面板"→"用户账户"→"管理其他账户"→"创建一个新账户"，如图 10.1 所示，输入创建的账户名称，选择账户类型（标准用户或管理员）单击"创建账户"后将完成指定类型的账户创建，图 10.2 所示为创建好的 user1 标准账户。

图 10.1　创建新账户

图 10.2　创建好的 user1 标准用户

2. 查看和终止程序进程

为了关闭一些不需要的系统服务或杀死无响应进程、病毒进程，可以通过查看"系统服务"和打开"任务管理器"进行服务和进程的管理。在 Windows 7 中查看系统服务按下面的方法进行：选择"控制面板"→"管理工具"→"服务"，打开服务管理窗口，选择相应的程序服务关闭。也可单击鼠标右键，选择"属性"→"常规"标签，可以看到该服务的名称、描述、可执行文件的位置，设置启动的方式为"手动/自动/禁止"，如图 10.3 所示。

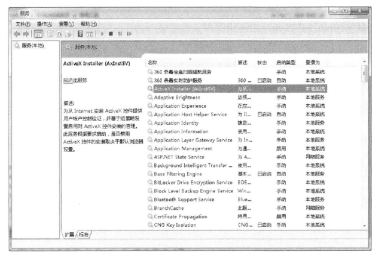

图 10.3　Windows 系统服务管理

在任务栏单击鼠标右键，选择"启用任务管理器"可打开 Windows 7 任务管理器窗口，选择"进程"标签，在系统进程中选择相应程序进程（包括病毒进程）单击"结束进程"按钮可以结束选定的进程，如图 10.4 所示。

3. Windows 注册表的有关操作

Windows 注册表中保存了操作系统设置和操作系统下安装的各种软件的注册信息，读者可参阅专门的 windows 注册表书籍，要注意的是对注册表进行修改之前应进行备份。对注册表进行的相关操作方法如下。

（1）打开注册表编辑器，单击"开始"→"运行"→"输入 regedit"→"确定"，将打开注册表编辑器窗口，如图 10.5 所示。

图 10.4　windows 系统进程管理　　　　　　　　图 10.5　注册表编辑器

（2）备份注册表：在"注册表编辑器"窗口中，单击"文件"→"导出"，选择目标文件夹，命名注册表文件为 regbak.reg。

（3）导入备份的注册表：在"注册表编辑器"窗口中，"文件"→"导入"，选择刚才导出的文件，单击"打开"，导入注册表文件。

（4）对 Windows 7 注册表锁定可采用下面方法。

① 用 notepad 编写下列内容的文件。

Windows Registry Editor Version 5.00

[HKEY_CURRENT_USER\Software\Microsoft\Windows\CurrentVersion\Policies\system]

"DisableRegistryTools"=dword:00000001

② 选择"文件"→"另存为"→"保存类型"，选择"所有文件*.*"，在"文件名"处输入"lock.reg"。

③ 退出 notepad，双击 lock.reg 文件，即完成。

④ 一旦注册表被锁定，再用 regedit 命令修改注册表时就会出现如图 10.6 所示的提示窗口。

图 10.6　注册表被锁定

（5）对 Windows 7 注册表解锁的方法。

① "开始"→"运行"→输入"cmd"进入系统命令提示符。

② 输入命令。

reg delete HKEY_CURRENT_USER\Software\Microsoft\Windows\CurrentVersion\Policies\system /v DisableRegistryTools

4. 设置系统启动选项

按照下面的方法可以对系统的启动选项进行设置，具体操作如下。

（1）运行注册表编辑器 regedit.exe。

（2）找到键值。

HKEY_LOCAL_MACHINE\SOFTWARE\Microsoft\windows\CurrentVersion\Run

（3）对应用程序的启动键值进行设置，如果要取消某个启动项，可删除对应的启动键值。（建议先备份注册表！)。

（4）对于 Windows XP 或 Windows 7 操作系统，也可以这样做：单击"开始"→"运行"→输入 msconfig 命令。

（5）在弹出的"系统配置"窗口中可以取消相应程序的启动选项以及其他与系统启动有关的设置，如图 10.7 所示。

图 10.7　系统配置

5．文件/打印机共享的相关设置

（1）禁止本主机提供文件和打印机共享服务。

默认情况下 Windows 2000/XP/Windows 7 提供文件及打印机共享服务，但考虑到系统的安全性，并有效地防止病毒的入侵和传播，应去掉该项服务。以 Windows 7 操作系统为例，具体操作方法如下。

① 在 Windows 7 桌面上选中"网络"图标，单击鼠标右键，选择"属性"进入"网络和共享中心"窗口，单击窗口左侧的"更改适配器设置"将打开网络连接窗口，在某个网络连接（可能是拨号网络/局域网/ADSL 连接/无线网络连接）上单击鼠标右键，选择"属性"。

② 将文件和打印机共享服务去掉，单击"确定"按钮，如图 10.8 所示。

（2）查看系统的共享情况。

查看系统的资源共享情况，可以单击"开始"→"运行"→输入"command"（for win9x）或"cmd"（for win2k/winXP/Windows 7）进入命令行，然后输入命令"net share"即可查看系统的共享情况，如图 10.9 所示。

图 10.8　去掉文件及打印共享服务

图 10.9　查看计算机资源共享

（3）删除共享。

使用命令 net share /delete <共享名>，例如命令"net share /delete 文档资料"将 Windows 2000/Windows XP/Windows 7 的"文档资料"共享删除。但操作系统重新启动之后，默认共享又存在。解决这种问题的方法是用文本编辑软件如 edit.com 或 notepad.exe 建立一个批处理文件，例如 delshare.bat，其内容如下。

net share /delete 文档资料

net share /delete ADMIN$

然后将该批处理文件 delshare.bat 放入"所有程序"→"startup"组中，这样每次系统启动时即可删除默认的共享，减少了系统的不安全性。

6. Windows 系统网络设置及相关命令

（1）在 Windows 7 桌面上选中"网络"图标，单击鼠标右键，选择"属性"进入"网络和共享中心"窗口，单击窗口左侧的"更改适配器设置"将打开网络连接窗口，在某个网络连接（可能是拨号网络/局域网/ADSL 连接/无线网络连接）上单击鼠标右键，选择"属性"。

（2）在根据需要的前提下，不要绑定不需要的服务和协议，由于目前使用最多的是 TCP/IP 网络，所以一般只需安装"Microsoft 网络客户端"和 TCP/IP 协议就可以了。对于非跨路由的协议 Netbios，Netware 网络支持的 IPX/SPX 协议可以不绑定，除非要和使用这些协议的主机通信。

（3）选择"Internet 协议版本 4（TCP/IPv4）协议"，单击"属性"进行正确的 IP 地址、子网掩码，DNS 服务器、网关地址等设置。但如果网络上存在 DHCP 服务器，可以选择"自动获取 IP 地址"。

（4）在 Windows 7 桌面上选中"网络"图标，单击鼠标右键，选择"属性"进入"网络和共享中心"窗口，单击窗口左侧的"更改适配器设置"将打开网络连接窗口，在某个网络连接（可能是拨号网络/局域网/ADSL 连接/无线网络连接）上单击鼠标右键，选择"属性"，选择"禁用"可将某个网络连接关闭即断开网络，这种情况通常用在给操作系统打补丁或查杀病毒时使用。

（5）Windows 操作系统中与网络相关的命令行命令。

① ping 命令。ping 命令用来检测网络连接，在命令行方式下，ping 命令格式：ping IP 地址。另外可加-t 参数是等待用户按 Ctrl+C 快捷键去中断测试，-l <字节数>，表示发送指定<字节数>的 ICMP 包到目标主机进行测试。

例如：ping 210.45.157.10 –t –l 1024

② nbtstat 命令用来检测对方计算机所在的组（group）、域（domain）、当前用户名。

例如：nbtstat –a 210.45.151.191

③ 使用 ipconfig/all 或 winipcfg 命令（for win9x）用来查看本地 DNS、IP 地址、MAC 地址（物理地址）。

④ arp 命令用来探测 ip 地址和 mac 地址的绑定。使用格式 arp –a。

⑤ net 命令集。

net view	显示网络上的计算机列表
net view <目标机器的 IP 地址>	显示目标机器上的共享资源
net user	显示用户列表
net config server /hidden:yes	在网上邻居上隐藏你的计算机
net config server /hidden:no	在网上邻居上不隐藏你的计算机

⑥ route print 显示你的机器的路由设置。

⑦ tracert <主机名或 IP 地址>实现到目标机器的路由跟踪。

例如：

tracert 210.45.144.15 则显示到 IP 地址为 210.45.144.15 目标主机的路由信息。

7. 设置 Windows 7 的 Internet 连接共享

（1）在 Windows 7 桌面上选中"网络"图标单击鼠标右键，选择"属性"进入"网络和共享中心"窗口，单击窗口左侧的"更改适配器设置"将打开网络连接窗口，在某个网络连接（可能是拨号网络/局域网/ADSL 连接/无线网络连接）上单击鼠标右键，选择"属性"。

（2）选择"共享"选项卡。

（3）选中"允许其他网络用户通过此计算机的 Internet 连接来连接"，如图 10.10 所示。

（4）单击"设置"按钮进入高级设置。

（5）在"服务"标签中，选择 Internet 用户可以访问的运行于你的网络上的服务，如图 10.11 所示。

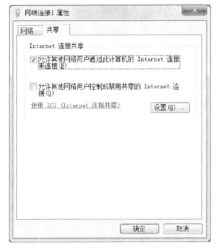

图 10.10　选择 Internet 连接防火墙

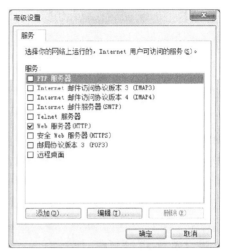

图 10.11　Internet 连接防火墙高级设置

10.3.2　Windows 文件系统的访问控制

1. Windows XP 文件系统的授权和访问控制

Windows XP 文件系统的授权和访问控制是通过"本地共享与专用"设置来实现的。只有当前登录进系统的用户才能对该用户宿主目录下的目录进行专用设置。所谓的宿主目录就是 C:\Documents and Settings\<username>，例如用户 user1 的宿主目录为 C:\Documents and Settings\user1，则 user1 登录进系统之后，可将其宿主目录下的某个目录设置成专用。假如用户 user1 要将其桌面上的一个目录 user1_dir 设置成专用即其他用户不能访问，则可用鼠标右键单击该目录，选择"属性"进入 user1_dir 属性窗口，选择"共享"标签，选中"将这个文件夹设为专用"复选框，单击"确定"按钮完成，如图 10.12 所示。

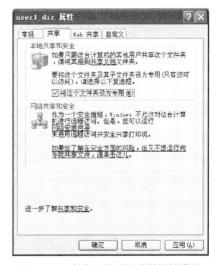

图 10.12　宿主目录下目录属性的设置

但如果想让本地的其他用户访问该文件夹的话，必须将该文件夹放到 C:\Documents and Settings\All Users\Documents 目录中，该目录是所有用户的共享目录。

2. Windows 7 文件系统的授权和访问控制

Windows 7 系统中对文件系统有着严格的授权和访问控制，从而能够对文件、目录甚至整个磁盘进行安全设置，但前提是这些文件、目录所在的磁盘分区的文件系统的类型一定要是 NTFS 而不能是 FAT32，如果是 FAT32 文件系统，可以用命令 convert volume /FS:NTFS 对指定的磁盘（volume 参数）进行文件系统的转换。Windows 7 中对文件系统的授权和访问控制是通过首先将文件或目录授权给某个系统用户，然后进行该用户对文件或目录的访问控制，对目录或整个磁盘的访问控制的方式有 7 种：完全控制、修改、读取及运行、列出文件夹目录、读取、写入和特殊权限；对文件的访问控制方式有 6 种：完全控制、修改、读取及运行、读取、写入和特殊权限。

下面说明对目录的授权和访问控制设置，假设对某个目录 music 进行授权和访问控制设置，要注意的是该目录的所有者一定要是当前登录到系统的用户或者是该目录的所有者将所有权指派给了当前登录到系统的用户，否则不能进行授权和访问控制设置。

（1）查看一个目录的所有者或查看所有者将所有权指派给了哪些用户可按下面的步骤进行。选中该目录单击鼠标右键选择属性，选"安全"标签，单击"高级"按钮，选"所有者"标签。也可在"权限"标签中将所有权指派给其他用户，如图 10.13 所示。

图 10.13　music 的访问控制设置

（2）将目录 music 授权给用户 wbshi。选中 music 目录单击鼠标右键选择属性，选"安全"标签，单击"编辑"按钮进入"music 的权限"设定窗口，再单击"添加"按钮，打开"选中用户组"对话框，在下面的文本框中输入用户名"wbshi"，单击"检查名称"按钮后输入的信息变为"WBSHI\wbshi"，表示计算机名为 WBSHI 上的 wbshi 用户，依次单击"确定"按钮完成授权，如图 10.14 所示。

图 10.14　对目录 music 的授权

（3）设置 wbshi 对目录 music 的访问控制。选中授权用户列表中的 wbshi 用户，单击"编辑"按钮，打开"music 的权限"设置对话框，根据需要设置相应的访问控制项，如图 10.15 所示。

3. Windows 操作系统中文件和文件夹的加密保护

Windows XP professional/Vista/2003 Server/Windosw 7 版本的操作系统都支持加密文件 EFS，并用此来实现在 NTFS 文件系统卷上文件或文件夹的加密。加密之后仍然可以像使用其他文件和文件夹一样使用它们，只是当使用其他用户身份登录到操作系统并访问被加密的文件或文件夹时会出现非法操作的提示信息。

图 10.15 用户 wbshi 的访问控制设置

加密文件或文件夹的方法如下。

（1）打开要加密的文件或文件夹所在的目录。

（2）鼠标右键单击要加密的文件或文件夹，然后单击"属性"按钮。

（3）在"常规"选项卡上，单击"高级"按钮。

（4）选中"加密内容以便保护数据"复选框，然后单击"确定"按钮，如图 10.16 所示。

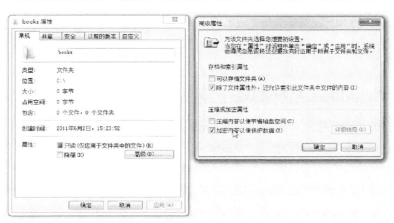

图 10.16 文件或文件夹加密设置

（5）在"属性"对话框中，单击"确定"按钮，将弹出确认属性更改对话框，如图 10.17 所示，可以根据需要选中对应的选项。

对文件和文件夹进行加密后该文件夹以及该文件夹中的文件呈现绿色字体，如图 10.18 所示。

需要注意的是，只可以加密 NTFS 文件系统卷上的文件和文件夹，不能加密压缩的文件或文件夹。如果要加密一个压缩文件或文件夹，则该文件或文件夹将会被解压。无法加密标记为"系统"属性的文件，并且无法加密 systemroot 文件夹中的文件。如果在加密单个文件时选择加密其父文件夹，则以后添加到该文件夹的所有文件和子文件夹在添加时都将被加密。如果在加密某个文件夹时选择加密所有文件和子文件夹，则会加密当前位于该文件夹中的所有文件和子文件夹，以及将来添加到该文件夹中的任何文件和子文件夹。如果选择仅加密文件夹，则文件夹中当前所有文件和子文件夹将不加密，但任何将来被加入文件夹的文件和子文件夹在加入时均被加密。如果将加密文件或文件夹复制到非 NTFS 文件系统卷上（例如，加密文件上传到 Linux 操作系统的 FTP 服务器上时），该加密文件或文件夹将被解密。

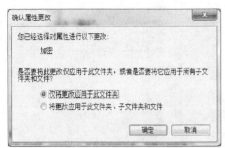

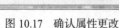

图 10.17　确认属性更改

图 10.18　加密后的文件夹

解密文件或文件夹的方法如下。

（1）打开 需要解密的文件或文件夹所在的目录。

（2）右键单击加密文件或文件夹，然后单击"属性"按钮。

（3）在"常规"选项卡上，单击"高级"按钮。

（4）清除"加密内容以便保护数据"复选框。

为了验证加密文件和文件夹的实际效果，读者可以使用一个用户身份登录到 Windows XP professional/Vista/2003 Server/Windows7 版本的操作系统，加密一个文件或文件夹，然后用另一个用户身份登录操作系统，并试图访问文件系统中已经被加密的文件或文件夹，读者可看到到"拒绝访问"的相关信息。

10.3.3　Windows 系统的安全策略

考虑到安全性，可以通过 Windows 2000 Professional 或 Windows XP 或 Windows 7 的"本地安全策略"进行多方面的安全设置。在 Windows 7 中通过"控制面板"→"管理工具"→运行"本地安全策略"，双击右边窗口中的策略项即可进行相应的设置。例如"密码长度最小值"原先是"0 个字符"即可为空密码，双击该策略项，设置最小密码长度为 8，如图 10.19 和图 10.20所示。

图 10.19　密码策略

图 10.20　密码长度最小值设置

除了"密码策略"外，其他几个非常重要的安全策略是"审核策略"、"用户权利指派策略"安全选项"，用户可根据需要设置相应的值来增强系统的安全性。

10.4　计算机网络安全与病毒防范

由于网络黑客攻击技术与病毒技术日趋融合，所以将计算机网络安全和病毒防范放在一起讲解。

本节以分析计算机网络面临的安全威胁为起点，阐述了常用的网络安全技术，介绍了常用网络安全策略，并着重强调防病毒在网络安全中的重要地位。目标是提高读者的网络安全意识，使读者熟悉基本的网络安全理论知识，在此基础上，让学员充分了解病毒防范的重要性和艰巨性，了解"内部人员的不当使用"和"病毒"是整个网络系统中最难对付的两类安全问题。

10.4.1　网络安全的背景

在我们的生活中，经常可以听到下面的报道。

- XX 网站受到黑客攻击。
- XX 计算机系统受到攻击，造成客户数据丢失。
- 目前又出现 XX 计算机病毒，已扩散到各大洲。
- ……

计算机网络在带给我们便利的同时也体现出了它的脆弱性。根据美国计算机紧急响应小组协调中心 CERT/CC 报告，网络攻击数量与日俱增。

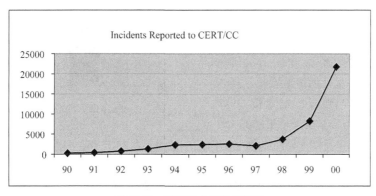

图 10.21　网络攻击情况的报告

另外，黑客攻击技术与网络病毒日趋融合，攻击者需要的技能逐渐下降，攻击技术的复杂性提高。

10.4.2　网络安全面临的威胁

互联网在推动社会发展的同时，也面临着日益严重的安全问题。

（1）信息系统存在诸多弱点。如磁盘意外损坏、光盘意外损坏、磁带被意外盗走，从而导致数据丢失或无法访问。信息传输也存在诸多弱点，如黑客的搭线窃听等，从而导致信息泄密或信息被篡改。还有信息被非法访问，如信息被越权访问、信息被非授权访问。

（2）来自外部的网络攻击。1998 年 6 月，建设银行一用户通过网络使用非法手段盗支 36 万元人民币。1993 年 3 月 1 日，由于黑客入侵，纽约市区供电中断 8h，造成巨大经济损失。1999年 8 月，一少年侵入德里医院篡改血库信息，致使 12 名病人因错误输血而死亡。

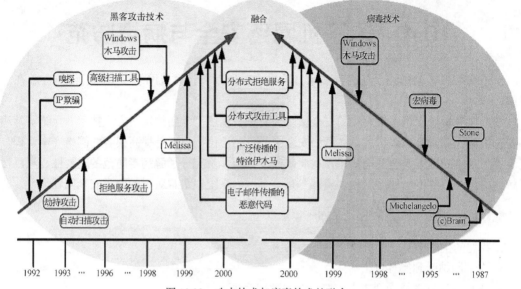

图 10.22　攻击技术与病毒技术的融合

（3）内部发起的网络破坏。尽管来自外部的攻击对网络造成巨大威胁，但内部用户的不正确使用和恶意破坏是一种更加危险的因素。统计显示，来自内部的网络破坏更加危险。内部用户的不正常使用也是内网的一个重要不安全因素。

（4）计算机病毒的破坏。现在计算机病毒已达 5 万多种，并呈几何级数增长。1998年，CIH 病毒影响到 2 000 万台计算机；1999年，梅利莎造成 8 000 万美元损失；2000 年，

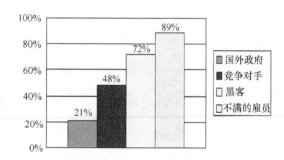

图 10.23　网络攻击的主要来源

爱虫病毒影响到 1 200 万台计算机，损失高达几十亿美元；2001 年，红色代码病毒，目前造成的损失已超过 12 亿美元。

（5）网络安全隐患的严重性。网络安全隐患到处存在，据美国《金融时报》报道，现在平均每 20s 就发生一次入侵计算机网络的事件；超过 1/3 的互联网被攻破。被认为保护措施最严密的美国白宫被多次闯入。中国国内 80%的网络存在安全隐患，20%的网站有严重安全问题。

（6）网络安全问题的严重性。网络安全问题造成了巨大损失。据统计，在全球范围内，由于信息系统的脆弱性而导致的经济损失，每年达数亿美元，并且呈逐年上升的趋势。美国 FBI 统计数据：美国每年因为网络安全问题而造成的经济损失高达 75 亿美元。

10.4.3　网络安全的定义

网络安全从其本质上来讲就是网络上的信息安全，它涉及的范围相当广。

广义上，凡是涉及网络上信息的安全性、完整性、可用性、真实性和可控性的相关理论和技术都是网络信息安全所要研究的领域。

狭义的信息安全是指信息内容的安全性，即保护信息的秘密性、真实性和完整性，避免攻击者利用系统的安全漏洞进行窃听、冒充、诈骗、盗用等有损合法用户利益的行为，保护合法用户

的利益和隐私。

本课程涉及的网络安全是指狭义的网络安全。

10.4.4 网络安全漏洞

1. 网络安全漏洞的概念

系统存在安全方面的脆弱性。

（1）现有的操作系统都存在种种安全隐患，从 UNIX 到 Windows 操作系统无一例外。每一种操作系统都存在已被发现的和潜在的各种安全漏洞。

（2）非法用户得以获得访问权。

（3）合法用户未经授权提高访问权限。

（4）系统易受来自各方面的攻击。

2. 漏洞分类

（1）网络协议的安全漏洞。如 TCP/IP 协议就有很多漏洞。

（2）操作系统的安全漏洞技术实现不充分。如很多缓存溢出方面的漏洞就是在实现时缺少必要的检查。

（3）应用程序的安全漏洞。如电子邮件系统，冒名的信件、匿名信、大量涌入的信件。下面的例子就是冒名从 xxx@ anydomain.com 向 tom@abc.com 发送电子邮件：

        telnet mail.abc.com 25

        helo <cr>

        mail from:xxx@anydomain.com   <cr>

        rcpt to:tom@abc.com   <cr>

        data <cr>

        hello!   <cr>

        this is a test   <cr>

        ·   <cr>

        quit <cr>

再例如 FTP 服务的漏洞，FTP 服务器允许无限次输入密码，FTP 客户端中的"PASS"命令以明文传送密码。

（4）配置管理和使用不当也能产生安全漏洞。如口令过于简单（有的人喜欢用 123456，abc，a1b2c3，自己的用户名后跟一个数字，电话号码，自己的生日作为口令，这些都是危险口令），很容易被黑客猜中，比较安全的口令是口令字中含有字母、数字、其他符号（如@, !, ^, &, #, %, $等）。

10.4.5 网络攻击的概念

网络攻击是指网络攻击者利用目前网络通信协议（TCP/IP 等）自身存在的或因配置不当而产生的安全漏洞，用户使用的操作系统内在缺陷或者用户使用的程序本身所具有的安全隐患等，通过使用网络命令，或者从 Internet 上下载专用的软件（例如，SATAN 等网络扫描软件），或者攻击者自己编写的软件，非法进入本地或远程用户主机系统，获得、修改、删除用户系统的信息以及在用户系统上增加垃圾、色情或者有害信息等一系列过程的总称。

网络攻击往往利用安全漏洞，例如网络协议的安全漏洞，操作系统的安全漏洞，应用程序的安全漏洞。利用攻击软件或命令，使用网络命令，使用专用网络软件，自己编写攻击软件。

攻击具体内容：非法获取、修改或删除用户系统信息，在用户系统上增加垃圾、色情或有害的信息，破坏用户的系统

1. 网络攻击的一般步骤

（1）调查、收集和判断目标系统网络拓扑结构信息。

（2）制定攻击策略，确定攻击目标。

（3）扫描目标系统。

（4）攻击目标系统。

（5）发现目标系统在网络中的信任关系，对整个网络发起攻击。

获知目标主机的操作系统类型、目标主机提供哪些服务及各服务的类型、版本同样非常重要，因为已知的漏洞一般都是针对某一服务的，例如，一般 Telnet 服务使用 23 端口，FTP 服务使用 21 端口，Web 服务使用 80 端口，但网络管理员完全可以按照自己的意愿修改服务所监听的端口号。另外使用同一种服务的软件也可以是不同的，例如 FTP 服务器软件可以是 wuftp、proftp、vsftpd 等。

完成信息收集可以手工完成，也可以利用工具完成，完成信息收集的工具叫扫描器。

2. 网络攻击的组成

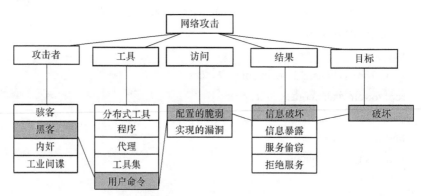

图 10.24　一个网络攻击的组成

3. 网络攻击的类型

网络攻击主要可以分为以下几种类型。

（1）拒绝服务（Denial of Service）。以遭受的资源目标不能继续正常提供服务的攻击形式。

（2）侵入攻击（Intrusion）。攻击者窃取到系统的访问权并盗用资源。

（3）信息盗窃（Eavesdropping）。攻击者从目标系统中偷走数据。

（4）信息篡改（Loss of Integrity）。攻击者篡改信息内容。

4. 常见的网络攻击手段

（1）E-mail 炸弹（E-Mail Bombing）：E-mail 炸弹是一种最常用的网络攻击手段，其实质是反复给目标接收者发送地址不详、内容庞大或相同的恶意信息，不但对个人邮箱构成威胁，而且对 E-mail 服务器也会造成极大的威胁。

电子邮件是互联网上运用得十分广泛的一种通信方式。攻击者可以使用一些邮件炸弹软件或 CGI 程序向目的邮箱发送大量内容重复、无用的垃圾邮件，从而使目的邮箱被撑爆而无法使用。当垃圾邮件的发送流量特别大时，还有可能造成邮件系统对于正常的工作反映缓慢，甚至瘫痪。

相对于其他的攻击手段来说，这种攻击方法具有简单、见效快等优点。

电子邮件攻击主要表现为两种方式：

- 电子邮件轰炸和电子邮件"滚雪球"，也就是通常所说的邮件炸弹，指的是用伪造的 IP 地址和电子邮件地址向同一邮箱发送数以千计、万计甚至无穷多次的内容相同的垃圾邮件，致使受害人邮箱被"炸"，严重者可能会给电子邮件服务器操作系统带来危险，甚至瘫痪。
- 电子邮件欺骗，攻击者佯称自己为系统管理员（邮件地址和系统管理员完全相同），给用户发送邮件要求用户修改口令（口令可能为指定字符串）或在貌似正常的附件中加载病毒或其他木马程序。

（2）逻辑炸弹（Logic Bombing）：在满足特定的逻辑条件时，按某种特定的方式运行对目标系统进行破坏的计算机程序。与计算机病毒不同，逻辑炸弹体现在对目标系统的破坏作用，而非传播具有破坏作用的程序。

（3）DDos 攻击（Distributed Denial of Service）：主要针对服务器和网络进行攻击，从而使服务器和网络不能提供正常的服务。最简单的例子是通过 Win9x/2000/XP 下的 ping 命令向目标主机发送大量的 ICMP 包：

ping 210.45.151.191 –l 65500

常见的 DDos 攻击工具有以下几种。

- WinNuke：通过发送 OOB 漏洞导致系统出现蓝屏幕。
- Bonk：通过发送大量伪造的 UDP 数据包导致系统重启。
- TearDrop：通过发送重叠的 IP 碎片导致系统的 TCP/IP 栈崩溃。
- WinArp：通过发送特殊数据包在对方机器上产生大量的窗口。

（4）特洛伊木马（Trojan Horse Program）：其名称来自神话，特洛伊战争时希腊人做的木马，希腊兵藏在木马腹中，混入特洛伊城，从而实现里应外合的攻击。特洛伊木马程序是指隐藏在正常程序中的一段具有特殊功能的程序，其隐藏性极好，不易觉察，是一种极为危险的网络攻击手段。

特洛伊木马攻击的原理是利用用户的疏忽大意或系统的漏洞，在被攻击的主机上放置特殊的程序。该程序作为一个服务运行于被攻击的主机上，开放一个自定义的端口。攻击者利用客户端软件连接到该端口，这样就象在目标主机上操作一样达到控制被攻击主机的目的。

常见的木马程序有以下几种。

- BO2000（BackOrifice）。
- 冰河（国产木马，功能强大）。
- NetSpy。
- Glacier。
- KeyboardGhost。
- ExeBind。

（5）口令入侵（Password Intrusion）。多数系统都是通过账号和口令来验证用户身份。网络攻击者往往把口令的破解作为对目标系统攻击的开始。主要的口令入侵手段有以下几种。

- 通过网络监听。如通过嗅探器软件。
- 利用专门软件进行口令破解：如破解 DES 加密口令的软件 john。
- 利用系统管理员的失误。在现代的 Unix 操作系统中，用户的基本信息存放在 password 文件中，而所有的口令则经过 DES 加密方法加密后专门存放在一个叫 shadow 的文件中。黑客们获取口令文件后，就会使用专门的破解 DES 加密法的程序来解口令。同时，由于为数不少的操作系统都存在许多安全漏洞、Bug 或一些其他设计缺陷，这些缺陷一旦被找出，黑客就可以长驱直入。例如，让 Windows95/98 系统后门洞开的 BO 就是利用了 Windows 的基本设计缺陷。

（6）网络窃听（Eavesdropping）。网络窃听是主机的一种工作模式，在这种模式下，主机可以接收到本网段在同一条物理通道上传输的所有信息，而不管这些信息的发送方和接收方是谁。因为系统在进行密码校验时，用户输入的密码需要从用户端传送到服务器端，而攻击者就能在两端之间进行数据监听。此时若两台主机进行通信的信息没有加密，只要使用某些网络监听工具（如 NetXRay for Windows95/98/NT、Sniffit pro 等）就可轻而易举地截取包括口令和账号在内的信息资料。虽然网络监听获得的用户账号和口令具有一定的局限性，但监听者往往能够获得其所在网段的所有用户账号及口令。

（7）IP 地址欺骗（IP Spoofing）。是指伪造合法用户主机的 IP 地址与目标主机建立连接关系，以便能够蒙混过关而访问目标主机，而目标主机或服务器原本是禁止入侵者的主机访问的。攻击者通过外部计算机伪装成另一台合法机器来实现。它能破坏两台机器间通信链路上的数据，其伪装的目的在于哄骗网络中的其他机器误将其攻击者作为合法机器加以接受，诱使其他机器向它发送据或允许它修改数据。TCP/IP 欺骗可以发生 TCP/IP 系统的所有层次上，包括数据链路层、网络层、运输层及应用层均容易受到影响。如果底层受到损害，则应用层的所有协议都将处于危险之中。另外由于用户本身不直接与底层相互相交流，因此，对底层的攻击更具有欺骗性。

（7）病毒攻击（Viruses）。程序中包含一种自动 "病毒传染程序"，该程序的发作可能使整个系统崩溃。

5. 网络攻击技术的发展

随着计算机技术的发展和时间的推移，网络攻击技术也在快速发展，给计算机安全和网络安全带来了新的挑战，图 10.25 描述了从 1980 年到 2000 年网络工具技术的发展趋势。

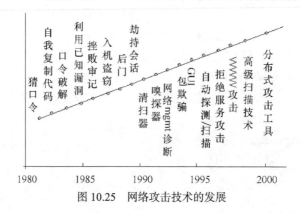

图 10.25　网络攻击技术的发展

10.4.6　网络安全技术简述

信息安全技术是一门综合的学科，它涉及信息论、计算机科学和密码学等多方面知识，它的主要任务是计算机系统和通信网络内信息的保护方法以实现系统内信息的安全、保密、真实和完整。其中，信息安全的核心是密码技术。由于网络安全技术牵涉到计算机网络基础知识、TCP/IP协议技术、安全理论知识，所以本部分只简单地介绍一下网络安全技术。

1. 数据加密技术

（1）密码的分类

按应用技术或历史发展阶段划分，可分为以下几种。

- 手工密码：手工完成加密作业或以简单器具辅助操作的密码。
- 机械密码：以机械密码机或电动密码机来完成加密/解密，在二次世界大战中得到普遍应用。
- 电子机内乱密码：通过电子电路，以严格的程序进行逻辑运算，以少量制乱元素生产大量的加密乱数。
- 计算机密码：以计算机软件编程进行算法的加密为特点，适用于计算机数据保护和网络通信等广泛用途的密码。

按密钥方式划分可分为以下两种。

- 对称式密码：收发双方使用相同的密钥。
- 非对称式密码：收发双方使用不相同的密钥。如公共密钥密码就属于此类。

按编制原理划分，可划分移位、代替、置换 3 种以及它们的组合形式。

（2）数据加密技术的应用

数据加密技术可以应用在网络及系统安全的各个方面，主要是以下几个方面。

- 数据保密。
- 身份验证。
- 保持数据完整性。
- 确认事件的发生。

2．身份鉴别技术

用户的身份鉴别是开放网络安全的关键问题之一，身份鉴别（Authentication）是指判断一个网络实体是否是其所声称的身份的处理过程。

常用身份鉴别技术有以下几种。

（1）基于用户名和密码的身份鉴别。

（2）基于对称密钥密码体制的身份鉴别技术。

（3）基于 KDC 的身份鉴别技术。

（4）基于非对称密钥密码体制的身份鉴别技术。

（5）基于证书的身份鉴别技术。

3．包过滤技术

包过滤技术是在网络中适当的位置对数据包进行有选择的通过，选择的依据是系统内设置的过滤规则，只有满足过滤规则的数据包才被转发到相应的网络接口，其余数据包则从数据流中删除。包过滤技术一般通过过滤路由器来实现，包过滤技术是防火墙最常用的技术。

4．资源授权使用

当用户登录到系统时候，其任何动作都要受到以下一些条件的约束。

（1）确保用户能使用其授权范围内的资源。

（2）通过访问控制列别（Access Control List，ACL）来实现资源使用授权。

（3）系统中的每个对象与一个 ACL 关联。

10.4.7　计算机病毒

1．计算机病毒的概念

计算机病毒是指一段具有自我复制和传播功能的计算机代码，这段代码通常能影响计算机的正常运行，甚至破坏计算机功能和毁坏数据。

2. 计算机病毒的特征

（1）病毒是一段可执行的程序

计算机病毒同其他合法程序一样，是可存储、可直接/间接执行、可隐藏在可执行程序和数据文件中而不被人发现的一段可执行程序，触发后同合法程序争夺系统的控制权。

（2）病毒具有广泛的传染性

传染性是计算机病毒最重要的特征，计算机病毒会在系统中自动寻找适合被它传染的程序或介质，然后自我复制，迅速蔓延。

（3）病毒具有很强的隐蔽性

病毒通常是一种具有很高编程技巧、短小精悍的程序，是没有文件名的秘密程序，具有依附于系统，并且不易被发现的特点。

（4）病毒具有潜伏性

大部分的病毒感染系统之后并非立即破坏，而是在用户不易觉察的情况下潜伏下来，并且不断复制，只有满足其破坏条件时才启动其破坏作用。

（5）病毒具有可触发性

病毒通常在一定的触发条件下，激活其传播机制进行传染，或激活其破坏机制对系统造成破坏。

（6）病毒具有破坏性

计算机病毒感染系统后造成的破坏可能是破坏系统数据而造成死机，或是破坏用户数据使之无效，也可能只是一个玩笑，但至少影响了计算机的工作效率。

3. 计算机病毒的种类

（1）启动型病毒。又称为引导型病毒，该病毒感染硬盘的主引导记录（Main Boot Record，MBR），MBR 在硬盘的第一个扇区（0 柱面，0 磁道，1 扇区），是计算机开启后读取的第一个扇区。MBR 告诉计算机在哪里可以找到操作系统文件，然后将该操作系统加载到内存中。引导型病毒会用自己的代码代替 MBR，因此，当计算机读取第一个扇区时，病毒会在操作系统之前被加载到内存，当病毒进入内存后，就会感染在这台计算机上使用的磁盘，实现病毒传播。

（2）文件型病毒。这类病毒一般依附于计算机的可执行文件。当执行受感染的文件时，依附在其上的病毒代码也被激活，进行传播或破坏。

（3）宏病毒。目前，宏病毒只感染 MS Office 产品以及 Lotus 公司的 Ami 文件。但是由于文档处理软件的广泛使用，宏病毒的传播范围和危害性相当大。一般通过电子邮件、软盘、Web 下载、文件传输、协作性应用等进行传播。典型的宏病毒有 Melissa 病毒、W97M_ASSILEM.B 病毒。

（4）Script（脚本）病毒。网页浏览技术和电子邮件技术在客户端使用 Script 程序进行简单的操作。Script 病毒就是依附在 Script 程序上，传送到客户端执行，感染并破坏客户端主机。由于 Script 程序在互联网上大量应用，Script 病毒也有很大的生存空间。典型的脚本病毒有"I LOVE YOU"病毒、Bubbleboy 病毒、W97M_BEKO.A 病毒。

（5）JAVA 病毒。这类病毒依附于 JAVA applet 程序，在互联网上进行传播和破坏。由于 JAVA applet 程序广泛应用于互联网，并被浏览器下载到本机执行，这类病毒的传播特别迅速。典型的有 JAVA_RDPASSWD.A 病毒可以窃取密码的非破坏性的 JAVA applet 程序。

（6）Shockwave 病毒。这类病毒感染 Shockwave 文件。目前发现的 Shockwave 病毒为 SWF_LFM.926。

4．网络病毒的概念

目前没有统一的概念，可分为两种观点。

狭义的网络病毒：网络病毒应严格局限在网络范围内，即网络病毒是利用网络协议及网络的体系结构作为其传播的途径或机制，同时其破坏性也是针对网络的。

广义的网络病毒：要能在网络上传播并能对网络产生破坏的病毒，不论其破坏的是网络还是计算机。

5．网络病毒的特点及危害

（1）破坏性强

网络病毒破坏性极大，轻则降低网络运行速度，重则破坏网络信息，使网络崩溃，造成不可估量的损失。

（2）传播性强

网络病毒具有很强的再生机制，受到触发就可通过网络扩散与传染，一旦某公用程序感染病毒，此病毒将很快在网络上进行传播，感染其他程序。

（3）针对性强

网络病毒不是对网络上的所有计算机进行感染和攻击，而是具有某种针对性。

（4）扩散面广

由于网络病毒通过网络进行传播，其扩散面很大，一台 PC 的病毒可通过网络感染与之相连的众多机器。

（5）传染方式多

网络病毒在网络中是通过"工作站—服务器—工作站"或"工作站—工作站"途径进行传染，方式多种多样。

（6）消除难度大

网络病毒的消除难度极大，如果服务器感染病毒，其解毒所需的时间是单机的几十倍。

6．常见的网络病毒

（1）蠕虫病毒

蠕虫病毒是一种独立的、自我复制的网络程序。它能检测到网络上未感染的机器，将自身程序复制并感染这些尚未染毒的机器。像细菌一样，蠕虫程序在一个网络中呈几何级数增长并消耗资源，从而导致一种拒绝服务式的攻击。

（2）多态病毒

多态病毒在感染目标文件之前先用随机生成的密钥对病毒代码进行加密，并与相应的解密程序（称为变异引擎）一起依附到目标文件上。当被感染的文件执行时，解密程序首先执行，然后执行解密后的病毒程序。对于不同的目标文件，加密后的病毒代码和变异引擎（病毒形态）各不相同，因此反病毒检测十分困难。

（3）伙伴病毒

伙伴病毒只感染程序文件，但并不把自己复制到此文件中。伙伴病毒创建一个新的文件，并使系统执行此新文件，而不是原文件。

（4）梅利莎病毒

梅利莎是一种通过 MS OutLook 传播的电脑病毒。当用户使用 MS Word 打开带有邮件中的附件时，病毒将被激活。病毒一方面将用户的文件对外泄密，一方面自动从地址簿中寻找 50 个地址，并将病毒发送给它们，可以造成邮件服务器的瘫痪。

（5）BO 病毒

软件包中的 boserver.exe。运行后自动改写注册表内容,并隐藏和拒绝对注册表的访问和修改。BO 病毒可以实现病毒的远程控制,通过远程访问对文件进行操作,并能监视键盘和鼠标的活动。BO 病毒可检查网络布局,自行决定病毒的传播方式,因而防御非常困难。

（6）隐藏病毒

一般的病毒感染文件后会增加文件长度,使得很容易被发现。隐藏病毒能检测到系统对染毒文件的读取请求,并将文件原有的长度数据返回给系统。这样,一般的磁盘编辑器无法检测到病毒的存在。

（7）JAVA 病毒

这类病毒依附于 JAVA 程序,在互联网上进行传播和破坏。由于 JAVA 程序广泛应用于互联网,并被浏览器下载到本机执行,这类病毒的传播特别迅速。

7. 病毒是网络攻击的有效载体

网络病毒同黑客攻击技术的融合为网络带来了新的威胁。攻击者可以用病毒作为网络攻击的有效载体,呈几何级地扩大破坏能力。

（1）网络攻击程序可以通过病毒经由多种渠道广泛传播。

（2）攻击程序可以利用病毒的隐蔽性来逃避检测程序的搜查。

（3）病毒的潜伏性和可触发性使网络攻击防不胜防。

（4）许多病毒程序可以直接发起网络攻击。

（5）植入攻击对象内部的病毒与外部攻击里应外合,破坏目标系统。

8. 病毒检测方法

（1）比较法

比较法是通过用原始备份与被检测的引导扇区或文件进行比较,来判断系统是否感染病毒的方法。文件长度的变化和文件中程序代码的变化都可以用来作为比较法判断有无病毒的依据。比较法的优点:简单、方便,不需专用软件,并且还能发现尚不能被现有的查病毒程序发现的计算机病毒。比较法的缺点:无法确认病毒的种类。当发现差异时,无法判断产生差异的原因是由于病毒的感染,还是由于突然停电、程序失控、恶意程序破坏等原因造成的。

（2）搜索法

搜索法是用每一种病毒体含有的特征字节串对被检测的对象进行扫描,如果发现特征字节串,就表明发现了该特征串所代表的病毒。

这种方法被广泛应用。利用这一技术编制的病毒扫描软件让计算机用户使用很方便,对病毒了解不多的人也能用它来发现病毒。

搜索法的缺点主要有如下内容。

- 当被扫描的文件很长时,扫描所花的时间也多。
- 当新的病毒特征串未加入病毒代码库时,老版本的扫描程序无法识别新病毒。
- 当病毒产生新的变种时,病毒特征串被改变,因此可以躲过扫描程序。
- 容易产生误报警。

（3）特征字的识别法

同搜索法不同,特征字识别法只需从病毒体内抽取很少几个关键的特征字,组成特征字库,可进行病毒的查杀。

由于需要处理的字节很少,又不必进行串匹配,特征字识别法的识别速度大大高于搜索法。

特征字识别法比搜索法更加注意"程序活性",减少了错报的可能性。

（4）分析法

分析法是反病毒专家使用的方法,不适合普通用户。

反病毒专家采用分析法对染毒文件和病毒代码进行分析,得出分析结果后形成反病毒产品。分析法可分为动态和静态两种。一般必须采用动静结合的方法才能完成整个分析过程。

9. 病毒的清除方法

（1）文件型病毒的清除

清除文件型病毒,可以有如下一些方案。

- 如果染毒文件有未染毒的备份的话,用备份文件覆盖染毒文件即可。
- 如果可执行文件有免疫疫苗的话,遇到病毒后,程序可以自动复原。
- 如果文件没有任何防护的话,可以通过杀毒程序进行杀毒和文件的恢复。但杀毒程序不能保证文件的完全复原。

（2）引导型病毒的清除

清除引导型病毒,可以有以下一些方案。

启动区和分区表的备份。当感染引导型病毒后,可以将备份的数据写回启动区和分区表即可清除引导型病毒。

可以用杀毒软件来清除引导型病毒。

（3）内存杀毒

由于内存中的活病毒体会干扰反病毒软件的检测结果,所以几乎所有的反病毒软件设计者都要考虑到内存杀毒。

内存杀毒技术首先找到病毒在内存中的位置,重构其中部分代码,使其传播功能失效。

（4）压缩文件病毒的检测和清除

压缩程序在压缩文件的同时也改变了依附在文件上的病毒代码,使得一般的反病毒软件无法检查到病毒的存在。

已被压缩的文件被解压缩并执行时,病毒代码也被恢复并激活,将到处传播和破坏。

目前的主流防病毒软件都已经在其产品中包含了特定的解压缩模块,可以既检查被压缩后的病毒,又不破坏被压缩后没有病毒的文件。

10. 防病毒产品的选择原则

（1）选型原则

- 选择的防病毒产品应与现有网络具有拓扑契合性。
- 企业应选用网络版的防病毒软件。
- 应选用单一品牌防毒软件产品。
- 慎选防病毒软件的供应商。

（2）防病毒产品选择应考虑的具体因素

- 病毒查杀能力。
- 对新病毒的反应能力。
- 病毒实时监测能力。
- 快速、方便的升级。
- 智能安装、远程识别。
- 管理方便,易于操作。

- 对现有资源的占用情况。
- 系统兼容性。
- 软件的价格。
- 软件商的企业实力。

本章小结

随着科学技术的飞速发展，人们已经生活在信息时代。计算机技术和网络技术已深入到社会的各个领域，人们对计算机系统和网络系统的依赖程度已经越来越大。但人们在得益于信息革命所带来的新的巨大机遇的同时，也不得不面对信息安全的严峻考验。现实生活中，网络攻击事件和病毒事件频繁发生，另外"电子战"、"信息战"也已成为国与国之间、商家与商家之间的一种重要的攻击与防卫手段。因此，信息安全、网络安全的问题已经引起各国、各部门、各行各业以及每个计算机系统用户的充分重视。

信息安全是一个交叉的学科，在读者没有太多先修课程基础的情况下，本章从实用性的角度让读者提高信息安全的意识，了解简单的信息安全技术，针对信息安全能采取一些实际的对策，尤其以常用的 Microsoft windows 2000/XP/Windows 7 操作系统为例，让读者掌握如何对自身系统进行基本的安全维护及病毒防范。

习　　题

1. 信息安全的目标是什么？
2. 信息安全的应用技术有哪些？
3. 进行有关 Windows 2000/XP/Windows 7 安全方面的设置实验。
4. 什么是网络安全？网络安全技术有哪些？
5. 什么是计算机病毒？计算机病毒有哪些主要特点？
6. 计算机病毒的种类有哪些？
7. 如何检测和清除计算机病毒？
8. 使用一种防病毒软件来对病毒进行检测和清除。